새로운 아이디어의 물결

우주 산업으로 세상을 바꾼다

은종원 지음

도서출판 가람

필자 소개

은종원 (殷鍾元)

필자인 은종원 박사는 연세대학교에서 천문우주학을 공부하고 미국 유학길에 올라, 유타주립대학교에서 물리학 석사와 박사를 취득하였습니다. 그 후 앨라배마주 한스빌(Huntsville)에 있는 미항공우주국(NASA) 마샬 우주비행센터(Marshall Space Flight Center)에서 우주왕복선 "Spacelab-1" 탑재체"를 연구하였습니다. 그 뒤 그는 귀국하여 한국전자통신연구원(ETRI)에서 20여 년간 “통신위성 시스템” 연구하였고, 우리나라 최초 실용위성 아리랑위성-1호의 “위성 관제 시스템”을 국산화 개발하는 연구 책임자로 김대중 대통령의 대통령상을 받았습니다.

그는 한국과학재단 초대 “우주 단장”으로 재직하면서 우리나라 “우주 프로그램”을 기획, 평가 등 우주 정책을 시행하였으며, 영국 런던에 본부를 둔

World DMB Forum의 부회장으로 선출되어 지상파 DMB 세계 확산에 이바지하였습니다. 또한 통신위성·우주 산업연구회 회장으로 우리나라 우주산업 상용화와 대중화를 위해 활동하였습니다. 또한 필자는 남서울대학교 정보통신공학과 교수로서 후학을 양성하였습니다.

그는 현재 과학기술부 산하 (사단법인) "지능형스마트기술정책원" 원장으로 "지능형 차세대위성"을 연구하는 현역 과학기술자로 활동하고 있습니다.

그는 5권의 도서를 저술하였는데 저술한 도서 가운데 『위성·통신 융합기술』, 『위성 지상국 융합기술』 2권의 책은 문화체육관광부가 매년 주관하여 선정하는 "세종도서" 공학 부문에 2015년, 2017년 각각 지명되는 영광을 얻었습니다. 그는 국내외 유명 학술지에 90편의 연구논문을 기고하였고, 40개의 특허를 등록하였습니다. 그는 최근에 조기에 산불을 감지하여 진화할 수 있는『지능형 스마트 산불 감시 및 진화 시스템』을 특허 출원하였고, AI 기반 우주기술, 생명공학, 환경 기술 등이 융복합된 『지능형 공기 청정 환경 시스템』, 『지능형 수도꼭지 자동화 시스템』 그리고 AI 기반 영상 인식 기술, 교통 자료수집 및 처리 기술, 환경 기술 등이 융복합된 『지능형 교통신호등 체계 시스템』을 연구하고 있습니다.

추천의 글

"앞으로 무엇을 해야 하지?"

고등학생이나 대학생이라면 한 번쯤 자신에게 던져봤을 질문일 것입니다.

은종원 박사가 저술한 『우주산업으로 세상을 바꾼다』는 '우주'라는 단어를 딱딱한 과학이나 먼 미래의 이야기로 그리지 않습니다. 오히려 지금, 이 순간, 우리가 살고 있는 세상과 어떻게 연결되어 있는지를 생생하게 설명합니다.

특히 진로를 고민하는 학생들에게 이 책은 새로운 시야를 열어줍니다. 우주산업은 단지 과학자나 공학자만의 분야가 아닙니다. 우주산업은 경영, 디자인, 인문, 법률, 마케팅 등 다양한 분야의 인재들이 함께 만들어 가는 융합 산업입니다.

『우주산업으로 세상을 바꾼다』는 우주를 통해 우리 삶, 그리고 여러분의 미래를 다시 바라보게 해줄 매우 특별한 책입니다.

어떤 책이 좋은 책일까요? 쉽고, 재미있고, 의미 있는 책이 좋은 책이지요. 『우주산업으로 세상을 바꾼다』는 이러한 조건에 딱 맞는 책으로 우리 학생들이나 평생학습 시대에 성인들의 지적 호기심을 만족하게 할 수 있는 책으로 생각합니다.

즐거운 마음으로 이 책을 여러분에게 추천합니다.

[김종표, 전) '백석대학교 평생교육원' 원장]

저자 은종원 박사는 어릴 때부터 호기심이 많았으며 항상 새로운 것을 탐구하면서 밤하늘의 별을 헤아리며 우주여행을 꿈꾸고 있었습니다. 은 박사는 미국의 NASA에서 근무했으며, 그 후 한국전자통신연구원(ETRI), 한국과학재단, 남서울대학교 그리고 정년 후에도 우주와 우주산업에 관한 연구를 계속하고 있습니다.

우주와 우주산업에 대해 알고 싶었지만 어디서부터 시작해야 할지 몰랐던 분들, 우주에 대해 아무런 지식이 없어도 흥미롭게 접근할 수 있도록 은 박사가 심혈을 기울여 저술한 "우주산업으로 세상을 바꾼다"를 소개합니다.

이 책은 어렵고 딱딱하게만 느껴졌던 우주 이야기를 우리 삶 가까이 끌어옵니다. 우주기술이 어떻게 우리의 일상을 바꾸고 있는지, 세계열강은 왜 우주를 향해 경쟁을 벌이고 있는지, 그리고 우리가 우주산업에서 어떤 기회를 가질 수 있을지를 흥미롭게 풀어냅니다.

현재 전 세계의 선진국들이 부가가치가 높고 일거리 창출이 좋은 첨단 미래 산업인 우주산업을 육성하고 있으며, 또한, 대한민국은 우주산업의 강국이 되겠다고 의지를 표명한 이 시점에 은 박사가 저술한 책은 절망의 어둠 속에서도 희망의 등불을 밝혀주는 나침판과 같습니다.

미래 산업에 관심 있는 2030 청년세대와 미래세대, 자녀와 함께 우주산업과 우주 이야기를 나누고 싶은 부모님께 이 책을 추천해 드립니다. 항상 정신적으로 깨어 있는 삶을 즐기면서 매사에 진취적인 자세로 묵묵히 한 걸음씩 정진해서 책을 완성한 나의 친구인 저자를 응원합니다.

[우찬복, 전) '호남대학교 경영대학' 학장]

우주는 인간이 미지의 세계로 생각하고, 경외시하고, 도전을 꿈꿔 온 새로운 세상입니다. 저는 환경 위성과 관련된 연구를 수행하기 전에 그저 우주는 뉴스와 공상과학 영화 속에서 상상의 나래를 펼쳤던 세상이었습니다. 하지만 이제 우주는 우리에게 다가와 있습니다. 누구나 다하는 일로 세상을 앞서기 힘듭니다. 우주를 선점할 수는 없어도, 적어도 그 대열에는 동참해야 한다고 생각합니다. 특히 젊은이들은 우주로 나가야 합니다.

환경위성센터가 한국항공우주연구원과 협력하여 세계 최초로 정지궤도 환경 위성을 발사고, 환경위성센터에서 저는 미국, 유럽, 아시아 지역과 협력사업을 수행해 보았기에 그러한 생각을 강하게 품게 되었습니다. 또한, 환경위성센터가 전 세계에 환경 위성 데이터를 공개한 이후 선진국 전문가들이 환경위성센터를 바라보는 시선이 달라졌음을 느꼈기 때문입니다.

외국 과학자들이 쓴 우주와 관련된 서적은 주변에 많이 있습니다. 하지만, 우리나라 우주항공 전문가인 은종원 박사가 우리의 시각으로 바라본 우주산업을 알기 쉽게 저술한 이 책을 저는 자신 있게 여러분에게 소개합니다. '우주개발'은 결코 거창한 국가 프로젝트에만 머무르지 않습니다. 이 책을 통해 독자 여러분은 위성기술부터 우주탐사, 그리고 신흥 우주 강국 간의 패권 경쟁까지, 우주를 둘러싼 새로운 경제와 외교, 기술의 판도가 어떻게 전개되고 있는지 생생히 체감할 수 있을 것입니다. 우주산업은 그 규모가 타 사업에 비해 매우 크고, 부가가치가 높아, 아직 우리나라 산업체가 참여할 수 있는 분야가 많다고 생각합니다. 우리가 우주를 선점할 수는 없어도, 적어도 그 대열에는 동참해야 함을 다시 강조하고 싶습니다.

[이동원, 환경부 국립환경과학원 '환경 위성센터' 연구관]

우주 시대는 1957년 구소련의 스푸트니크1호 위성 발사로 시작되었습니다. 냉전 시대를 거치며 군사 경쟁을 위한 우주산업에서 1980년 이후 정부 주도 우주산업 시대를 거쳐 현재 우주산업은 민간 주도의 '뉴스페이스(New Space)' 시대에 접어들었습니다. 우주기술은 과거에는 첨단과학기술의 영역이었지만 이제는 외교, 국방, 안보, 산업을 포괄하여 우주 경제의 영역으로 발전되고 있습니다.

'뉴스페이스' 시대에는 저궤도 군집위성 통신, 완전 재사용 발사체, 우주 관광, 우주 교통관제, 저궤도 항법 위성, 궤도 위 서비스, 우주자원 채취 등 다양한 분야에서 새로운 아이디어가 제안되고 있으며, 관련된 스타트업도 계속해서 증가하고 있습니다. 또한, 우주기술은 더 이상 우주항공 전공자만의 영역이 아닙니다. 향후 우주기술은 다양한 분야 전문가의 새로운 아이디어로 더욱 발전될 것이며 모든 산업 분야에 영향을 미칠 것입니다.

이러한 관점에서 은종원 박사가 저술한 책은 우주와 우주개발, 현재의 우주기술 동향, 우주산업에 이르는 다양한 내용을 알기 쉽게 설명하고 있어, 대학생이나 일반 대중이 우주산업을 이해하는 데 도움이 될 것으로 생각합니다. 또한, 이 책은 다른 분야 전공자가 우주기술 분야와 융복합하여 새로운 비즈니스를 창출하고자 할 때도 유용하게 활용될 것으로 생각됩니다. 우주산업에 관해 관심 있는 분들은 반드시 한번 읽어주길 적극 추천합니다.

[이상률, 전) '한국항공우주연구원(KARI) 원장']

우주산업이라고 하면 '우리 업계와는 별 상관없는 이야기'라 생각하셨을지 모릅니다. 하지만 은종원 박사의 『우주산업으로 세상을 바꾼다』를 읽고 나면, 그 생각이 달라질 것입니다. 이 책은 지금 산업계 전반에 걸쳐 진행되고 있는 변화의 흐름을 '우주'라는 키워드를 통해 새롭게 조망하게 합니다.

위성기술은 물류 최적화와 재난 관리, 정밀 농업, 자율 주행과 연결된 통신 기반 시설까지 이미 다양한 산업 현장에서 활용되고 있으며, 다국적 기업들은 새로운 비즈니스 기회를 위해 우주를 활용하고 있습니다. 이 책은 그런 연결 지점을 산업 전문가의 눈높이에 맞춰 명확하고 실용적으로 풀어냅니다.

우주산업이 어떻게 기존 산업의 혁신을 촉진하고, 비즈니스 모델에 어떤 영향을 미치는지를 풍부한 사례와 함께 보여줍니다. 산업계 종사자라면 누구든 이 책을 통해 미래 산업의 동향을 읽고, 새로운 가능성에 대해 고민하게 될 것입니다.

기존 사업의 확장 가능성을 모색하고 계신 분, 미래 경쟁력을 고민하는 기업 관계자, 또는 산업의 큰 그림을 그리고 싶은 분들에게 『우주산업으로 세상을 바꾼다』는 탁월한 참고서이자 통찰의 도구가 되어 줄 것입니다.

[이시희, 중소벤처기업부 산하 '중소기업 유통센터' 상임이사]

전 세계 첨단 기술이 우주로 향하고 있습니다. 이제 우주는 단순히 영화 속에 등장하는 배경이 아니라, 국가 안보와 경제 성장, 그리고 한 나라의 미래를 좌우하는 차세대 신개척지라 할 수 있습니다. 저궤도 위성통신, 우주탐사, 위성 기반 기상 예보, 화성 이주, 우주 관광, 심지어 소행성 채굴과 기후 위기 이후의 생존 공간 확보까지, 앞으로의 발전 가능성은 무궁무진하다고 해도 과언이 아닙니다. 이 경쟁에서 가장 앞서가고 있는 나라는 단연 미국입니다. NASA와 국방부 같은 정부 기관은 물론, 민간 기업들 역시 스페이스 X와 블루 오리진(Blue Origin)과 같은 프로젝트를 통해 앞다투어 이 경쟁에 뛰어들고 있습니다.

은종원 박사가 저술한 책, 〈우주산업으로 세상을 바꾼다!〉는 다양한 사례를 통해 우주산업의 실체와 우리가 걸어가야 할 미래를 보여주는 역작입니다. 특히 왜 우리가 우주기술에 투자해야 하는지, 어떤 산업과 융합될 수 있는지, 앞으로 어떤 전략을 세워야 하는지를 명확하게 설명하고 있습니다. 또한 전 세계 우주산업의 현황까지 조목조목 짚어 주며, 향후 우리가 가야 할 방향을 매우 분명하게 제시하고 있다는 점도 큰 장점입니다. 무엇보다 눈에 띄는 점은, 비록 이 책이 전문서의 형태를 갖추고 있지만 그 내용만큼은 대중서라고 해도 손색이 없습니다. 우주에 관해 관심 있으면, 이 책은 누구에게나 훌륭한 우주의 길잡이가 되어 줄 대중서가 될 것입니다.

[정하연, '데일리뉴스' 편집국장]

우리는 우주를 얼마나 이해하고 있고, 어떤 관점에서 바라볼까요? 인간은 우주 속의 태양계 그중에서도 태양의 영향을 직접적으로 받으며 자신의 생존을 영위해 왔고, 앞으로도 계속 그러할 것입니다. 이는 우리의 일상생활이 우주와 매우 밀접한 관계 속에 있다는 의미입니다. 하지만, 우리는 일반적으로 공상과학 소설을 포함한 문학이나 영화 그리고 다큐멘터리와 뉴스에서 우주를 접하고 있습니다. 특히, TV 등 매스컴은 로켓이나 인공위성 발사, 우주탐사선의 착륙이나 귀환 등을 보도하고 있고, 또한 우주는 미래의 중요분야라는 관점에서 보도하고 있습니다. 그러다 보니 우주에 대한 과학적이고 종합적인 이해의 폭을 넓혀줄 책이 필요합니다. 이번에 은종원 박사가 저술한 이 책은 그런 의미에서 아주 적합합니다.

여러분은 이 책을 통해 우리가 현재 우주를 우리의 일상생활에서 어떻게 활용하고 있는지, 미래에 도전하려고 하는 우주 분야에 대한 이해의 폭을 넓혀갈 수 있을 것입니다.

자 여러분! 달과 화성과 같이 공기도 없고 물도 확보하기 어려운 척박한 환경에서 인간이 삶을 영위하려면, '어떻게 해야 할 것인가'에 대해 상상력을 발휘해 봐야 하지 않을까요?.

[조황희, 전) 국가우주정책연구센터 센터장]

인류의 역사는 끊임없는 탐험과 도전의 연속이었습니다. 바다를 건너 대륙을 개척하고, 하늘을 날아 신세계로 향했던 인간의 열망은 이제 우주라는 새로운 프런티어를 향하고 있습니다. 우주는 더 이상 공상과학 소설 속 이야기가 아니며 과학자들만의 연구 영역이 아니라, 경제, 안보, 그리고 인류의 지속 가능성을 결정짓는 핵심 분야로 우리의 미래로 자리 잡고 있습니다.

제가 아는 이 책의 저자, 은 종원 박사는 물리학자이자 우주 공학자입니다. 은 박사는 미국 항공우주국 NASA 연구원으로 근무하면서 우주기술 발전을 직접 경험한 그는 나라의 부름을 받고 한국전자통신연구원에서 우리나라 최초로 아리랑-1호 위성 관제시스템 및 통신 위성시스템 국산화 개발에 주도적으로 매진하였습니다. 또한, 그는 남서울대학교 정보통신공학과에서 후진을 양성하였으며, 통신위성 우주산업 연구회 회장으로 위성기술 대중화 및 한국의 우주산업 발전과 미래 가능성을 제시하며, 국가의 혁신적 도약을 위한 청사진을 그리는 데 이바지하였습니다.

은 박사가 저술한 이 책은 일반 직장인인 우리가 왜 지금 우주에 관심을 가져야 하는지, 그 이유를 쉽고 흥미롭게 풀어냅니다. 특히 일반 직장인의 시선에서 주목할 만한 점은, 우주산업이 새로운 창업 기회, 경력 전환, 미래 유망 산업과 어떻게 연결될 수 있는지를 다양한 사례와 함께 설명해 주고 입습니다.

[최재범 전) (주) '귀뚜라미보일러' 대표이사]

목 차

감사의 글

우리는 4차 산업혁명과 디지털 전환, 인공지능의 시대를 살아가며 산업의 흐름은 점점 더 빠르게 변하고 있습니다. 그리고 그 중심에는 '우주'라는 새로운 무대가 자리 잡고 있습니다. 위성 기술은 위성통신, 물류, 농업, 지구 온난화, 자연 재난 대응 등 우리가 종사하는 다양한 분야와 밀접하게 연결되어 있습니다.

우주는 이제 우리의 삶에서 더 이상 먼 곳이 있는 것은 아닙니다. 우주 산업이 단순한 연구 분야를 넘어 경제와 국가 경쟁력의 핵심 축으로 자리를 잡은 지금이야말로 우주를 향한 새로운 도전을 시작해야 할 때입니다.

이 책이 만들어질 때까지 도움을 주신 분이 많은 데 지면을 통해 제일 먼저 감사를 드립니다. 특별히 감사의 글을 작성하여 준 '데일리뉴스' 정하연 편집국장, 전) '한국항공우주연구원장' 이상률 박사, 전) '국가 우주 정책연구센터장' 조황희 박사, 환경부 국립환경과학원 '환경위성센터' 이동원 연구관, 중소벤처기업부 산하 '중소기업 유통센터' 이시희 상임이사, 전) '백석대학교 평생교육원' 김종표 원장, 전) '호남대학교 경영대학' 우찬복 학장, 그리고 전) (주) '귀뚜라미보일러' 최재범 대표이사께 감사를 전하고 싶습니다.

다음으로 이 책의 초안을 읽어보고 유용한 조언을 해준 (주) '아이스마트텍' 이동진 부사장, (전) '기상청 총괄 예보관' 김동호 박사, 그리고 가상 증강(Virtual Reality) 기술이 우주 개발 프로그램에 적용된 사례를 진지하게 토의해 준 '남서울대학교' 송은지 교수께 감사를 드립니다.

이 책을 출판하기 위해 수고 해준 (주) '가람', 윤성길 사장과 직원들에게 특별한 감사를 드립니다.

마지막으로, 가장 크게 감사를 해야 할 사람은 항상 사랑으로 응원과 격려를 아끼지 않은 아들과 딸, 형제자매, 그리고 본 책의 원고를 검토해 주고 편집을 위해 도움을 많이 준 아내에게 고마움을 전합니다. 그녀의 인내심과 끊임없는 지지가 없었더라면, 이 책을 결코 쓸 수 없었을 것입니다.

Prologue

시작 글

2024년, 92세의 고령에도 불구하고 노벨 물리학상을 받은 미국 프린스턴 대학교의 물리학과 존 합필드 교수는 시상식에서 이렇게 말했습니다. "기술을 발전시키는 과학은, 호기심을 위해 훨씬 더 이른 시점에 수행된 과학이다." 이 말은 오랫동안 제 마음 깊은 곳에 남아있었습니다. 과학은 늘 미래를 준비합니다. 그리고 우주는, 그 미래의 가장 넓은 무대입니다. 필자는 미국 NASA 마샬우주비행센터(Marshall Space Flight Center)에서 스페이스셔틀 “Spacelab-1" 탑재체 연구를 수행하며, 인간의 상상력이 어떻게 기술로 구현되는지를 목격했습니다. 그 후 필자는 국가의 불음을 받고 국내로 귀국한 후 한국전자통신연구원(ETRI)에서 위성 관제시스템을 한국 최초로 국산화하며, 우주기술의 독립이 얼마나 중요한지를 절감했습니다.

하지만, 안타깝게도 우리는 아직 ‘우주’를 너무 모릅니다. 우주는 막연한 꿈이거나, 뉴스 속 먼 이야기로만 여겨집니다. 이 책은 그런 인식을 바꾸기 위해 썼습니다.

우주는 더 이상 일부 우주 선진국만의 영역이 아닙니다. 민간 기업이 우주비행선을 쏘아 올리고, 위성이 통신과 기후 예측, 국방을 이끌며, 달과 소행성에서 천연자원을 채굴하려는 시대입니다. 우리는 지금 우주 패권 경쟁의 최전선에 서 있습니다.

이 책에서는 다음과 같은 중요한 질문을 여러분께 던집니다.

우리는 왜 우주를 알아야 할까? 우주산업은 어떻게 우리의 삶을 바꾸는가?

한국은 어떤 전략으로 우주 강국으로 도약할 수 있는가? 단지 우주기술과 과학의 설명이 아닌, 우주를 향한 인간의 호기심, 산업화의 흐름, 그리고 그 안에서 한국이 나아갈 길을 고민하며 제 생각을 정리했습니다. 지금 우리가 가진 작은 관심과 준비가, 미래의 거대한 우주 경제를 여는 열쇠가 될 것입니다. 2023년 세계 우주 경제 규모는 4,000억 달러입니다.

아래 그림을 함께 볼까요?

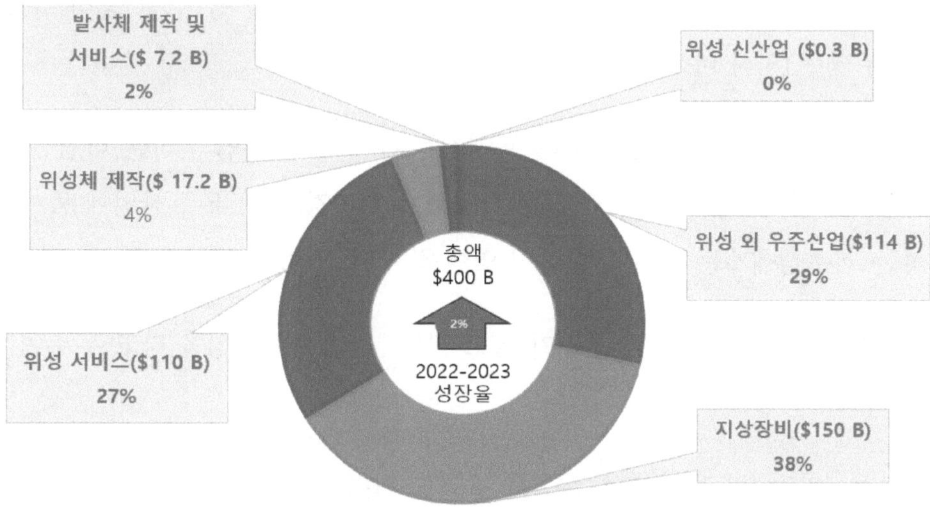

그림. 2023년 세계 우주 경제 규모

출처 : 위성 산업 현황 보고서, State of the Satellite Industry Report, SIA, 2024

우주 경제의 가장 큰 수익 동력은 위성 서비스와 지상 장비로, 전체 시장에서 각각 약 27%와 38%를 차지하며, 위성체 제작 4%, 발사체 제작 및 서비스가 2%로,

이는 주로 위성통신과 원격 탐사, 지상 장비가 주요 성장동력입니다.

한때 인간에게 불가능한 것으로 생각되었던 달 착륙은 이제는 역사적 사실이 되었고, 이는 우주기술의 힘을 상징적으로 보여주는 사례입니다. 우주기술은 인간의 꿈과 상상을 현실로 바꾸어왔고, 불가능을 가능하게 합니다. 궁극적으로 우주기술은 재사용 로켓, 소형위성(Smallsat), 저궤도 위성통신, 화성 탐사 등 '경이로운 기술혁신 사례'를 통해 우주산업 혁명을 이끌어 가고 있습니다. 그리고 이제는 인간이 우주에서 사는 꿈까지 꾸고 있습니다. 우리가 결코 우주를 포기하지 않는 한, 우주산업은 세상을 크게 변화시킬 것입니다.

이 책에서는 우주산업을 처음 접하는 비전공자도 이해할 수 있도록 어려운 우주기술 관련 용어와 공식을 배제하고 다양한 예시와 사례를 통해 우주산업을 이해할 수 있도록 하였습니다. 또한, 필자는 더 알고 싶은 우주기술 용어 및 공식 유도 과정을 각 부별로 [지식 더하기+ 창]에 기술하였습니다.

무엇보다 이 책이 정책을 담당하는 분에게는 우주 정책 수립의 작은 나침반으로, 기업인과 투자자에게는 기회와 위기를 탐지하는 현미경으로, 우주산업에 종사하길 희망하는 취준생에게는 진로의 길잡이 역할을 할 수 있길 소망합니다.

그럼, 필자와 함께 지금부터 우리가 살고 있는 "파란 별" 위성을 타고 우주여행을 떠나 볼까요?

여러분은 "파란 별" 위성에서 우주를 보고 느끼며 공부하면서 앞으로 해야 할 일을 준비할 것입니다. 우주의 영원한 영광을 위해 콜레오스(Koleos)를 외치며!

2025년 6월 초여름, 위례산 기슭, 호당 서재에서

은 종 원 드림

제 1 부

우리가 너무 모르는 우주

제 1 부

우리가 너무 모르는 우주

"지구는 인간의 요람,
누구도 요람 속에서 생명을 살아갈 수는 없다."
-치올코프스키-

인간은 땅에서 생활하면서 그 활동 영역을 바다에서 하늘로, 우주로 확장하려는 노력을 기울여 왔습니다. 인간은 물 위에서 부력을 이용하여 강이나 바다에서 배를 타고 다니는 활동이 원시시대부터 가능하였지만, 하늘을 날고 우주로 가기 위해서는 많은 인내와 시간이 필요하였던 것입니다. 우주로 가기 위한 기술이 부족할 때는 인간은 신화나 공상을 이야기함으로써 우주로 가는 꿈을 키워나갔습니다. 인간의 문명이 오늘날처럼 공학 기술이 뒤따르지 못해 대부분 사람은 우주로 갈 수 있다는 자체에 대한 확신을 갖지 못했습니다.

그러나 100여 년 전에 참신한 아이디어를 가진 혁신적인 몇몇 과학기술자에 의해 우주비행선을 개발함으로써 우주로 갈 수 있다는 꿈이 이루어지는 계가가 되었던 것입니다. 이처럼 우주과학은 최고의 지성과 기술이 조화를 이루면서 발전했던 것입니다.

육지와 물 위에서 활동하던 인간은 2차원 지구 지표면에서 생활하므로 자연히 그들의 사고는 2차원에 머물렀던 것 있었습니다. 그러나 우주 시대가 열리면서 인간의 생활 영역이 2차원에서 3차원 우주공간 및 사이버 공간으로 변하여 그들의 사고도 3차원으로 바뀌게 되었습니다. 이처럼 인간의 활동 영역이 확장됨으로써 여러 면에서 인간의 생활은 편리해졌고 즐거움을 찾을 수 있게 되었지만, 그만큼 전쟁의 영역은 확장되게 되었습니다. 이와 더불어 인간의 사고의 영역은 지구 대기권에서 우주로, 달에서 화성으로, 화성에서 더 먼 태양계 행성으로 계속 확장되고 있습니다. 더 이상 어디로 인간의 사고는 넓어질 것인가? 그 해답은 우리 스스로에서 찾아야 할 것입니다.

우선, 1부에서는 신비롭고 너무 모르는 우주와 이에 대한 의문과, 왜 우리는 우주로 가야 하는가에 대한 이유를 알아보고, 우주자산을 적극 활용해야 할 필요성과 사례를, 그리고 마지막에서는 우주에서 국가 안보를 찾아야 하는 당위성에 대해 살펴보도록 하겠습니다.

1장

우주에 대한 의문과 의미

우주의 정의는?

한자로 우주를 어떻게 쓸까요? 한자로는 집 우(宇), 집 주(宙)로 우주(宇宙)라고 표기합니다. 우주를 현대적으로 해석하면 우(宇)는 공간이고, 주(宙)는 시간을 의미하며 우주는 시(時)공간을 의미합니다. 시(時)는 천체의 움직임으로 결정되고, 시간은 시간의 간격과 시각의 의미를 포함합니다. 따라서, 우주는 단순한 공간 자체뿐만 아니라 시간을 포함하는 형이상학적 철학의 개념입니다.

중국 주나라 시대에 저술된 주역에는 "우주는 시간과 공간으로 정의하고, 영원한 시간과 끝없는 공간으로 설명하고 있습니다. 전 세계의 우주개발을 선도하는 미항공우주국 NASA(National Aeronautics and Space Administration)는 우주를 "공간과 물질, 에너지, 그리고 시간 자체를 포함하는 모든 것"으로 정의하고 있습니다. 영국의 유명한 브리태니커 대백과사전에서는 우주를 "지구와 인간이 그 일부를 이루는, 물질과 에너지의 방대한 총체"라 설명합니다. 우주는 때때로 "존재의 총체" 또는 "존재하는 전부, 존재한 모든 것, 그리고 존재할 모든 것"으로 정의되곤 합니다. 또한 우주는 "에너지 보존 법칙, 고전역학, 아인스타인 상대성 이론과 같이 에너지와 물질에 영향을 미치는 물리 법칙을 포함한다"라고 합니다.

아무것도 모른다는 전제로 넓은 의미의 과학은 시작되었습니다. 지금 알고 있는 과학적 지식도 언젠가 다른 이론이 입증되면 얼마든지 바뀔 수 있습니다. 실제로 과학기술 지식의 발전은 현재 진행형입니다. 전혀 알지도 못하고 생각하지 못한 개념이 어느 날 갑자기 우리 곁에 나타난 경우도 많으니까요. 우주 단어 역시 전문가들이 사용하는 표현이 달라 일반 대중에겐 익숙지 못한 것 같습니다. 우주의 단어가 의미하는 개념은 크게 2가지로 구분할 수 있습니다. 좁은 의미의 우주는 일반적으로 '우주' 하면 떠올리는 지구 대기권 바깥의 검은 공간입니다. 그 경계 지점은 지표면으로부터 고도 118km에 해당합니다. 예전에는 위성이 공전할 수 있는 한계 고도인 150km 이상을 우주로 여겼으나, 우주 경계선이 발견된 후 수정되었습니다.

우주 경계선은 어디일까요?

지구 대기권에서 우주가 시작되는 선은 고도 100km의 카르만 선(Karman line)입니다. 협의의 우주를 지칭할 때는 보통 "우주에도 생물이 존재할까?", "우주에 나가면 어떻게 될까?"와 같이 인간이 살아가는 지구를 포함하지 않았습니다. 넓은 의미의 우주는 '세상 모든 사물이 존재하는 공간', '세상에 존재하는 모든 것',이 존재하는 모든 것들의 총체, 전부'입니다. 넓은 의미의 우주 범위는 어떻게 형용할 수 없는 무한히 큰 공간입니다. 영어에서 우주는 여러 단어로 사용됩니다. 글쎄요. 영어로 표현할 수 있는 영어단어는 그 뜻이 비슷하면서 조금씩 그 의미가 다른 단어들이 있습니다. 우주를 의미하는 대표적인 영어단어로 '지오스페이스(Geospace)', ‘스페이스(Space)’와 ‘유니버스(Universe)’가 있으며, ‘코스모스(Cosmos)’도 사용합니다.

그렇다면 '지오스페이스(Geospace)', ‘스페이스(Space)‘, 유니버스(Universe)’, ‘코스모스(Cosmos)‘,는 어떻게 그 의미가 다를까요? '지오스페이스(Geospace)'는 준 우주로 번역됩니다. 지오스페이스(Geospace)'는 지구로부터 가장 가까운 우주로, 대기 상층부와 자기권을 포함하며 인간이 갈 수 있고 개발할 수 있는 우주 공간입니다. 스페이스(Space)‘, 유니버스(Universe)’, ‘코스모스Cosmos)’는 모두 우주로 번역되어 때때로 우리를 혼란에 빠트릴 때도 있습니다.

필자가 대학 시절 배운 '스페이스'는 인간이 보유한 기술로 우주를 탐사할 수 있는 범위가 태양계라고 배웠습니다. 따라서 '스페이스'는 지구 대기권 밖부터 태양까지의 우주공간입니다. 그래서, 우주비행사가 활동하는 우주 탐사, 우주 전쟁(space war) 등을 나타낼 때는 '유니버스'가 아닌 '스페이스'을 사용합니다. 특히 우주개발에서 사용하는 우주가 바로 '스페이스'입니다. 왜냐하면 '스페이스'는 사람이 직접 갈 수 있거나, 우주탐사선이 직접 도달할 수 있는 지구 위성 궤도 부근이나 태양계 내의 영역에 한정되기 때문입니다.

'유니버스'(Universe)라는 단어는 우주를 의미하는데 어떤 우주이며 스페이스와는 무엇이 다를까요?

영어 '유니버스'(Universe)는 고대 프랑스어 Univers에서 파생되어, 라틴어 유니버섬(Universum)으로 진화되었다고 합니다. 유니버스는 태양계를 포함한 은하계까지의 우주공간으로 별, 은하 우주로 가득 채워진 우주를 지칭합니다. 즉 '유니버스'는 스페이스와 구분되는 넓은 의미의 우주입니다. 즉, '유니버스'는 삼라만상을 포함한 이 우주 전체를 말하며, 지구와 지구에 살고 있는 우리 인간도 포함합니다. 천문학에서 말하는 우주는 유니버스(Universe)입니다. 이와 달리 '코스모스(Cosmos)' 역시 우주라고 하는데 코스모스는 도대체 어떤 우주일까요? 그리스어 'κόσμος'에서 유래된 '코스모스'는 '혼돈(Chaos)'과 반대되는 질서정연한 우주로 철학적, 관념적 의미를 내포된 주관적인 우주를 뜻합니다. 보통 지구와 대비되는 '코스모스'는 광대하고 신비로운 우주와 같은 뉘앙스가 내포되어 있습니다. 유니버스는 우리가 사는 지구까지 모든 것을 포함하기 때문에 단어를 세분할 필요가 없습니다. 하지만 스페이스는 우리가 살고 있는 지구로부터 그 범위가 넓어져 확장하기 때문에 세분된 파생단위가 있습니다. 다음으로 소개하는 단어들은 스페이스로부터 파생된 단어들로, 행성 간 우주(interplanetary space), 성간 우주

(interstellar space), 은하 간 우주(intergalactic space) 그리고 심우주(deep space)가 있습니다.

우주를 누가 창조했을까요?

신화들을 연구하는 신화학자들은 우주 창조 관련 이야기에서 등장하는 "우주는 티베트 불교의 아디 부처(Adi-Buddha), 고대 이집트의 아툼 등의 신이 우주를 창조했다"라고 합니다. 구약 성경 창세기 1장 1절을 보면 "태초에, 하느님이 우주를 창조했다"라고 합니다. 하지만, 우리는 우주를 누가 진정으로 창조한 것인지 잘 모릅니다.

우주를 처음 발견한 사람은 누구입니까?

과학적인 의미에서 1929년 에드윈 허블이 우주가 팽창한다는 사실을 발견하면서 우주 발견이 시작됐다고 볼 수 있습니다.

우주에 끝이 있을까요?

아인스타인의 일반상대성 이론(Einstain's Theory of General Relativity)에 의하면, "우주에 존재하는 물질은 우주공간을 휘어지게 만들고, 우주 전체로 볼 때 우주는 완전히 휘어져 들어오는 닫힌 시스템"이라 합니다. 따라서 우주는 유한하지만, 경계나 끝도 없고, 가장자리나 중심이 따로 없는 구조입니다.

지구환경과 우주 환경은 무엇이 다를까요?

우리가 살고 있는 지구는 두꺼운 대기층으로 둘러싸여 있어 생명체가 생존하기에 이상적인 환경을 제공합니다. 하지만, 거대한 공간으로 이루어진 우주는 대기가 매우 희박하거나 없으며, 극한 온도와 압력으로 생명체가 살아갈 수 없습니다.

또한 우주는 매우 추운 온도와 엄청난 열을 동시에 경험할 수 있는 환경을 가지고 있습니다. 반면에 지구는 다양한 기후와 온도를 가지고 있어 인간이 생활하기에 적합한 곳입니다.

지구환경과 전혀 우주 환경의 특성과 우주 환경이 우주비행선(spacecraft)에 미치는 영향

우리가 사는 지구환경은?

지구의 대기는 질소(N)가 약 78%, 산소(O)는 약 21%, 그 밖에 아르곤(Ar), 이산화탄소(CO2) 및 기타 원자 또는 분자로 구성되어 있습니다. 지구 대기권의 밀도는 지구 대기권의 단위부피 당 질량으로 기압과 마찬가지로 공기 밀도는 고도가 올라갈수록 줄어듭니다. 지구에는 대기가 있어 생명체에게 산소 및 이산화탄소를 공급하고, 온실 효과를 통해 지구를 보온하며, 태양으로부터 오는 자외선을 차단합니다. 반면에 우주공간은 진공이므로 기압이 없는 상태[영(0) 기압]입니다. 우주복을 입지 않고 우주공간에 나가게 되면 1기압과 영(0) 기압의 압력 차이로 인하여 몸은 터져버릴 것입니다. 저명한 과학자들도 불과 100여 년만 하더라도 하늘에서 어디부터 대기권이고 어디부터 우주에 속하는지 잘 알지 못했습니다. 지구 대기권의 두께는 지상에서 약 1,000km까지입니다. 대기의 99%는 지표면으로부터 지상 32km 이내에 분포합니다. 대기권은 대류권, 성층권, 중간권 그리고 열권으로 구성되어 있습니다.

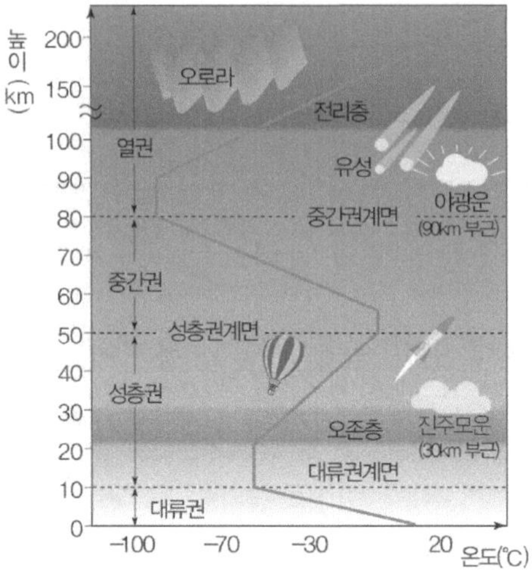

그림 1-1. 대기의 수직 구조

출처 : 물리기상학, 2016

대류권은 지표면에 가까워 태양 및 지구 표면으로부터 복사에너지를 많이 받아 상층 위로 올라갈수록 온도가 내려갑니다. 성층권은 오존층이 밀집되어 있어 지구의 생명 보호막 역할을 합니다. 중간권은 고도가 높아질수록 온도가 계속해서 떨어져 대기권 내에서 가장 지독하게 추운 곳입니다. 열권은 고도가 상승할수록 온도가 계속해서 증가합니다. 또한 열권에는 대기가 거의 없어 낮과 밤의 온도 차이가 매우 심합니다. 대기가 지표면에 가하는 힘을 기압이라 합니다.

달에서 찾아볼 수 없는 지구의 자기장

지구 자기장(地球磁氣場, magnetic field of the Earth)은 지구가 방출하는 자기장입니다. 나침반으로 동서남북을 찾을 수 있는 것은 지구 자기장 덕분입니다. 지구는 자기장을 방출하는 커다란 천연 자석입니다. 지구 자석에서 나오는 자력선은 N극에서 나와 S극으로 들어갑니다. 현재는 지리적 남극이 지자기의 N극(North Magnetic Pole)이고 지리적 북극이 지자기의 S극(South Magnetic Pole)입니다. 나침판의 N극(북쪽 끝)이 가리키는 방향이 지구 북쪽이니까, 그쪽을 지자기의 N극이라 부르지만, 물리적으로 자석에서 N극은 S극을 끌어당기므로 자기적 N극은 사실은 자기적 S극입니다. 지구 자기장의 세기는 위치에 따라 다르지만 약 25~65 마이크로 테슬라 정도입니다. 한국에서는 대개 40 마이크로 테슬라 정도의 지자기가 측정됩니다. 지구 자기장의 정의는 여러 학설이 있지만, "지구의 외핵의 철과 같은 자성체 금속이 녹아서 액체 상태로 서서히 흐르면서 자기장을 변화시키고, 시간당 자기 선속의 변화로 형성되는 것"이 유력한 그것으로 알려져 있습니다.

"반 앨런 대(Van Allen Belt)"

지구 지표면으로부터 1,000~60,000km 고도에는 "반 앨런 대(Van Allen Belt)"가 있습니다. "반 앨런 대(Van Allen Belt)"는 지구 자기장에 의해 붙잡힌 방사성 입자의 큰 띠 2대(Belt)로 구성되어 있습니다. 반 앨런 대의 구성 물질은 대부분 태양풍입니다. 태양풍은 태양에서 끊임없이 방출되는 고에너지 입자의 흐름, 즉 플라스마의 바람입니다. 만약 지구 자기장이 없으면 이러한 입자들은 반 앨런 대에 붙잡히는 일 없이 바로 지구 대기를 폭격하여 오존층을 전부 파괴해 버릴 것입니다. 그 결과 태양광의 자외선은 아무 여과 없이 전부 지구 지표면으로 쏟아져 들어오게 될 것입니다.

태양 폭풍 왜 일어나는 것일까요?

태양풍이 일어나는 이유는 태양의 대기층인 코로나가 너무 뜨거우므로, 그 뜨거운 플라스마 입자가 태양의 중력을 이기고 우주로 계속 흘러나오기 때문입니다. 태양은 핵융합 반응을 통해 엄청난 에너지를 빛과 열의 형태로 방사하고 있습니다. 태양이 방사하는 것은 고에너지뿐만이 아니라 태양풍으로 대량의 전자, 양성자, 헬륨 원자핵 등의 대전 입자를 방사하고 있습니다. 태양풍은 태양으로부터 약 1억 4,960만㎞에 이르는 거리에서, 1㎤당 1~10개의 입자를 가지고 있으며, 태양풍의 평균속도는 초속 약 500㎞입니다. 태양풍에는 상당한 방사능과 미립자가 섞여 있습니다. 또한 태양풍은 무선 통신과 송전망을 교란해 전파 및 전기의 흐름을 방해할 수 있습니다. 자외선이 토양의 세균과 바닷물의 플랑크톤을 모두 없애버리면 지구는 화성과 같은 죽은 행성이 될 수밖에 없습니다. 오늘날처럼 지구에 생명이 살고 있는 것은 모두 지구에 자기장이 있기 때문입니다. 즉, 눈에 보이지 않는 자기장이 지구의 생물들을 방사선과 자외선으로부터 보호해 주고 있는 것입니다.

그림 1-2. 태양풍을 막아내는 지구 자기장

우주의 99% 플라스마

우주 환경에는 공기가 없습니다. 지구의 중심에서 가까우면 가까울수록 중력이 커지므로 지표면에 가까울수록 대기의 밀도는 높아집니다. 반대로 지표면에서 멀어질수록 기체 분자에 가해지는 중력이 약해져, 대략 1,000 Km을 넘어가면 대기는 거의 없어지게 됩니다. 원래 대기를 만들고 있는 기체 분자는 엄청나게 빠른 속도로 움직이고 있습니다. 중력에너지가 이 기체 분자의 운동 에너지보다 작아지면, 대기를 이루던 기체 분자는 점점 우주공간으로 날아가 버리게 됩니다. 지구의 경우 기체 분자가 지구의 중력을 거슬러 우주공간으로 벗어나기 위해서는 초속 11km의 속도가 필요합니다. 대기가 어느 정도 두께를 유지할 수 있는 것은 지구가 대기 분자를 붙들어 두기 때문입니다. 우주 환경에는 우주복사선, 중력, 진공, 열적 변화, 운석, 그리고 우주 파편인 우주 쓰레기가 있습니다.

우주 환경에서 발생하는 복사 3가지

우주 환경에서 발생하는 복사 3가지는 우선, 반 엘런 대에 잡혀 있는 양성자와 전자로 이루어진 에너지 입자입니다. 그리고 다른 은하계의 별들의 폭발로 생긴 고에너지 입자로 지구로 오는 은하 복사선(cosmic ray)입니다. 마지막으로 태양으로부터의 고에너지 입자가 있습니다. 반 엘런 대에 포획된 입자는 30 KeV 이상의 에너지를 가지며 양성자와 전자로 구성되어 있고, 이렇게 낮은 에너지를 갖는 이온들은 위성체를 통과하는 복사와 다르게 위성 시스템에 손상을 줄 수 있습니다. 은하 우주복사 입자들은 태양계로부터 유입되는 입자이며, 85%의 양성자, 14%의 알파 입자 및 1% 미만의 중핵 이온으로 구성되어 있습니다. 또한 태양으로부터 오는 고에너지 입자인 양성자, 알파입자, 및 중이온 입자들은 태양 표면의 활동 영역으로부터 오는 것으로 태양 활동 극대기 때 태양풍이 최대이고, 그 에너지는 수백 MeV에 달합니다. 이들 복사 입자는 단일사건 효과(SEE: Single Event Effect)와 총 피폭 효과(TDE: Total Dose Effect)를 유발하는 원인이 됩니다. 단일사건 효과는 위성의 각종 전자부품에 고에너지 입자에 의한 일회성 오동작을 유발합니다. 장시간 노출로 생기는 총 피폭 효과는 오랜 시간 복사에 노출되어 성능이 떨어지는 현상으로 전류가 누출되거나 임계전압 등이 나타나 결국 위성체의 실패로 연결되는 원인이 될 수 있습니다.

중력의 역할은?

중력은 궤도 내에서 위성체 및 부품을 고정해 주는 역할을 합니다. 위성이 궤도 내에 있다는 것은 지구를 향한 중력과 위성의 회전에 의한 지구 밖을 향한 원심력이 정확히 평형 상태에 있다는 것을 의미합니다. 고도가 높아 짐에 따라 우주공간은 압력이 낮아지기 때문에 공기가 희박해지고 초진공 상태가 됩니다.

이러한 진공 상태에는 수소나 탄소 등의 분자는 존재하지 않고 1㎤의 부피 중의 수십 개의 전자나 양자가 존재합니다. 진공 중에 노출되었을 때는 가스 분출 현상이 발생하여 열적인 단열재나 혼합체의 구조물에서 가스가 분출하고 증발할 수 있는 물질은 증발하여 우주공간에 확산됩니다.

위성 주위의 열적 변화는?

위성체의 열 환경은 태양과 지구로부터의 복사량의 크기 및 분포에 따라 결정됩니다. 위성체는 위성체에 유입되는 열적 에너지인 태양의 복사, 지구로부터 반사되는 태양 에너지, 지구와 지구 대기로부터 방출되는 장파의 복사 등으로부터 열적 에너지를 받습니다. 위성체에 입사하는 열 중 가장 큰 열원은 태양 빛입니다. 태양으로부터 방사되는 복사량은 언제나 1% 이내로 일정한 값입니다. 달이나 지구로부터 반사된 태양 에너지는 알베도는 입니다. 지구의 알베도는 지역과 상황에 따라 크게 변하는데 대륙이 해양보다 크고 고도 각이 감소하거나 구름이 많을수록 증가합니다. 지구는 태양 빛을 반사하기도 하지만 장파장의 적외선 복사 에너지를 직접 방사합니다. 지구 주위에는 혜성, 유성 등의 잔해 같은 먼지들이 분포되어 있으며, 이들을 미세 운석이라 합니다.

우주 쓰레기(space debris)는?

우주 쓰레기(space debris)는 지구 궤도에 떠다니는 쓸모없는 인공 물체 조각들입니다. 우주 쓰레기에는 위성 또는 로켓 조각, 충돌 파편, 고장 난 위성 등이 포함됩니다. 우주 쓰레기는 크기가 대략 1cm 이하로 시속 수십만 km로 움직이며, 작은 우주 쓰레기는 충돌 시 총알 이상의 파괴력을 지니고 있습니다. 우주 쓰레기는 충돌이 다른 충돌을 일으켜 파편이 급증할 수 있어 매우 위험하고 위협적입니다.

우주 환경이 우주비행선에 주는 영향은?

우주비행선은 지상환경과 전혀 다른 우주 환경에서 작동합니다. 우주 환경은 우주비행선의 수명에 지대한 영향을 미치기 때문에 우주비행선을 설계하고 운용하는 데 중요한 고려 사항이 됩니다. 우주비행사가 우주방사선에 피폭되면 신체가 심하게 손상되듯 우주방사선이 우주비행선의 반도체 물성을 손상시킬 수 있습니다. 우주방사선은 눈에 보이지 않지만 지금도 지구로 쏟아져 들어오고 있습니다. 우주방사선을 구성하는 입자는 강한 에너지를 가진 양성자와 중성자를 꼽을 수 있습니다. 우주방사선은 일상생활에 지장을 주지 않지만, 차폐하지 않으면 운행 중인 우주비행선의 반도체 집적회로 자체가 작동을 멈추거나 성능이 저하되어, 우주비행선의 임무 수행이 불가능해질 수 있습니다. 우주방사선으로부터 우주비행선의 반도체를 차폐한 예를 소개합니다. 얼마 전까지만 해도 위성을 제작할 때, 우주비행선에 장착된 반도체 전력 증폭기(Power Amplifier)와 같은 능동 부품에 두꺼운 금속 덮개(Case)로 제작된 우주방사선 차폐장치를 반도체 전력 증폭기에 씌워 우주방사선을 차단했습니다.

또한 우주방사선은 전자·기계 장치 등에 오작동의 원인이 됩니다. 예컨대, 우주비행선의 핵심 동력원인 태양 전지는 반도체의 일종으로 우주방사선의 영향을 받게 되면 고장을 일으켜 태양 전지의 기능이 제대로 작동되지 않아 우주비행선 임무를 실패로 직결시킬 수 있습니다. 우주용 반도체가 우주방사선의 영향을 받아 대표적으로 오류를 일으키는 것을 '반도체 소프트 에러'라 합니다. 현재까지 우주로 보낸 우주비행선의 반도체 소자의 고장 원인 가운데 30%가량이 우주방사선에 기인합니다.

민간 주도의 우주개발 시대를 맞아 우주 탐사가 활발해지면서 우주방사선을 견딜 수 있는 우주 반도체, 즉, 우주방사선 내성 반도체 기술이 주목받고 있습니다. 이에 관련하여 우주방사선으로부터 잘 견디는 우주방사선 내성 반도체 개발 동향을 살펴보겠습니다. 반도체 업계와 학계는 다양한 신기술 연구개발에 주력하고 있습니다. 우선 방사선을 잘 버틸 수 있는 견고한 소재로 우주 반도체를 만드는 방법이 있습니다. 그것은 우주 환경에서 발생하는 우주방사선에 견딜 수 있는 다이아몬드 우주 반도체입니다. 일본의 정밀 부품 제조 기업인 "오브레이(Orbray)"는 현재 약 5cm 크기의 다이아몬드 웨이퍼를 10cm로 키우기 위한 연구개발을 조만간 완료한다고 합니다. 또한, 우주 선진국들은 내성 우주방사선 패키징 기술 개발을 추진하고 있습니다. 최근에는 과거처럼 우주방사선 차폐를 납처럼 무거운 재료를 사용하지 않고 고분자 복합필름을 적용하는 연구로 대체하고 있습니다. 대표적인 예로, 일본 우주항공연구개발기구(JAXA: Japan Aerospace Exploration Agency)는 도레이(Toray)와 공동으로 "고밀도 직물, 특수필름, 트리코를 배치한 3층 복합소재를 우주방사선 차폐 복합소재로 개발했다"고 합니다.

한국전기연구원은 우주 환경에서 탄화규소 전력반도체 소자의 우주방사선 내성을 평가하고 신뢰성을 확보한 기술을 성공적으로 개발했다고 밝혔습니다. 우주와 지구는 모두 우리에게 미지의 신비한 요소와 미래의 가능성을 지니고 있습니다.

우주는 인간의 탐험과 연구 대상이 되어 왔고, 우주 탐사를 통해 새로운 지식을 얻고 있습니다. 지구는 우리의 고향이자 존재하는 모든 생명체 삶의 근원입니다. 이처럼 우주환경과 지구환경은 많은 차이점과 공통점을 가지고 있습니다. 우리는 이 둘의 상호작용을 통해 우주와 지구를 더 깊이 이해하고, 우리 자신과 다른 생명체들에게 더 나은 환경을 제공할 방법을 모색해야 합니다.

우주환경과 지구환경의 다른 측면은?

우주 환경은 우주공간 전체를 의미하며, 무한한 공간과 다양한 천체가 존재합니다. 우주는 아주 광란한 온도로 인해 극도로 추운 공간과 열기가 있는 별들로 이루어져 있습니다. 또한, 우주는 질량이 거의 없고, 중력이 강하며, 우주방사선이 풍부하며, 심한 질량과 온도의 변화로 인해 삶을 지탱하기가 어렵습니다. 반면에 지구환경은 우리가 사는 행성인 지구의 자연환경을 의미하며, 바다, 산, 숲, 동식물 등 지구상의 모든 생태계가 포함됩니다. 지구는 산소를 공급하고 물을 제공하며, 다양한 생물이 살아가는 환경을 제공합니다. 또한, 지구는 자연적인 생태계와 생명이 조화롭게 어우러져 있는 공간으로, 우리에게 삶을 유지하고 발전시키는 기반을 제공합니다.

우주환경과 지구환경을 비교했을 때 우리가 살아가는 데 필수적인 조건들이 지구에 훨씬 더 존재합니다. 우주는 우리 생명체에게 적합한 환경이 아니지만, 우리가 다른 행성을 탐사하고, 다른 행성에서 살아가기 위해서는 고난도의 기술과 시설이 있어야 합니다. 반면에 우리가 살고 있는 지구는 우리에게 매우 적합한 환경이며, 우리는 여기서 태어나 살아가며 자원을 활용하고 삶을 유지해 나갈 수 있습니다.

따라서, 우리는 우주환경과 지구환경의 비교를 통해 지구의 소중함을 깨달을 수 있으며, 우리는 지구 온난화, 수질 오염 등 환경 오염으로부터 지구환경을 보호하고 지구 생태계를 보호하는 데 최선의 역할을 해야 합니다. 생태계 파괴와 환경 오염으로 인해 우리의 행성이 위기에 처해있는 지금, 우리는 더욱 지구를 소중히 여겨야 하며, 환경을 보호하고 지구를 지키는 데 더 큰 노력을 기울여야만 합니다.

우주에 대한 의문들?

많은 사람은 우리의 현재 과학적 지식이 우주에서 중요한 모든 것을 포함하고 있다고 믿고 있습니다. 우리는 지금 근본적으로 알아야 하는 모든 것을 다 알고 있다는 것입니다. 이러한 지적 자만심은 잘못되었다고 생각합니다. 우리는 우주의 근원이나 그 법칙, 우주와 시간, 물질, 생명 등 주요 사실에 대해 잘 알지 못합니다. 물리학 분야에 대해서 우리는 그리 많이 알지 못합니다. 실제 일어나는 현상들이 어떻게 작용하는지 이해는 하지만, 그 이유가 무엇인지 알지 못합니다. 왜 물질이 존재하고 질량을 가졌는지, 왜 질량이 관성력을 가졌는지, 왜 중력을 가하면 시공간이 구부러지는지 알지 못합니다. 또한, 공간, 시간, 시공간이 무엇인지, 어디서 온 건지, 어디로 가는 건지, 왜 연속적인지도 모릅니다. 왜 시간은 앞으로만 흐르고 뒤나 옆으로는 흐르지 않는지도 잘 모릅니다. 우리는 "우주가 유일한지, 아니면 무한하게 존재하는지" 의문을 품게 되었습니다. 이는 결국, 우리는 어디서 왔는가? 우리는 누구인가? 우리는 어디로 가는가? 에 대한 물음입니다.

또한, "밤하늘은 어디까지 계속 이어져 있을까? 천체들은 영원한 존재일까? 아니면 태어났다가 죽는 것일까? 도대체 거대한 우주는 어떻게 생겼고 별들은 어떻게 움직이고 있을까?"에 대한 물음도 생겨났습니다. 이러한 의문과 질문들이 우주에 대한 인간의 생각 속에 있었고, 이에 대한 답을 찾으면서 인간이 우주로 점점 다가가게 되었습니다. 생명 의학 분야에도 무지합니다. 두 발로 걷기 시작한 인간은 저 산과 바다의 끝에는 무엇이 있을까? 자신들의 시조는 어디에 있을까를 생각하기 시작하였습니다. 우리가 지구상의 생명체에 대해서는 조금 알지만, 생명체가 어떻게 시작되었는지, 왜 그런 경로를 선택했는지 알지 못합니다.

최근에는 "지구 외 다른 행성에도 생명체가 존재할까? 인간과 같은 지적 생명체는 존재할까? 그렇지 않으면 인간은 우주 속에서 고독한 존재일까?"라는 물음으로 진화하였습니다. 우리는 혼자가 아니라고 생각은 하지만, 누가 또 있는지, 그들의 모습은 어떤 모습인지, 어떤 계획을 하고 있고, 무엇을 알고 있을지? 전혀 알 수 없습니다. 이러한 답을 찾기 위해서 지구를 벗어나 우리는 진지하게 관심을 가지고 더 먼 우주를 살펴보아야 할 것입니다.

우주는 무중력 상태인가?

무중력은 한자로 無重力(무중력)이고, 무중력은 중력이 없다는 의미입니다. 영어로는 zero force of gravity로 표기합니다. 무중력은 관찰자와 저울을 포함하는 계(system) 전체가 중력에 의해 자유낙하를 하는 특수한 상태에서 중력을 측정할 수 없는 상태를 의미합니다. 이렇게 계 자체가 자유낙하를 할 때는 그 어떤 무게를 가진 물체도 무게가 영(0)이 되므로 겉보기 무게가 영(0)이 된다고 표현하는 것입니다. 이러한 무중력 상태는 지구와 같은 행성, 별과 같은 항성처럼 큰 질량이 있는 물체로부터 아주 멀리 떨어진 우주 한복판에서도 일어나는 현상입니다. 우주 한복판에서는 주변에 질량이 큰 물체가 없다면 만유인력이 없어 물체의 겉보기 무게가 영(0)이 됩니다. 무중력은 상대적으로 중력을 느끼지 못하는 상태이지 실제로 중력이 없어지는 것을 의미하지는 않습니다. 또한, 무중력은 중력을 측정하기 어려울 만큼 작은 상태 혹은 중력이 없는 상태입니다. 중력이 지표면 상의 중력의 $\frac{1}{1,000}$ ~ $\frac{1}{10,000}$ 정도로 작은 경우, 이를 미소중력(microgravity)이라 합니다.

모든 질량이 있는 물체에 작용하는 만유인력이란?

지구에서의 중력은 '만유인력과 지구 자전에 의한 원심력'을 합한 것입니다. 우주 공간의 중력은 지구 자전에 의한 원심력이 없으므로 만유인력이 중력입니다. 그런데 만약 주변에 질량을 가진 물체가 없다면, 항성, 행성 등 질량을 가진 물체로부터 매우 멀리 떨어져 만유인력의 법칙에 의한 힘의 크기가 매우 극소할 경우, 무중력을 경험할 수 있습니다. 이때 물체는 거의 영(0)에 가까운 중력을 가지게 됩니다. 따라서 우주 한가운데에 있는 물체는 무중력 상태가 됩니다. 중력이 없다는 것은 중력에 의한 마찰력이 없다는 것입니다. 사람이 걸을 때 바닥에 힘을 주어야 합니다. 하지만 중력이 없으면 바닥에 힘을 주지 못하게 되고, 마찰력이 "영(0)"이 되기 때문에 걸어가지 못하며 공중에 떠다닐 수밖에 없습니다. 즉, 이동할 때는 반대 방향으로 움직여 그에 대한 반작용으로 나아가게 됩니다. 무중력 상태인 우주에서는 모든 물체의 무게가 "영(0)"이 되기 때문에 물체를 공중에서 놓게 되면 그물체는 그대로 공중에 떠 있게 됩니다. 따라서 팔이나 다리를 공중에 들고 있어도 전혀 힘이 들지 않게 됩니다.

달은 왜 지구로 추락하지 않을까요?

달은 지구 주위를 공전하고 있습니다. 달이 지구와 아주 멀리 멀어지지 않고 주위를 공전하는 이유는 지구가 달에 작용하고 있는 중력 때문입니다. 그런데 지구 중력을 받는 달은 왜 지구로 추락하지 않고 계속 지구를 공전하는 것일까요? 만약 야구 선수가 야구공을 높은 산에서 던지면 어떻게 될까요? 그 공은 포물선을 그리며 어느 정도 날아간 후 땅에 떨어질 것입니다. 그렇다면 같은 위치에서 대포로 야구공을 발사하면 어떻게 될까요?

만약 대포의 성능이 매우 좋으면 지구 반대편까지 공을 보낼 수 있을 것입니다. 그러나 야구 선수가 던진 공과 달리 대포로 발사한 공은 포물선을 그리며 낙하하지 않을 것입니다. 야구 선수가 던진 공이 포물선을 그리며 낙하할 때는 지표면이 평평할 때만 가능합니다. 대포로 발사한 야구공은 지구 반대편까지 날아가면 지표면이 평평하지 않은 둥근 면으로 날아가기 때문에 공은 더 이상 포물선을 그리며 낙하하지 않게 되는 것입니다. 그렇다면 야구 선수가 야구공을 지구 반대편 지표면에 낙하하지 않을 정도로 멀리 던지면 어떻게 될까요? 지구 반대편 땅에 낙하하지 않고 계속 날아간 공은 결국 지구를 한 바퀴 돌아 제자리로 돌아오지 않을까요?

원운동을 하는 물체는 가속도의 크기가 일정하고 그 방향은 항상 원의 중심을 향하는 구심력이 있습니다. 만약 공기저항이 없다면 지구 한 바퀴를 자전할 정도로 빠르게 날아가는 공은 항상 지구 중심을 향해 가속해야만 합니다. 즉, 공기저항이 없는 상태에서 공을 지구 반대편으로 멀리 던지면 공은 계속해서 지구 중심을 향해 가속하면서 영원히 돌 것입니다. 하지만 공은 계속 중력의 영향을 받고 있으므로 공은 지구 표면에 낙하하게 될 것입니다. 만약 야구공을 "달"이라 가정해 보면, 달은 지구 주위를 단순히 공전하는 것이 아니라 달은 지구의 중력을 받아 계속 '낙하하고' 있지만, 달의 속도가 매우 빠르므로 달은 지구 중심으로 추락하지 않고 계속 공전합니다.

우주에 방향이 있나요?

현재 우주의 성립은 아인스타인의 일반상대성 이론의 "우주원리"라는 가설로 설명됩니다. "우주원리"는 일반상대성 이론 중에서 우주 모델을 구축하는 출발점이 됩니다. "우주원리"란 '우주에는 특별한 곳이나 방위, 방향 자체가 존재하지 않는다'라는 가정입니다. 즉, 거시적으로 우주를 볼 때 '우주는 공간적으로 균질하며 등방성을 가진다'고 표현할 수 있습니다. 공간적 균질이란 우주의 성질이 공간적인 위치에 따라 달라지지 않는다는 것이고, 공간적 등방성이란 우주의 성질이 공간적인 방향에 따라 다르지 않다는 것입니다. 이 둘을 합쳐 균질등방성이라고도 합니다. 근본적으로 넓은 우주는 어디를 가더라도, 어디를 향하더라도 똑같습니다. 물리학자들은 우주에서 가장 오래된 우주 배경 복사(radiation)를 분석한 결과 우주는 등방적으로 팽창하고 있다는 결론을 도출했습니다. 이는 곧 우주에는 어떤 특정한 방향성은 없으며, 우주의 어느 방향을 보든 전혀 다를 것이 없다는 의미입니다.

우주에서는 방향을 어떻게 잡고 가나요?

어떻게든 우주에는 방향성이 존재하지 않습니다. 하지만 우주비행선을 이용하여 우주로 나가면 어떻게 해야 하나요? 이런 의문이 생깁니다.

일반적으로 정지한 천체를 대상으로 방향이 정해집니다. 예를 들면, 우주정거장이나 위성은 자신의 위치를 기준으로 방향을 정할 수 있습니다. 그 외로는 별들의 상대적 위치를 이용해 방향성을 정할 수 있습니다. 천체들은 서로 회전하고 위치가 변화하기 때문에 이를 고려해 방향성을 정하는 것이 필요합니다. 우주에서는 지구와 같은 방식으로 방향을 나타내기는 어렵습니다. 지구에서는 지표, 나침반, 별의 위치 등을 이용하여 방향을 알 수 있지만, 우주에서는 이러한 방법들이 사용되지 않습니다. 그래서, 우주비행사들은 주로 천체를 이용하여 방향을 파악합니다. 예를 들면, 태양과의 상대적인 위치, 태양의 자전축 방향, 성운의 분포 등을 이용하여 방향을 찾을 수 있습니다. 또한, 우주비행선에는 천문학적인 위치 정보를 제공하는 탐지 장치가 장착되어 있어, 우주로 우주비행선이 나아갈 때 방향을 탐지할 수 있습니다. 우주에는 방향성이 전혀 없습니다. 그러한 이유로 우주비행선이 우주로 향하기 전에 목표로 삼은 곳의 방향성을 잡고 가야 합니다.

표 1-1. 우주비행선이 우주로 나아갈 방법 세 가지

관성 항법	• 관성 항법은 우주비행선에 탑재된 관성 센서는 우주비행선의 가속도를 측정하고 이 정보를 사용하여 시작점에 대한 위치와 속도를 계산합니다.
천체 항법	• 천체 항법은 우주비행선의 별 추적기를 사용하여 시야에서 별의 위치를 측정하여 우주에서 방향을 결정할 수 있습니다. 우주비행선에 대한 상대적인 별의 위치를 알면 우주비행선은 위치와 속도를 결정할 수 있습니다.
무선 항법	• 무선 항법은 무선 신호가 우주비행선에서 지구 또는 다른 우주비행선으로 이동하는 데 걸리는 시간을 측정하여 지구에서 우주비행선의 거리를 결정할 수 있습니다.

우주에서 소리가 들릴까요?

실제로 우주에서는 소리를 들을 수 없습니다. 그러면 왜 우주에서는 소리가 왜 나지 않을까요? 소리의 전달은 매질의 떨림에 의해서 이루어집니다. 우주공간에는 매질이 거의 없으므로 소리가 들리지 않습니다. 지구에서 전달되는 소리는 공기를 통해서 이루어지고 있습니다. 소리는 결국 진동을 전달하는 매질을 통해 퍼져 나가는 현상입니다. 즉, 공기를 통해 전달된 진동이 고막을 통해 신경으로 전달되어 들을 수 있는 것입니다. 이런 원리를 이해한다면 왜 우주에서는 소리가 들리지 않는지 알 수 있습니다. 우주에는 매질이 되는 공기가 없습니다. 그렇다고 매질이 될 만한 다른 것이 없는 공간이기 때문에 진동이 전달될 그런 상황이 안되는 것입니다. 만약 공기가 있는 행성이 있다면 그 행성에서는 소리를 전달할 수 있을 것입니다. 예컨대, 우주에 있는 우주정거장에서는 소리가 전달되어 우주비행사들은 아무런 장비 없이 지구에서와 같이 의사소통합니다. 그것은 인위적으로 우주정거장에 공기를 넣어 소리가 전달되게 하기 때문입니다.

우주에서 살면 어떻게 될까?

인간의 몸은 수십만 년 동안 지구 표면에서 살 수 있도록 진화해 왔습니다. 그동안 많은 우주비행사가 태어났지만, 우주에서 1년 이상 거주하면 인체가 어떻게 변화하는지는 아무도 모릅니다. 그러면 우주정거장에서 장기간 체류할 때 사람을 위협하는 요소는 무엇일까요? 무엇보다 먼저, 무중력 상태를 꼽을 수 있습니다. 우주정거장에서 오랫동안 무중력 상태를 경험한 사람을 조사한 결과, 무중력이 인간의 건강에 해롭다는 것이 밝혀졌습니다. 사람은 지표면에서 사는 데 가장 적합하도록 신체가 구성되어 있습니다. 이 때문에 무중력 상태에 사람이 오랫동안 살게 되면, 다양한 신체의 생리 문제가 발생하게 됩니다.

사람이 무중력 상태를 경험할 때 우주 적응 증후군(SAS: Space Adaptation Syndrome)으로 어려움을 겪는다고 합니다. SAS의 증후는 구토, 두통, 현기증, 불안감 등이 있습니다. 무중력 상태에 오래 생활하면 사람의 관절에 있는 연골에 하중이 걸리지 않게 되어 키가 약간 커지게 됩니다. 그러나 이것은 상대적으로 관절이 약해지는 것을 의미합니다. 실제로 우주정류장에서 1년 이상 근무하였던 우주비행사가 지구로 귀환하면, 한동안 누워있거나 휠체어 신세를 지게 된다고 합니다.

지구상에서는 중력 때문에 하체에서 흐르는 혈액이 상체로 이동하는 데 어려움이 있습니다. 그러나 무중력 상태에서는 혈액의 이동이 매우 느리고, 판막 때문에 혈액이 상체에 집중되는 현상이 발생합니다. 따라서 상반신의 혈압이 상승하게 되어 얼굴이 붓게 됩니다. 무중력 상태에서는 시력이 악화할 수 있다는 사실이 미항공우주국 NASA에 의해 발견되었습니다. 또한 우주비행사들은 무중력 상태에서 잠을 자는 것이 더 어렵거나 불면증을 겪을 수 있다는 사실이 밝혀졌습니다.

우주방사선이란?

우주방사선은 사람의 인체에 해를 미치는 해로운 입자의 침입입니다. 우주공간은 텅 비어 있지 않고 태양과 은하 내의 별들에 의해 생성되어 나오는 고에너지 입자들로 가득합니다. 지구에서는 지구 자기장에 의해 보호받고 있지만, 지구 밖을 벗어나게 되면 우주비행사들은 그것에 고스란히 노출될 수밖에 없습니다. 우주로 태양이 분출하는 태양 플레어와 우주비행사가 맞닥뜨릴 때가 더 우려스럽습니다. 이 경우 우주비행사는 치명적일 수 있는 방사선량에 노출될 수 있습니다. 현재 우주에서의 방사선 영향을 완전히 완화할 수 있는 확실한 방법은 알려지지 않았습니다. 또한 방사선에 지속해서 노출되었을 때의 상황도 정확히 분석된 자료도 없습니다. 예를 들면 우주비행사가 우주에서 장기간 체류했을 때 불임이 될 확률이 얼마인지는 아무도 모른다고 합니다.

우주는 얼마나 빨리 달리고 있는가?

지구는 얼마나 빨리 우주공간을 이동할까요? 그렇다면 우리는 지구 위에서 얼마나 빠른 속도로 공간이동을 당하고 있는 걸까요? 지구의 자전 속도를 생각해 볼까요? 지구는 하루에 한 바퀴씩 자전합니다. 지구의 둘레는 약 4만km입니다. 지구 둘레를 지구 주기인 24시간으로 나누면, 적도에 있는 사람은 초속 약 463m, 북위 40도쯤에 있는 사람은 초속 354m로 이동합니다. 여러분이 정확히 북극점 위에 서 있다면 최소한 지구 자전으로 인한 공간이동은 없습니다. 즉 북극점에서의 자전 속도는 영(0)입니다.

우리는 지구의 자전으로 엄청나게 빠른 속도 이동하고 있지만, 지구는 자전만 하는 게 아니라 공전도 합니다. 지구와 태양 사이의 거리가 1억 5천만km이니까, 지구는 이 거리를 반지름으로 한 엄청난 원을 1년에 한 바퀴씩 공전합니다. 지구의 공전 둘레는 약 9억 5천만km입니다. 이것을 지구의 공전 주기 1년(3,200만 초)을 초 단위로 바꿔 나누면 지구의 공전 속도는 초속 약 30km입니다.

만약 지구가 자전과 공전을 갑자기 멈춘다면 어떤 일들이 일어날까요? 인간을 포함하여 지상에 있는 모든 것들은 우주공간으로 내팽개쳐져 버릴 것입니다. 그리고 태양풍으로부터 지구를 지켜주던 지구 자기장도 사라져 우리는 지구에서 살 수 없게 될 것입니다. 그런데 지구만 움직이는 게 아니라, 태양도 그 자리에 가만있는 천체가 아닙니다. 태양은 태양계 행성 전부를 이끌고 은하 중심을 초점 삼아 공전을 합니다. 태양의 공전 속도는 무려 초속 200km입니다. 태양이 우리은하를 한 바퀴 도는 주기는 약 2억 3천만 년입니다. 그만큼 우리은하는 무한하게 크다는 것을 의미합니다. 이 광대한 태양계는 가시적 관점에서 살펴보면, 우리은하에 비하면 조그마한 물동이 하나에 지나지 않으며 지구는 한국의 남해안 모래 가운데 한 알의 모래와 같은 존재입니다. 그러면 우리들은 어떠할지 여러분 스스로 생각해 보길 바랍니다.

우리은하는 초속 600km로 굉장히 빨리 달리고 있습니다. 우리은하도 한자리에 가만히 머물러 있는 존재는 아닙니다. 우리은하 역시 맹렬한 속도로 우주공간을 달리는 중입니다. 우주공간 자체는 지금, 이 순간에도 빛의 속도로 무한 팽창을 계속해 가고 있습니다. 이처럼 팽창하는 우주 속에서 수많은 별이 탄생과 죽음의 윤회를 거듭하고 있습니다. 그 무수한 은하 중에서 모래알 하나 정도인 우리은하 속에서, 우리는 태양계의 지구 행성 위에서 살고 있는 것입니다.

지구 행성은 우주의 절대자가 만든 우주비행선입니다. 그 이름은 "파란 별"호 입니다. "파란 별" 호는 질량이 크고 길이가 긴 우주비행선으로 하루에 한 번씩 초속 약 463m로 자전함과 동시에 초속 30km 평균속도로 태양을 공전하고 있습니다. "파란 별" 호는 결코 중력이 매우 큰 태양의 중력을 벗어나지 못하고 항상 태양을 바라보며 우리가 느끼지 못하는 매우 빠른 속도로 우주공간을 비행하고 있습니다.

과거의 시간과 현대의 시간은 무엇이 다른가?

시간은 누구에게나 똑같이 흘러가는 것으로 정해진 채 우리에게 주어진 것이 아니라, 우리에 의해 만들어지고 우리에 의해 의미가 부여되면서 완성됩니다. 사람들은 시간이 언제나 균일하게 흐르며 누구에게나 같다고 생각합니다. 시간은 항상 변함없이 흘러왔고 앞으로도 끝없이 그렇게 흐를 것이라 믿습니다. 시간의 이런 보편성, 절대성, 그리고 불변성은 근대 과학이 완성된 뉴톤(Isaac Newton) 이후로 과학에서도 진리로 받아들여졌습니다. 그런데 현대에 와서 보편적이고 절대적이라고 믿었던 시간에 대한 이해를 바꾸어 놓은 연구들이 있습니다. 행성이나 별과 같이 그 질량이 아주 무거운 것과 빛과 같이 그 속도가 아주 빠른 것을 연구하면서 생긴 결과입니다. 즉, 아주 무겁거나 아주 빠른 세상에서는, "시간이 절대적이며 불변하는 것"이 아니라 "상대적이며 변한다는 사실이 밝혀진 것"입니다.

시간의 상대성이 실생활에 반영된 예로 우리가 사용하는 스마트폰으로 위치를 찾거나 자동차에서 길을 찾아갈 때 널리 사용하는 네비게이션(GPS: Global Positioning System)을 꼽을 수 있습니다. GPS는 지구에서 멀리 떨어져 빠르게 지구를 돌고 있는 위성과의 통신을 통해 작동합니다. 그런데 GPS 개발 과정에서 위성 속의 시간이 우리가 살고 있는 지상의 시간과 다르다는 것이 발견되었습니다. 위성에서의 시간이 지상보다 하루에 38마이크로초(micro-second)만큼 빠른 것입니다. 그 차이는 아주 작지만, 지상과 위성의 시간은 분명히 다릅니다. 이 작은 차이를 바로잡아 주지 않으면 실시간으로 방향을 알려주는 내비게이션에서 하루당 10km라는 큰 위치 오차를 내게 됩니다. 즉, 내가 가려는 목적지에서 10km 떨어진 엉뚱한 곳으로 GPS는 안내한다는 것입니다. 현대 과학은 위성 속의 시간이 이렇게 지상과 다른 것은 위성 속 시계의 기계적 문제가 아니라 시간의 본성임이 아인스타인의 상대성 이론으로 밝혀졌습니다.

그림 1-3. 알버트 아인스타인(Albert Einstein, 1879~1955)

상대성 이론은 아인스타인(Albert Einstein, 1879-1955)이 처음 주장한 이론입니다. 1905년 발표된 특수 상대성 이론은 운동하는 물체가 빛의 속도에 가까워질 정도로 빠르게 움직이면 그 물체가 경험하는 시간은 시간의 흐름이 늦어진다는 것입니다. 2015년에 발표된 일반 상대성 이론에 의하면, 별과 같은 무거운 물체는 주위 공간을 휘게 하고 시간을 늦춘다는 것입니다. 위의 GPS 위성처럼 우리가 아주 무거운 물체 가까이 있거나 빛의 속도와 비슷한 아주 빠른 속도로 움직이면 시간은 느리게 흐릅니다. 즉, 수명은 길어집니다.

여러분은 다음 장면을 보고 있다고 가정해 보십시오. 여러분은 시간 지체 또는 시간 지연(time dilation)의 의미가 무엇인지 쉽게 이해할 수 있을 것입니다. 쌍둥이 젊은 형제가 살고 있었습니다. 형은 우주비행사이고 동생은 우주과학자였습니다. 어느 날 형은 우주비행선을 타고 빛의 속도와 유사한 빠른 속도로 우리은하와 다른 은하의 행성을 몇 달 동안 비행한 후 동생을 만났습니다. 형은 동생이 알아볼 수 없을 정도로 늙은 모습이었고, 형은 우주비행 전과 거의 같은 모습이었습니다.

여러분은 이 장면을 보면서 무엇을 생각하였나요? 우주비행선을 타고 우주비행을 빛의 속도와 유사한 아주 빠른 속도로 빠르게 비행하면 시간은 느리게 흘러 우주비행사는 늙지 않고 수명이 길어졌지만, 지구에서 형을 기다린 동생은 시간이 아주 빠르게 흘러 늙은 할아버지처럼 모습이 늙어 갔다는 것을 알 수 있었을 것입니다. 이러한 현상("빛의 속도와 비슷한 아주 빠른 속도로 움직이면, 시간은 느리게 흐른다")이 타임 다일레이션(time dilation, 시간 지체 혹은 시간 지연)입니다.

점점 황폐해 가는 지구를 떠나 인간의 터전을 찾기 위해 항성 간 우주여행을 떠나는 우주 탐험가들의 모험을 주요 내용으로 한, 2014년 11월에 개봉된 "인터스텔라(Interstellar)" 영화에서, 주인공이 중력이 강한 어느 별에 몇 시간 더 머물다 왔을 뿐인데 지구 시간으로는 수십 년이 흐른 장면이 나옵니다. 중력이 아주 강하게 당기면 마치 시간도 당겨지듯 느리게 흐르는 것은 단지 영화 속 이야기가 아니라 사실임이 밝혀졌습니다.

2장

왜 우리는 우주로 행해야 하나?

우리가 살고 있는 지구를 포함한 태양계 중심적 관점의 우주(Space)와 태양계를 벗어난 광역성을 갖는 우주(Universe)가 있습니다. 우주는 바라만 보는 대상인가요? 아니면, 인간이 이주할 수 있는 공간인가요? 과거 신대륙으로 이주한 메이플라워호와 같이 인간 이주가 가능한 것인가요? 인간이 우주로 이주한다면, 정부 차원의 이주와 집단 차원의 이주가 있을 것입니다. 정부 차원의 이주이면 새로운 지역명이 붙겠지만, 집단 차원의 이주가 된다면 새로운 국가가 생길 수 있습니다. 어쩌면, 우주에 있는 최초의 국가가 될 수 있습니다. 이처럼 인간의 이주가 현실화한다면, 매우 복잡한 사회적 관계가 존재할 것입니다. 대표적으로 지구에서 태어난 인간을 지구인, 화성에서 태어난 인간을 화성인으로 부를 수도 있을지 모르겠습니다.

그렇다면, 인간은 왜 우주로 나아가려 하는가요? 우주가 공간적 개념에서 인간이 정복하지 못한 미지의 영역임이 분명합니다. 아프리카 케냐에서 탄생한 인간이 아프리카를 넘어 점차 전 지구로 진출하였듯이 우주로의 진출도 필연적인 것으로 볼 수 있습니다. 다른 한편으로 호기심과 신천지의 개척정신으로도 볼 수 있어 양면적 속성이 존재합니다. 인간은 현재에 머무르기보다 새로운 것을 찾아 떠나는 탐험가적 성질을 갖고 있습니다. 즉, 인간 문명의 발전을 이끌어왔다고도 할 수 있는 이기적 유전자가 존재하기 때문일 것입니다.

왜 인간은 우주로 나아 갈려고 하나?

인간이 우주로 나아 가는 이유는 갈려고 하는 것은 새로운 우주공간을 탐험하는 것을 넘어, 인간의 장기적인 생존, 과학기술의 발전 그리고 경제사회 전반에 걸친 혁신을 위한 필수적인 발판을 마련하여야 하기 때문입니다. 이러한 이유를 구체적으로 살펴보겠습니다.

장기적 생존과 다중 행성 거주를 위해 우주로 나아가야 합니다.

우리는 인간의 장기적 생존과 여러 행성의 거주가 요구되고 있습니다. 우리는 지구에서 태풍, 지진, 쓰나미와 같은 자연재해와 핵전쟁, 기후변화 등과 같은 인위적 재난에 노출되어 있어 이러한 재난 위험을 분산해야 하고, 지구 한 행성에 의지하지 않고 화성, 금성 등 태양계의 여러 행성을 확보해 생존 가능성을 높이는 전략이 필요합니다.

지구에는 천연자원이 한정되어 있어 우주로 나아가야 합니다.

인간은 소행성 자원 채굴, 달, 화성 등의 자원 확보와 확장을 통해 우리 경제와 기술을 발전시켜야 하며, 동시에 자원의 기반을 다각화할 필요가 있습니다.

과학적 발견과 기술 발전 도모를 위해 우주로 나아가야 합니다.

우주 환경은 우리에게 다양한 자연법칙을 이해하게 하고 우주 관측은 우주 기원에 대한 단서를 제공할 것이므로 우주에 관한 기초과학 연구가 필요합니다.

또한, 우주 탐사를 위해 개발된 기술은 다양한 산업 분야에 파급효과를 미치고 있습니다. 그 예로, 이미지 센서, GPS 등은 우리 사회에 없어서는 안 될 기술로 자리 잡고 있어 새로운 혁신 기술 개발이 필요합니다.

글로벌 경제 발전과 우주산업 성장을 위해 우주로 나아가야 합니다.

우주산업은 미래 고용 창출과 경제 활성화에 크게 기여할 것이며, 기술력 격차 해소와 글로벌 경제에서 경쟁우위를 결정짓는 요소가 될 것입니다. 따라서 우주산업의 성장과 우주산업과 연계된 산업 발전을 위해 우주로 나아갈 필요가 있습니다.

인간의 지평 확장을 위해 우주로 나아가야 합니다.

우주는 인간에게 새로운 경계를 넘나들며 미지의 영역을 개척할 기회를 제공하며, 이는 우리의 존재 의미를 새롭게 정립할 계기가 되기 때문에 새로운 도전과 탐험 정신이 요구되고 있습니다. 우주 탐사는 국제사회의 평화와 이해 증진에 긍정적인 영향을 미치고 있습니다. 국제협력은 지구촌 문제 해결하는 데 협력 모델 제시가 가능함으로 국제사회 협력과 평화를 유지하게 합니다. 우주로 나아가는 것은 단순한 모험이나 탐사가 아니라, 인간의 미래를 위한 필수적인 진보 과정입니다. 우주로 나아가는 것은 인간을 보호하고, 신기술과 경제적 기회를 창출하며, 우주에 대한 이해를 넓히고 지평을 확장함으로써 인간의 발전에 크게 기여할 수 있는 전략적 선택입니다. 이런 이유로 각국의 정부, 전 세계적으로 많은 연구자, 그리고 민간기업들은 우주에 대해 열정과 자본을 투자하고 있습니다.

3장

우주, 전략적, 기술적 자산에서 활용 자산으로

스푸트니크 위성 1호가 발사된 지 68년이 지난 이 시점에서 우주로 나간 사람은 수백여 명에 불과하지만, 그중에는 개인 비용으로 우주여행을 한 사람도 있습니다. 미국의 우주 기업들은 우주여행을 유망 전략상품으로 보고 이를 위한 비즈니스를 개척해 나가고 있습니다. 이러한 우주여행이 일상화되고, 새로운 교통수단인 우주 비행선이 개발되게 되면 인간의 우주공간 활용은 더욱 증가하게 될 것으로 생각됩니다. 이러한 우주 탐사 등의 공간적 위로의 확장과 함께 위성을 이용한 지구관측 등의 아래로의 활용이 전략적 측면에서 중요해지면서, 우주 분야의 활용은 각국 정부의 중요한 정책 의제(Agenda, 과제)로 부상되고 있습니다.

우주자산의 가치는 이제 군사적 자산의 가치에서 점차 일상생활의 가치로 중심이 이동되고 있습니다. 과거 냉전 시대에는 우주의 군사적 자산은 정보 획득의 측면에서 중요하였었고, 냉전 이후에는 미국과 이라크의 전쟁인 걸프전에서 우주자산은 항공, 지상의 전장이 함께 연계되어 전투에서 핵심적인 역할을 하였습니다. 하지만, 미국의 경우 정부 재정이 악화하면서부터 민간 자본을 활용하거나, 민간의 우주 참여 기회를 확대하면서 우주가 점차 민군 등에 위성 서비스를 제공할 상품의 공간으로 자리를 잡아가고 있습니다.

우주를 산업적으로 볼 때, 부가가치를 창출 분야는 로켓이나 위성이 아니라 위성을 활용하는 수요 부문에서 나타나고 있습니다. 따라서 우주개발에서 중요한 점은 수요의 활성화를 통해 위성의 활용도를 높이기 위한 정책이 우선시 되어야 합니다. 우주 선진국에서 우주개발 초창기에서는 기술 확보에 중점을 두었지만, 어느 시점이 지나면서 우주 활용 분야를 더 중시하게 되었습니다. 이를 위해 수요가 먼저 창출되고, 이를 달성하기 위한 위성이 제작되어 공급되는 과정을 따라가고 있습니다.

우주 활용의 개념적 자산 가치는 첫째, 국가와 국민의 안전 확보 유지이고, 둘째, 경제 사회발전과 더불어 국민 생활의 질 향상, 지식 창조와 꿈 실현, 그리고 국제사회에 기여하는 것입니다. 이에 대한 구체적인 내용은 국민의 편리한 일상생활과 국가 안위, 공공 인프라 시장을 중심으로 하는 우주산업 육성, 그리고 국가의 품격에 맞는 국제사회 기여입니다.

표 1-1. 우주공간 이용의 전략적 가치

의의	내용	전략적 가치의 내용
국가와 국민의 안전 확보	• 현재와 미래에 우주개발 이용으로 국가와 국민의 안전 확보에 관한 다양한 효과	• 자연재해에 대한 정보수집 · 분석으로 국민의 재산과 안전 확보 • 국가 안전 보장상 위협이 되는 사안에 대한 정보수집과 분석 • 우주개발 이용에 관한 기술력에 의존한 외교상의 위신 • 우주개발 기술이 가져올 종합 안전보장
경제사회 발전과 국민 생활의 질 향상	• 우주산업의 발전과 우주개발 이용으로 국민에게 새로운 재화와 서비스 제공으로 국민 생활 향상	• 현재의 기술력 유지와 미래의 기술혁신이 초래할 사회경제효과 • 우주개발로 배양된 기술이 가져올 산업화 • 우주개발 산업의 발전과 고용 창출 • 우주공간을 이용한 새로운 재화와 서비스 제공으로 국민 생활의 질 향상
지식 창조와 꿈 실현	• 우주과학의 발전과 청소년의 교육효과, 프론티어에 도전이 가져올 국민의 긍지	• 우주과학의 발전으로 지식 창조 • 차세대 젊은 연구자 육성 • 청소년에 교육효과 • 프론티어에 대한 꿈과 희망 • 프론티어에 도전으로 얻어질 국민의 긍지
국제사회에 기여	자국의 이익만이 아니라 국제사회에 기여	• 우주 관련 기술을 이용한 지구환경문제에 기여 • 재해대책과 정보기술 제공으로 개도국에 기여 • 국제 공동 연구 추진으로 양호한 우주개발 환경 구축

출처 : 青木節子, 川島 啓, 2008

표 1-1.의 우주공간 이용의 전략적 가치를 구조화하면 그림 1-4.와 같이 12개의 세부 가치로 구조화됩니다. 12개의 가치 대부분은 민간이 수행하기 어려운 가치들로 정부가 전략적으로 추진해야 할 가치들입니다. 이들 가치를 실현하기 위해서는 수단이 필요하고, 그 수단이 발사체와 위성입니다. 이들 수단은 정부의 지속적인 가치 창출을 위해 지속되어야 하므로 인프라의 성격을 갖습니다.

우주개발 이용	국가와 국민의 안전 확보	정보수집: 기술 보호로 종합 안전보장
		자연 재해 등에 안전 확보 및 위기 관리
		높은 국제적 지위 확보
	경제사회 발전과 국민 생활 향상	기술혁신 촉진
		우주산업 발전
		우주를 이용한 다양한 서비스 확대
	지식 창조의 꿈	우주과학의 발전
		프론티어에 도전
		청소년의 꿈과 교육에 기여
	국제사회에 공헌	지구 규모 문제 해결에 공헌
		개도국의 재해대책에 공헌
		국제 연구개발에 공헌

그림 1-4. 우주 활용의 가치 구조 (출처: 青木節子, 川島 啓, 2008)

우주의 활용은 V-2 로켓과 스푸트니크 1호로 인해 군사적 관점에서 출발하였지만, 그 후 위성과 탐사선을 활용한 활용 분야로 크게 확대되었습니다. 1957년 세계 최초로 발사된 스푸트니크 1호 이후 10,000여 기의 위성이 발사되고 근래에는 위성 통신을 위해 저궤도 위성이 발사를 증가시키고 있습니다. 냉전 기간에 발사된 위성의 70~80%는 군사 목적의 위성이었습니다. 군에서 활용하는 위성 분야는 통신, 위치, 기상, 정찰 및 첩보, 우주감시, 조기경보와 같이 다양합니다. 군사 목적에서 파생되어 활성화된 위성은 점차 우주과학, 기상과 기후변화 관측, 환경, 해양, 위치 파악, 통신과 방송 등으로 확대되고 있습니다.

표 1-2. 우주공간 활용의 3가지

우주공간에서 지구관측의 용도	• 기상, 환경, 해양, 방재, 지구관측, 위치 정보 획득이고, 이를 활용 분야는 통신과 방송.
우주공간에서 지상과 지상을 연결하거나, 지상과 우주를 연결하는 중개 용도와 저궤도 우주 연구소나 중간기지 역할의 용도	• 저궤도 우주 연구소나 중간 기지는 우주정거장 혹은 우주실험실 역할을 함
우주공간에서 더 깊은 우주 관측의 용도	• 우주 탐사를 목적으로 하는 우주과학

우주공간에서 지구를 관측하는 용도 : 통신 방송 및 기상 분야

일상생활에 우주의 활용이 가장 활발한 분야는 통신 방송 및 기상 분야라 해도 과언은 아닐 것입니다. 우리가 아침에 일어나 맨 처음 확인하는 것은 날씨 정보입니다. 만약 기상위성이 없으면 정확한 날씨 예보를 할 수 없게 되어 생활하는 데 어려움이 많아지게 될 것입니다. 올림픽 경기 등 먼 외국에서 열리는 국제경기를 안방에서 시청할 수 있게 된 것은 방송위성 덕분입니다. 또한 지진이나 쓰나미 등 자연재해 혹은 국지 전쟁으로 지상파 무선 인터넷, 전화 등이 불통 되면 엄청난 피해를 보게 될 것은 뻔합니다. 따라서, 재난과 전쟁의 상처에 대비하여 통신위성을 운용하여야 합니다.

우주공간을 활용하고 있는 분야 : 지구관측

위성이 지구관측에 활용되는 특징 3가지는 첫째, 넓은 지역을 관장하는 광역성입니다. 둘째, 위성에서 관측된 대량의 위성 데이터를 지속해서 수신할 수 있는 지속성입니다. 마지막으로, 위성 측정 데이터를 실시간으로 이용할 수 있는 즉시성입니다. 이 특징을 이용하는 분야로는 지상 관측, 지구 자원탐사, 기상, 대기 환경 및 해양 관측 등이 있습니다. 지구관측을 이용하는 분야로는 재해, 건강, 에너지, 기상, 물, 기후변화, 생태계, 농업, 생물 다양성 등이 있습니다. 미국과 일본은 재해와 물 이용에 위성 데이터를 가장 잘 활용하고 있고, 유럽은 기후변화, 생태계, 농업 등의 다양한 분야에서 적극 활용하고 있습니다. 지구 관측 위성의 성공과 실패는 얼마나 많은 위성 사용자가 위성 데이터를 잘 활용하느냐에 달려있습니다. 단지 지구관측 위성을 목표 위성 궤도에 진입시켜 위성을 운용하는 것만이 성공의 전부는 아닐 것입니다.

위치 정보를 파악하는 데 활용되는 항법위성 GPS

GPS는 미국 국방부가 설계 및 관리를 하는 위성으로, 이 위성을 활용하면 지구상의 어느 곳에서나 위치 측정이 가능하고, 바다의 선박이나 공중의 항공기나 위성의 위치와 시간을 측정할 수 있습니다.

우주 탐사

우주개발과 우주 탐사의 가장 대표적 사례가 인간 최초로 달에 착륙하는 아폴로 계획이었습니다. 이 계획으로 12명의 우주비행사가 달에 착륙하였고, 약 380kg의 달의 운석을 지구로 가지고 왔습니다. 미국 NASA 아폴로 달 탐사 이후 과학자들의 관심은 태양계 내의 수성, 금성, 화성 등의 탐사와 태양계 밖의 행성 탐사로 그 축을 옮겨 갔습니다. NASA는 무인 행성 우주비행선을 이용하여 수성, 금성, 화성을 탐사하는 마리너(Mariner) 계획과 보이저(Voyager) 계획을 각각 수립하였습니다. 마리너(Mariner) 계획은 수성, 금성, 화성 등의 탐사를 수행하는 성과를 보였습니다. 보이저 계획은 태양계 밖의 행성이나 태양계 밖의 탐사를 목적으로 2기의 무인 우주비행선을 활용하는 것으로 1977년에 발사된 보이저 1호와 2호는 연속해서 목성, 토성, 천왕성, 해왕성 탐사에 성공하였습니다.

최근에는 미국을 비롯한 중국, 일본, 인도, 유럽 등 우주 선진국들은 유인 달 탐사와 화성 탐사에 관한 세부 일정과 추진할 내용을 확정하고 본격적인 탐사 활동을 추진하고 있습니다. 이에 반하여 한국은 2035년 달 착륙과 2050년에 화성 탐사를 목표로 하여 이에 관한 계획과 실행 방안을 수립하고 추진하고 있습니다.

4장

국가 안보도 우주에서 찾아야 한다.

전쟁은 영토의 지배력을 놓고 싸우는 것입니다. 수천 년 동안 육지에서의 승리는 바다에서의 우세에 따라 결정되었습니다. 이순신 장군이 거북선으로 무장한 조선의 해군력은 왜 나라 일본을 격퇴하여 임진왜란을 승리로 가져온 것은 역사가 이를 입증해 주고 있습니다. 20세기 육지와 바다에서의 승리는 언제나 하늘을 지배하는 힘에 따라 결정되었습니다. 미래는 우주 전쟁입니다, 육지, 바다, 하늘에서의 승리를 보장해 주는 수단은 우주를 지배할 수 있는 우주의 힘을 획득하는 것입니다.

근래에 중국 경제가 크게 성장함에 따라, 아시아 지역에서 중국이 군사 우위를 가질 것으로 보입니다. 미국을 비롯한 주변 국가들은 어떻게 하면 군사 안보 균형을 찾을 수 있을까? 고민할 것입니다. 잠재적 적국끼리 미사일 대 미사일, 탱크 대 탱크, 군인 대 군인 등으로 서로 대등하게 맞추는 방식으로는 적을 막을 수 없습니다. 이러한 방법보다는 혁신적이고 파괴적인 기술적 우위를 얻어 적을 완전히 퇴치하는 방법을 찾아야 합니다. 이것은 우주에서 우위의 지배력으로 가능할 것입니다.

걸프전은 우주 전쟁이라 할 수 있습니다. 왜냐하면 미국은 이라크가 보유하지 않은 다양한 위성을 활용하여 전쟁을 수행했기 때문입니다. 실례로, 당시 걸프전에 60대의 군사위성이 활용되었습니다. 미국이 운용한 위성은 다양합니다. 외부나 척후 부대와의 통신을 위한 통신위성, 사막과 같이 지형지물이 없어 정확한 위치를 파악하기 어려운 환경에서 정확한 위치를 찾아가기 위해 GPS 위성, 적 부대의 이동 동향이나 공습에 의한 전과 파악을 위한 지상 관측 위성, 이라크 군의 스커드미사일 발사를 탐지하는 탐지위성, 그리고 군 부대의 작전 수행을 위해 중요한 기상정보를 제공하는 기상위성 등이 입니다.

GPS 활용이 증가하면서 미국은 GPS 장치를 폭탄에 장착한 정밀유도 폭탄을 사용하여 정밀타격이 가능해졌고, 또한 이 폭탄 투하에 GPS와 스텔스 폭격기가 결합하면서 미국의 정밀 타격의 가치는 극대화되었습니다. 걸프전을 치른 후에 우주 무기체계는 있으면 좋은 것이 아니라 없어서는 안 되는 필연적인 가치를 지니게 되었습니다. 현대의 우주 지배력은 정찰위성보다 훨씬 많은 것을 포함하고 있습니다. 우주에 있는 GPS를 사용하면 군수품을 100배 더 정확하게 찾아낼 수 있고 우주 기반 통신은 군의 명령 및 통제 능력을 높여 주고 있습니다. 적의 정찰위성을 파괴하면 적은 아무것도 볼 수 없게 되고, 통신위성을 파괴하면 어떤 대화도 나눌 수 없게 됩니다. 항법위성(NAVSAT; Navigation Satellite)을 파괴하면 목표를 찾지 못하게 됩니다.

적보다 더 좋은 우주자산을 보유하는 것을 우주 우세(space superiority)라고 하고, 우주 제패(Space Supremacy)는 특정 능력을 완전히 독점했다고 장담할 수 없는 것을 의미합니다. 우주공간에서 영향력을 확보하고 이를 통해 적의 무기체계 통제함으로써 우주 패권을 장악하는 것입니다.

이제 '스타워즈(star wars) 시대'가 시작되고 있습니다. 우주 시대를 맞이하여 우주는 핵심 안보 공간으로 자리를 잡고 있습니다. 2025년 미국 국방성 전문가에 따르면, 러시아는 적의 위성을 공격할 목표로 핵무기를 탑재한 위성을 궤도에 올리는 기술을 개발하고 있다고 합니다. 실제로 러시아가 우주에서 핵무기를 터뜨린다면 세계는 종말에 가까운 대재앙에 빠지는 사태가 일어날 것입니다. 우주에서 핵무기에 의한 폭발이 일어나면 사람에게 신체적 피해는 직접적으로 없지만 통신, GPS, 기상 등 각종 위성이 작동하지 못하게 됨으로써 지구에서의 생활은 마비될 수밖에 없습니다.

정책 싱크 탱크(Think Tank)로 유명한 "안전한 세계 재단(SWF: Safe World Foundation)의 2024년 우주 전투 능력 평가"에 의하면 "미국과 러시아, 중국, 인도 등은 지상에서 공격용 무기를 쏘아 올려 위성을 파괴하는 기술을 보유했다"고 합니다.

중국, 러시아, 호주 등 일부 우주 강국들의 우주 무기체계를 이용한 공격의 사례를 살펴볼까요?

2007년 중국은 탄도미사일을 활용해 자국의 기상위성인 펑윈 1호를 파괴했습니다. 러시아는 공격용 위성으로 같은 궤도의 위성을 공격하는 분야에 앞서 있습니다. 즉, 러시아 공격용 위성은 적의 위성을 은밀히 추적하다가 직접 충돌해 자폭하거나 로봇팔 등을 뻗어서 손상을 입히는 등의 공격이 가능합니다. 우주 선진국들은 지상의 시설이나 위성에서 전자기파나 레이저를 방출하여 위성의 특정 기능을 마비시키고 교란하는 '전자전(Electronic Warfare)', 해킹(Hacking; 무단 침입)을 통해 위성에 대한 '사이버 공격'하는 실험을 수행하고 있습니다. 호주 등 일부 국가는 우주 쓰레기를 생산하지 않고 상대 위성을 공격하는 '소프트킬(soft kill)'이란 기술을 개발하고 있습니다. 이러한 연유로 러시아와 중국 모두 위성 요격 체계인 우주 반격 전력(ASAT; Anti Satellite)을 개발하고 적극적으로 시험하고 있습니다.

우주 전쟁에 필요한 것은 위성 요격 체계뿐만 아니라 전투 비행기와 같은 전투위성입니다. 우주 전쟁에는 두 가지 핵심 기능이 필요합니다. 적의 위성을 파괴하고 우리 위성을 지키는 것입니다. ASAT은 대공미사일과 비슷합니다. 우주공간에서 우위를 가져올 결정적인 무기는 전투위성입니다. 그러므로 우리에게는 적의 우주자산을 파괴할 뿐만 아니라 우리 위성인 정찰위성, GPS, 통신위성을 적의 ASAT로부터 보호하는 역할을 할 수 있는 전투위성이 필요합니다.

오늘날 미국의 우주 지배력은 위태로운 상태라고 합니다. 미국은 수십 년 동안 우주 지배권을 가진 적과 한 번도 싸운 적이 없어 위성을 보호할 필요가 없을 것으로 보일 것입니다. 그러나 이런 능력을 갖춘 잠재력을 상대로 미국의 각종 위성을 보호할 필요가 있다고 생각합니다. 만약 군에 통신위성이 없으면 군부대를 제대로 배치할 수 없을 것이고, 정찰위성이 없으면 적의 현재 상황을 거의 볼 수 없을 것입니다. GPS 시스템이 없으면 측지 측정에 오차가 생겨 군의 화력은 수십 분의 1로 줄어들 것입니다. 이러한 우주 군사적 능력들을 잃는다면 미래의 전쟁에서 승리는 거의 불가능할 것입니다. 만약 적이 자신들의 우주자산을 보호하고 우리의 우주자산을 없애는 데 성공하면 우리의 패배는 자명해질 것입니다.

국제전략문제연구소(IISS; International Institute for Strategic Studies)의 더글러스 배리 선임연구원은 과거 냉전 시기에 비해 "우주에서의 공격에 대한 과학적 이해와 대응 기술은 크게 진보한 상태"이지만, "현재 어떤 기술로도 인공위성을 모든 공격으로부터 안전하게 지켜낼 수 없다"고 했습니다. 그래서 오늘날 미국과 중국은 우주에서 유리한 고지를 점하고자 군사·기술 경쟁을 가장 치열하게 벌이고 있습니다. 왜냐하면, 우주는 지상, 해상, 공중, 사이버 공간과 연결되어 군사 활동을 지원하며 군사 활동이 이루어지는 전선입니다. 즉 우주는 전쟁 상황에 즉시 대응하는 공간이며 사이버 전쟁 수행에 필요한 공간이므로 반드시 확보해야 합니다. 특히 러시아-우크라이나 전쟁에서 우크라이나가 최근에 스페이스 X로부터 제공받은 위성 인터넷 서비스 '스타링크(Starlink)'를 사용하여 전세에 대응하면서 우주는 국가 안보에 중요한 요소가 되었습니다.

위성과 통신하는 위성 지상국은 적이 노리는 주요한 공격 대상이 되고 있습니다. 위성 지상국에 대한 사이버 공격을 통해서 위성을 무력화시킬 수 있기 때문입니다. 위성 지상국에 대한 공격은 ASAT 전력을 개발하는 것보다 훨씬 저렴하고 신속합니다. 우주기술 개발에 드는 비용은 천문학적이기 때문에 최근 많은 국가는 위성의 소형화와 소형 위성의 네트워크화를 통해 위성망을 빠르게 구축하려는 경쟁을 벌이고 있습니다. 그동안 국가가 주도적으로 개발하기 시작한 대형 위성은 기동력이 높고 수명이 길지만, 막대한 개발 예산과 개발 기간이 긴 반면, 소형 위성은 전기,

전자, 광학 기술의 발전과 경량화 및 소형화 등의 개발 방식을 통해 저렴한 개발 비용과 개발 기간 단축으로 위성 개발의 새 패러다임으로 부상하고 있습니다.

기존의 대형위성은 위성이 오작동이 일으키는 경우를 포함하여 상당히 다양한 위험에 취약하고 오작동 위성을 대체하는 데 많은 시간이 소요되는 등 위성 자체를 운영하는 데 어려움이 따릅니다. 즉 대형위성 시스템은 개발 비용의 측면뿐 아니라 국가 안보에 매우 중요한 자산의 효율적인 운용 자체에도 다양한 불편함이 따르는 것입니다. 따라서 미국과 같은 우주 선진국들은 소형 위성의 네트워크의 이점을 추구하고 선호하고 있습니다. 예를 들면, NASA의 '스탈링(Starling)' 프로젝트와 미국 국방고등연구계획국, DARPA의 '블랙잭(Black Jack)'도 군집형 소형 위성 네트워크 구축을 위한 프로젝트입니다.

최근에 인공지능(AI: Artificial Intelligence)기술이 위성에 적용되면서 위성의 가치는 더욱 커지고 있습니다. 향후 AI 기술을 위성의 탑재체에 적용하게 되면 지상 위성관제소의 도움 없이 우주에서 자율적으로 운행이 가능한 자율 위성이 등장할 것입니다. 그동안 중국은 GPS와 유사한 독자적 위성 항법 체계, 우주정거장 구축, 양자 위성통신과 ASAT 개발 등 우주에서 감시정찰과 정보 작전 수행의 역량을 강화하고 있습니다. 또한 중국은 미국 다음으로 많은 정찰위성을 보유하고 있습니다. 대부분 정찰위성은 한반도, 대만, 남중국해를 감시하고 있고, 미국의 GPS와 경쟁하고 있는 중국의 위성 항법 체계인 베이더우 프로젝트는 120여 개국에 서비스를 제공하고 있습니다. 이에 대비하여 미국은 우주기술을 사이버 전쟁, 정보전쟁과 같은 비전통적 군사작전에 사용하기 위한 다양한 방법을 모색하고 있습니다.

현재 우리는 잠재 적과 전쟁을 수행하는 상황은 아니지만, 우리를 지켜줄 로켓, 미사일, 위성 등 우주자산을 만드는 데 많은 돈과 시간이 필요합니다. 따라서 적의 공격으로부터 국가 안위와 안보를 지키기 위해서는 필요한 우주기술을 개발해야 합니다. 왜냐하면, 국가 간 미래 전쟁의 승패는 우주기술에 달려있기 때문입니다.

[지식 더하기+ 창]

겉보기 무게란?

무게는 '물체에 중력이 작용하는 크기'라고 정의합니다. 만약 엘리베이터가 고속으로 자유낙하를 하게 되면 여러분은 무중력을 경험할 것입니다. 그러나 이때 실제로 사람의 육체에 중력이 작용하지 않는 것은 아닙니다. 단지 무게를 재기 위해 저울에 올라갔을 때, 반작용인 수직항력이 없으므로 무게를 잴 수 없는 것입니다. 이렇듯 물체에 중력은 있으나 잴 수 없는 상태를 겉보기 무게가 0(영)이 되었다고 합니다.

우주에서 우주 수송선(Space Transport Ship)의 속도는 얼마일까?

지구 주위를 돌고 있는 국제우주정거장(ISS; International Space Station)에 우주 수송선이 도킹(docking; 두 우주선의 결합)하는 장면을 본 적이 있습니까? 우주공간에서 국제우주정거장에 서서히 접근하는 우주 수송선의 정밀한 움직임이 인상적이었습니다. 자 이때 우주 수송선의 속도는 얼마인지 생각해 볼까요?

우주 수송선이 국제우주정거장에 접근할 때 속도는 얼마나 될까요?

국제우주정거장은 지상에서 약 400km 위를 선회하고 있습니다. 지구 반지름이 6,370km라고 하면 반지름이 6,770km인 원주를 약 92분에 만에 한 바퀴를 도는 셈입니다. 이렇게 움직이는 국제우주정거장에 우주 수송선이 서서히 접근합니다. 이때 우주 수송선의 속도는 얼마일까요?

어떤 관찰자이냐에 따라 우주 수송선의 속도는 다릅니다.

국제우주정거장을 기준으로 생각해 볼까요? 우주 수송선이 국제우주정거장을 도킹할 때는 1분에 1~10m씩 접근합니다. 1분에 5m씩 다가간다고 계산하면 1초에

8.3cm가 됩니다.

이번에는 지구를 중심으로 생각해 볼까요? 국제우주정거장은 지구와 일정한 거리를 유지하며 공전하고 있으므로, 지구가 멈춰있다는 관점으로 국제우주정거장을 보았을 때 국제우주정거장이 궤도를 한 바퀴 도는 속도를 생각할 수 있습니다. 국제우주정거장이 궤도를 한 바퀴 도는 데 걸리는 시간 즉 주기는 92분으로 초로 변환하면 5,520초입니다.

국제우주정거장이 한 바퀴 도는 속도는 국제우주정거장 궤도의 거리를 국제우주정거장 주기로 나누면 약 7.7 $\frac{km}{s}$이 됩니다.

도킹하는 우주 수송선은 초당 7.7km로 지구 주위를 도는 국제우주정거장을 조금 더 빠른 속도로 뒤쫓으며 점점 가까워집니다. 즉 지구를 기준으로 하면 우주 수송선의 속도는 초당 7.7km + 8.3cm인 셈입니다. 즉 지구에 대한 수송선의 상대 속도는 지구에 대한 국제우주정거장의 상대 속도에 국제우주정거장에 대한 우주 수송선의 상대 속도를 더한 것과 같습니다.

지구의 1기압은 얼마나 될까요?

지구의 1기압은 1㎡당 약 10톤의 추가 누르고 있는 것과 거의 같은 힘(약 100kPa)입니다. 좀 더 실감 나게 하려고 축적을 줄여 보자면, 1cm²(검지 손톱 정도의 넓이)당 1kg이라고 알고 있으면 됩니다.

준 우주(Geospace)는?

준 우주(Geospace)는 지구와 우주 사이의 다리 같은 영역으로 지구 대기권 상층부 열권에서부터 지구 주변의 가까운 지구 자기권까지를 포함하는 공간입니다. 이 공간에서는 지구 자기장이 영향을 미치는 영역으로 태양복사에 의한 이온화 입자가 많은 지역이고, 태양에서 방출되는 태양풍이 지구 자기장과 상호 작용함에 따라 우주 날씨(Space Weather)가 발생합니다.

행성 간 우주(interplanetary space)는?

행성 간 우주는 행성과 행성 사이, 태양계 대부분을 차지하는 공간을 의미합니다.

성간 우주(interstellar space)란?

성간 우주는 우리 은하계(milky way galaxy) 단위에서 천체가 없는 공간입니다. 사실 은하 내부는 텅 비어 있습니다. 관측된 천체와 성간 물질만으로 질량이 부족해 주변으로 흩어져야 합니다. 그래서 과학자들은 알려지지 않은 무언가가 더 있을 것으로 추측하게 되었고, 그것은 암흑 물질로 알려졌습니다.

은하 간 우주(intergalactic space)는?

은하 간 우주는 은하계 사이의 공간입니다. 우주에서 은하는 균등하게 차 있지 않습니다. 우리은하는 거미줄처럼 이어진 구조물 형태입니다.

심우주(deep space)는 보통 우주와 무엇이 다를까?

보통 우주는 지구를 포함한 넓은 우주공간을 의미하며, 심우주는 그 보다 더 멀리 떨어진 달 밖의 우주를 의미합니다. 심우주는 국제 전파 규정에 따라 지구에서 200만 Km 이상 떨어진 지점부터 심우주로 간주됩니다. 인간의 기술력이 태양계를 벗어나기 힘들어, 심우주는 행성 간 우주와 비슷한 의미를 지닌 우주입니다.

테슬라(T: Tesla)의 단위는?

테슬라(T: Tesla)는 지자기의 세기를 나타내는 국제단위(SI) 중 하나입니다. 기호는 T이며 그 이름은 세계적인 물리학자 니콜라 테스로(Nikola Tesla)의 이름을 따서 붙여진 것입니다. 1T는 $1\frac{Wb}{m^2}$ 입니다.

반 앨런 대(Van Allen Belt)는 무엇인가.

밴 앨런 대는 미국의 첫 위성인 익스플로러(Explorer) 1호가 1958년 지구 상층 대기에 분포된 방사선대로 지구 상공 1,500km의 내부 반 앨런 대와 15,000km 상공의 외부 반 앨런 대가 있어 위성체 소자의 열화를 일으키는 것으로 알려졌습니다. 내부 반 앨런 대는 큰 에너지를 지닌 우주선(cosmic ray)이 대기 중에서 원자나 분자에 핵반응을 일으키며, 외부 반 앨런 대는 태양으로 불어온 큰 에너지를 가진 입자가 지구 자기장의 교란을 교란합니다.

지오스페이스(geospace)는?

지오스페이스는 지구와 우주 사이의 다리 같은 영역으로, 지구 상층부로부터 지구 주변의 우주 환경까지를 포함하는 우주공간입니다. 이 공간에서는 지구 자기장이 영향을 미치는 영역으로, 태양복사에 의해 이온화된 입자가 많은 지역이고 태양에서 방출되는 태양풍이 지구 자기장과 상호 작용함에 따라 우주 날씨(space weather)의 변화가 발생합니다.

플라스마(Plasma)란?

플라스마(Plasma)는 물질의 네 번째 상태로 불러 지며, 기체 원자가 이온화될 때 생성되는 양전하와 음전하를 띤 입자가 거의 같은 수로 존재하는 전기 전도성 매질입니다.

코로나(corona)는 어디에 있나?

코로나(corona)는 태양 대기의 가장 바깥층으로, 눈에 보이지는 않지만, 태양에서 수백만 km까지 퍼져있는 뜨겁고 희박한 플라스마층입니다.

반도체 패키징(packaging) 기술이 중요한 이유는?

패키징 기술은 반도체 칩을(Die) 외부로 보호하고, 전기적으로 연결하는 기술입니다.

반도체 패키징(packaging) 기술이 중요한 이유는 칩 성능 향상, 소형화, 원가절감, 전력 효율 향상, 그리고 안정적인 작동을 보장하기 때문입니다.

eV란?

eV는 전하 1개의 전자가 전압 1볼트 차이를 통해 이동할 때 얻는 에너지의 단위입니다. 1eV는 1.602 x 10(-19) Joule이며, 전자, 양성자, 원자핵, 광자 등의 에너지는 매우 작고 불편하므로 원자물리학 등에서는 eV를 사용합니다.

방사선이란?

주요 방사선의 특징은?

알파선, 베타선, 감마선 중에서 알파선이 가장 투과력이 약해 종이 한 장에서 멈춰 버립니다. 베타선은 수 밀리미터 두께의 알루미늄판에서 멈춰 버립니다. 감마선은 투과력이 가장 커서 가리기 위해서는 납으로 된 판이나 두꺼운 콘크리트가 필요합니다. 그 외에도 방사선에는 엑스선, 중성자선, 양성자선 등이 있습니다. 이것들은 물질을 만드는 원자에서 전자를 내몰아(전리 작용), 사진의 필름 감광, 형광 물질 발광, 물질 투과를 합니다.

방사선에 의한 장애는?

방사능과 방사선에 관한 단위는 다음과 같습니다.

베크렐(Bq): 1Bq은 방사성 물질이 1초마다 1번 무너지는 양입니다.

시버트(Sv): 방사선이 인체에 어느 정도 영향을 미치는지를 나타냅니다. 방사선이 생물에 미치는 효과는 방사능의 종류에 따라 다르므로 그레이 계수를 곱하여 구할 수 있습니다.

그레이(Gy): 물질이 얼마나 방사선의 에너지를 흡수했는지를 나타냅니다. 1Gy는 물질 1kg당 1J의 에너지를 흡수한 양입니다.

방사선이 쏘이는 것을 피폭이라 합니다. 피폭 뒤 바로 나타나는 장애를 급성장애라 하는데, 림프구 감소, 메스꺼움, 구토, 피부의 붉은 반점, 탈모, 무월경, 불임 등이 있습니다.

반도체 소프트 에러(soft error)가 일어나는 이유는?

반도체 소프트 에러는 하드웨어 자체의 물리적인 손상 없이, 일시적으로 발생하는 오류입니다. 소프트 에러 주요 원인은 고에너지 입자인 우주선(cosmic ray) 또는 방사선이 반도체 메모리(DRAM, SRM)와 충돌하면 전하가 발생해 메모리 셀의 값을 바꾸게 될 때 발생하는 오류입니다.

소프트킬(soft kill)이 무엇일까?

소프트킬은 직접적으로 파괴하지 않고 무력화시키는 방법으로 무기나 시스템 등을 완전히 파괴하지 않고 기능을 상실하게 하는 것입니다. 예를 들면, 레이더 재밍(Jamming; 전자 공격)이나 위장 기술로 적의 공격을 피하는 것, 혹은 전자전

(Electronic Warfare)으로 미사일 유도 시스템을 교란해 목표를 이루지 못하게 하는 것입니다.

태양 플레어(solar flare)는 지구에 어떤 영향을 주나?

태양 플레어의 정의는 태양 표면에서 갑자기 방출되는 강력한 에너지 폭발입니다. 이 현상은 태양의 흑점 근처에서 발생하며, 햇빛, 자외선, x선 같은 전자기파와 전자, 양성자 등의 입자를 대량으로 방출하여 나타나는 것을 의미합니다. 태양 플레어가 발생하면 지구 상층 대기에 영향을 주게 되어 통신 장애가 발생합니다.

정찰위성의 중요성은?

군사적 우주자산인 정찰위성은 미사일 발사 징후나 성능 평가, 군부대 이동을 추적하고, 인공지능(AI) 기술을 탑재하면 실시간 데이터 분석 등이 가능하여 정찰·감시·정보 자산의 기능을 합니다.

NASA의 스타링(starling) 프로젝트는 무엇인가?

NASA의 스타링 프로젝트는 소형 위성들이 자율적으로 임무를 수행할 수 있도록 위성 군집 기술을 검증하는 NASA의 우주 사업입니다. NASA는 2023년부터 초소형 위성 큐브샛을 발사하여 자율 기술을 검증하고 있습니다. 스타링 사업의 시험 분야는 자율 궤도 조정 및 군집 비행, 상호 통신 및 네트워킹, 그리고 위성의 위치 추적입니다. 스타링 기술은 위성이 지상 장비의 개입이 없어도 효율적으로 임무를 수행하게 합니다.

블랙잭(blackjack) 프로젝트란?

블랙잭(blackjack) 프로젝트는 2017년 미국 국방고등연구계획국(DARPA:

Defense Advanced Research Project Agency)이 시작한 우주 사업으로 지상 기반 시스템의 부담을 줄이고, 온 보드 데이터 처리로 실시간 데이터 전송과 처리 능력을 향상해 군사작전의 효율성을 높이는 것을 목표로 합니다. 또한 블랙잭은 상업용 기술을 군사 분야에 적용하여, 비용이 효율적이고 탄력적인 네트워크 구축에 새로운 방식을 제시하고 있습니다. DARPA는 2023년에 Space X를 통해 블랙잭 위성 4기를 발사하여 저궤도에 위성들을 배치하여 군사 통신과 감시 능력을 향상하기 위한 기술 실증을 하였습니다.

사이버 공간(cyber space)이란?

사이버 공간은 인터넷을 포함한 디지털 정보가 오가는 가상의 공간으로, 현실 세계와 다르지만 실제로 영향을 주고받는 공간입니다.

사이버 전쟁(cyber war)은?

사이버 전쟁은 물리적인 총이나 폭탄 대신 해킹, 바이러스, 서버 마비 공격 같은 사이버 공격 무기로 공격하거나 방어하는 디지털 전쟁을 의미합니다.

대학 university의 어원이 우주 universe에서 파생된 단어라고 착각하기 쉬운데….

대부분 사람은 University라는 단어가 Universe(우주)와 관련 있다고 착각하고 있는 듯합니다. 하지만, 실제로는 이 둘의 어원은 다르며, "University"는 중세 라틴어 "Universitas에서 파생되었습니다. 실제 어원 Universitas는 라틴어로 "전체", "총합", "공동체"를 뜻합니다. 중세 유럽에서는 이 단어가 길드나 조합(협회)을 의미하는 데 쓰였습니다. 즉, 교수와 학생들의 조합이 대학을 의미하게 되었습니다.

즉, 대학은 특정한 학문적 목적을 위해 결성된 공동체 혹은 조합입니다.

태양의 중력은 얼마이고 어떻게 계산할까요?

지구의 질량(Me)은 $6\,X\,10^{24}\,kg$ 이고, 태양의 질량(Ms)은 $2\,X10^{30}\,kg$ 입니다. 지구와 태양 사이의 거리(R)는 $1.5\,X\,10^{11}\,km$ 이고 만유인력상수(G)는 $6.6\,X\,10^{-11}\,[\frac{Nm^2}{kg^2}]$ 입니다. 상기 값들을 그 유명한 만유인력을 구하는 공식 $F = G\,\frac{M_e X M_s}{R^2}$ 에 대입하면, 태양과 지구 간의 만유인력 값은 $3.52\,X10^{22}\,N$ 뉴톤(Newton) 입니다. 이처럼 태양은 측정할 수 없을 큰 힘으로 지구를 잡아끌고 있으므로 지구는 태양으로부터 탈출하지 못하고 항상 태양을 바라보며 공전하는 것입니다.

혹시 구심력을 아십니까?

구심력은 마치 사람이 공을 줄에 매달고 빙빙 돌릴 때 나오는 힘 같은 것입니다. 태양이 커다란 "힘을 지닌 도구"라고 생각하면, 태양은 마치 지구를 빙빙 돌리며 공전을 시키는 것과 같습니다. 지구가 태양으로부터 떨어지지 않고 계속 태양 주위를 공전하려면 구심력은 만유인력과 같아야 합니다. 그래야만 지구는 계속 태양을 중심으로 공전하게 됩니다. 지구의 태양에 대한 평균 공전 속도는 초속 30km입니다. 그 속도는 음속(초속 340m)의 88배로 매우 빠른 속도입니다. 그래서 지구에 살고 있는 우리는 세상에서 가장 빠른 롤러코스터를 타고 있는 것과 매우 유사합니다.

구심력 공식, $F = \frac{M\,V^2}{R}$ 으로 태양의 중력을 구할 수 있습니다. M은 지구의 질량이고 V는 지구의 공전 속도이며, R은 지구와 태양 사이의 거리입니다. 이들 값을 구심력 공식에 대입하면 구심력은 $3.36\,X\,10^{22}\,N$ 이 됩니다. 이값은 만유인력 공식에 의해 구한 값과 거의 비슷하므로 태양의 중력은 $3.52\,X\,10^{22}\,N$

뉴톤(Newton)이라 할 수 있습니다.

만유인력은 가까이 있는 사람과도 작용합니다.

영국에는 눈에서 멀어지면 마음에서도 멀어진다(Out of sight Out of mind)는 속담이 있습니다. 이 속담은 눈에서 멀어지면 마음에서도 멀어진다는 의미입니다. 과연 그럴까요? 이 속담이 참인지 거짓인지 만유인력 법칙을 이용하여 증명할 수 있습니다. 예를 들면, 나는 서울에 살고 나의 한 친구는 천안에, 다른 친구는 미국 뉴욕시에 거주한다고 할 때, 천안 친구는 미국 친구보다 어느 정도 인력을 더 받을까요? 서울에서 미국 뉴욕시까지 거리(r1)는 11,000km, 서울에서 천안까지 거리(r2)는 85km이고 나의 질량(M0)은 80kg, 미국 친구 질량(M1)과 천안 친구 질량(M2)은 60kg입니다. 만유인력상수(G)가 $6.6 X 10^{-11} [\frac{Nm^2}{kg^2}]$ 일 때, 만유인력 공식을 이용하여 계산하면 다음과 같습니다.

나와 미국 친구 간의 만유인력 $F1 = GM0X\frac{M1}{r1^2}$ (1)

나와 천안 친구 간의 만유인력 $F2 = GM0X\frac{M2}{r2^2}$ (2)

(1)을(2)로 나누면, $\frac{F1}{F2}$ 값은

$$\frac{F1}{F2} = (\frac{M1}{M2})X(\frac{r2}{r1})^2$$

$$= \frac{7,225}{121,000,000}$$

$$= 0.0000597$$

미국 친구는 천안 친구의 0.006%에 해당하는 아주 적은 만유인력을 받고 있음을 알 수 있습니다. 따라서 나와 멀리 떨어져 사는 미국 친구는 나와 가까이 사는 천안 친구보다 마음이 더 멀어집니다. 따라서 눈에서 멀어지면 마음에서도 멀어진다는 속담은 타당합니다.

[참고 문헌]

M. Forgiel, Super Review Physics, Research & Education Association, 2003.

Schreuder, Duco A., Vision and Visual Perception, Archway Publishing, 2014.

Eliade, Mircea, Myth and Reality(Religious Traditions of the World), Allen & Unwin, 1964.

김연희, 주역 해설, 2023, 도서 출판 북나래.

이동인, 김동호, 물리기상학, 지식과 미래, 2016.

오가와 신지로, 기초 물리 사전, 그린북, 2023.

사단법인 항공우주학회, 항공우주학 개론, 경문사, 2005.

한국전기연구원, 우주방사선 내성 강화 우주항공용 전력반도체 기술 개발, 서울경제, 2025.2.17.

青木節子, 川島 啓, 우주개발 이용과 전략적 평가 가치, 전략적 가치평가 연구보고서, 재단법인 정책과학연구소, 2008.

제 2 부

세계의 관심은 우주산업으로

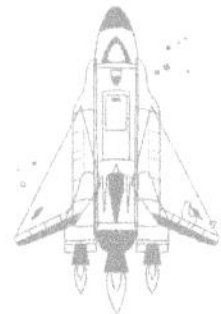

제 2 부

세계의 관심은 우주산업으로

"우주 사업 1달러 투자가 7~12달러의
수익을 창출할 수 있는 시대가 온다"
-엘빈 토플러, 부의 시대에서-

2부에서는 "우주산업이 왜 세계로부터 주목을 받고 있는가? "를 주제로 살펴보겠습니다. 그러기 위해서는 먼저 산업은 무엇이고 산업은 기술과 어떤 관계가 있는지 알아보고자 합니다.

표준국어대사전을 살펴보면 기술은 "과학 이론을 실제로 적용하여 자연의 사물을 인간 활동에 유익하게 가공하는 수단"이라 정의합니다. 그러나 일부 과학기술계에서, 기술은 문제를 해결하거나 목적을 달성하기 위한 지식, 도구, 방법, 기술적 과정 등을 의미합니다. 예를 들면, 기술에는 인공지능 기술, 3D 프린팅 기술, 반도체 기술, 재사용 로켓 기술, 위성 온보드 처리 기술, 스핀오프(Spin-off) 기술, 스핀인(Spin-in) 기술 등 다양합니다. 또한 기술은 산업의 도구로 특정 산업에 국한되지 않고 여러 분야의 산업에 걸쳐 사용됩니다.

산업은 무엇일까요?

산업은 기술을 사용하는 영역으로, 어떤 재화나 서비스를 창출하고 유통하는 경제활동의 분야입니다. 또한 산업은 인간의 생활을 경제적으로 풍요롭게 할 목적으로 재화나 서비스를 생산하는 활동을 의미하기도 합니다. 산업 분야는 매우 다양합니다. 예를 들면, 산업 분야는 반도체 산업, 정보 기술(IT: Information Technology) 산업, 우주산업, 방송산업, 스핀오프 산업, 스핀인 산업 등 매우 다양합니다. 산업은 기술을 활용하여 제품이나 서비스를 창출하는 그런 구조로 되어 있으며, 기술을 활용하는 영역이라 할 수 있습니다. 산업은 마치 큰 건물과 같이 그 건물을 지탱하고 작용하게 만드는 기둥과 구조물이 필요하듯 산업도 기술, 자본, 인프라, 인력, 제품, 특허, 서비스 등이 산업의 구성 요소가 됩니다.

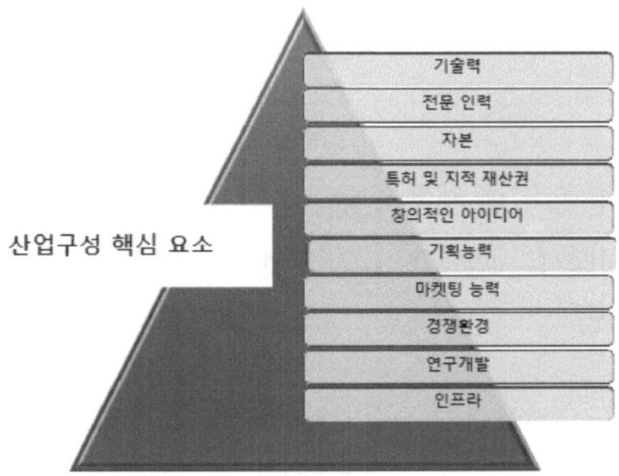

그림 2-1. 산업구성 핵심 요소

특정한 기술이나 제품이 없어도 산업을 구성할 수 있지 않을까요?

가능합니다, 단기적으로, 그러나 장기적으로 기술이나 제품이 없는 산업은 관련 시장에서 불리해질 수 있습니다. 기술이나 제품이 없는 산업은 생산성이 낮고 경쟁력이 부족하며 확장성이 떨어지게 되어, 결국 지속 가능성이 작아지게 됩니다. 즉, 기술이나 제품이 산업에 처음부터 필요한 것은 아니지만, 시간이 지나며 산업을 발전시키고 지속시키기 위해서 기술과 제품은 산업의 매우 중요한 요소가 됩니다.

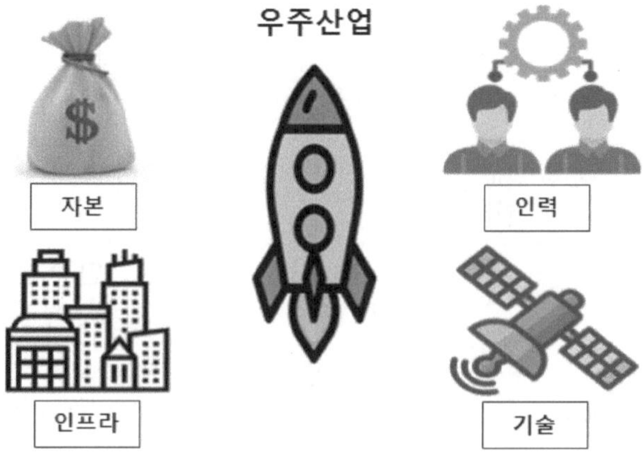

그림 2-2. 우주산업 필수 구성 요소

<u>지속 가능한 산업을 유지하기 위해서는 과학기술의 선순환이 필요한데 과학기술의 선순환은 무엇일까요?</u>

그림 2-3. 과학기술의 선순환

과학기술의 선순환은 기초과학 연구의 성과가 기술로 발전하고, 이 기술이 혁신적인 제품 혹은 서비스로 연결되어, 그 성과가 다시 연구개발에 재투자되어 과학기술이 더욱 발전하게 되는 올바른 순환을 의미합니다. 과학기술 선순환의 단계별 흐름은 다음 표와 같습니다.

표 2-1. 과학기술 선순환의 단계별 흐름

1단계	기초 연구(Fundamental Research) 수행 단계	• 기초 연구를 통해 새로운 지식, 원리를 발견하게 됨
2단계	기술 개발 수행 단계	• 기술 개발 단계에서는 기초 연구 결과를 실제 적용 가능한 혁신 기술로 발전시키는 시키는 것임
3단계	혁신과 산업화 단계	• 혁신과 산업화 단계에서는 실제 적용할 수 있는 기술을 기반으로 혁신적인 제품이나 서비스를 생산하여 산업화하는 것임
4단계	재투자 및 환원 단계	• 재투자 단계는 산업화를 통해 얻은 이익을 통해 다시 연구개발에 재투자함으로써 첫 번째 단계인 기초 연구로 이어져 순환되게 됨

스페이스 X의 로켓에 대한 과학기술의 선순환은?

스페이스 X의 과학기술 선순환이 어떻게 실제로 작동되었는지 살펴보기로 하겠습니다. 이것은 전 세계에서 가장 돋보이는 성공적인 사례 중 하나입니다.

표 2-2. 스페이스 X의 로켓 개발에 관한 과학기술 선순환

1단계	기초 연구(Fundamental Research) 수행 단계	• 스페이스 X는 NASA와 학계에서 축적한 로켓 추진, 재진입 물리학, 열역학, 우주 궤도 역학 등 기초과학의 연구 결과를 활용하고, 내부적으로 다양한 실험을 통해 재사용 로켓 기반 연구를 강화하였음
2단계	기술 개발 수행 단계	• 스페이스 X는 기초 연구의 결과를 활용하여 팰컨 1, 팰컨 9 개발 등 재사용 로켓 개발 기술을 확보했으며, 대기권 재진입, 착륙 기술 등 재사용 로켓의 핵심 기술 개발과 독자적인 로켓 엔진, 자율 착륙시스템, 로켓 단 분리 기술 등을 자체 개발로 발전시켰음 • 스페이스 X가 개발한 기술은 기존 우주산업 시장의 고비용, 저효율 구조를 파괴하는 계기가 되었음
3단계	혁신과 산업화 단계	• 스페이스 X는 팰콘 9과 팰콘 헤비(Heavy)를 통해 민간 기업 세계 최초로 재사용 우주발사체를 상용화하였음 • 스페이스 X는 NASA, 통신위성 기업 스타링크 등 전 세계의 다양한 고객을 확보할 수 있었음 • 스페이스 X가 이룬 혁신은 로켓 재사용발사 비용의 획기적 절감과 민간 주도로 우주정거장 화물 운송 및 민간 우주비행 성공을 가능케 함
4단계	재투자 및 환원 단계	• 스페이스 X는 사업 성과로 얻은 이익을 스타십(Starship) 개발, 화성 탐사, 우주 인터넷 등 새로운 사업(Project)에 투자하였음 • 스페이스X는 축적된 데이터를 다시 연구개발에 활용하여, 재사용 로켓 기술 개선을 통해 로켓 회수율 증가, 발사 시간 간격 단축 등의 성과를 거둠

스페이스 X는 단지 재사용 로켓을 만든 것이 아니라, **과학기술 기초 연구 → 기술혁신 개발 → 기술 산업화 및 수익 창출 → 재투자**라는 선순환 구조를 민간에서 직접 증명한 대표적인 혁신 사례입니다. 이것을 기반으로 우주산업 전반의 생태계가 활성화되고 있는 것입니다. 이 흐름의 과정을 정리하면 다음 그림과 같습니다.

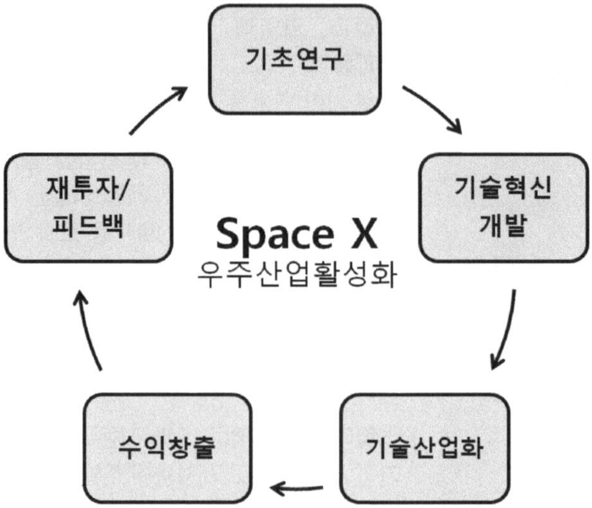

그림 2-4. 스페이스 X의 과학기술 선순환 (예시)

1장

주목받는 글로벌 우주 경제의 규모는?

본 장에서는 2015년부터 전 세계 우주 시장의 성장 추이와 우주 시장을 구성하는 최근 위성체 제작시장, 발사체 제작 및 서비스 시장, 지상 장비 시장, 그리고 위성 활용 서비스 시장 규모가 어떻게 되는지 차례로 알아보겠습니다.

전 세계 우주 경제의 규모는 어느 정도일까요?

우주산업 시장은 앞으로 비약적인 성장세를 보일 것으로 예상됩니다. 지난 2024년 위성 산업 현황 보고서(SIA; State of the Satellite Industry Report)에 따르면 전 세계 우주산업 규모는 2014년 2,460억 달러, 2023년 2,850억 달러에서 기하급수적으로 늘어 2040년에는 27조(한화로 37,800 조원) 달러까지 성장할 것으로 전망했습니다. 세계 우주산업 시장 규모 추이를 살펴보면 경이롭기만 합니다.

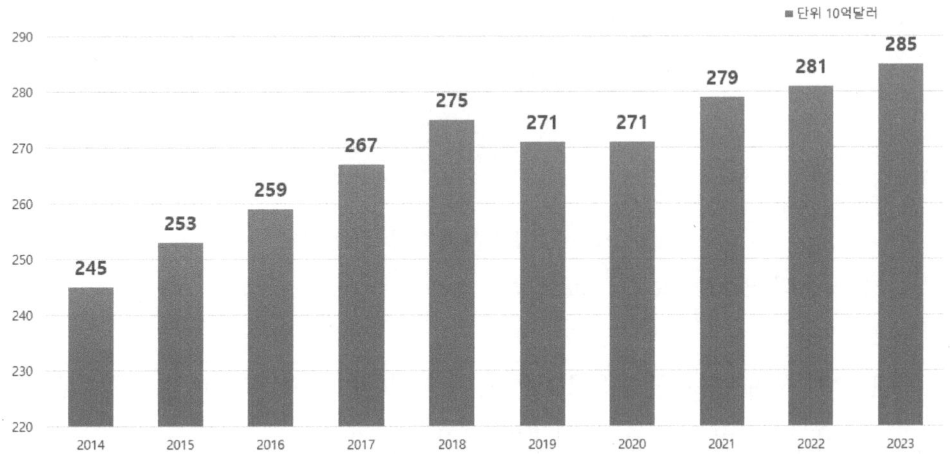

그림 2-5. 10년간 전 세계 우주산업 성장 추이

(출처: 위성 산업 현황 보고서, State of the Satellite Industry Report, SIA, 2024)

표 2-3. 세계 우주산업 시장 성장 추이

년	2015	2016	2017	2018	2019	2020	2021	2022	2023	2040
단위:$10억	253	259	267	275	271	271	279	281	285	400,000
성장률 (%)	3	2	3	3	-1.5	0	3	1	2	-

(출처: 위성 산업 현황 보고서, State of the Satellite Industry Report, SIA, 2024)

2023년 세계 우주 경제 규모는 4,000억 달러입니다. 가장 큰 수익 동력은 위성 서비스와 지상 장비로, 전체 시장에서 각각 27%와 38%를 차지하며, 위성체 제작 4%, 발사체 제작 및 서비스가 2%로, 이는 주로 통신과 원격탐사, 지상 장비가 주요 성장 동력입니다.

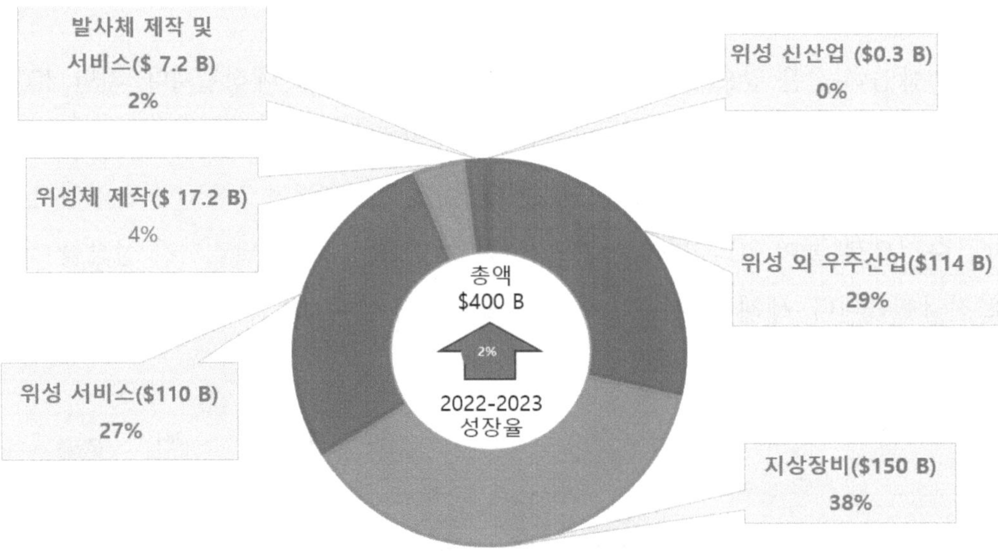

그림 2-6. 2023년 세계 우주 경제 규모

(출처: 위성 산업 현황 보고서, State of the Satellite Industry Report, SIA, 2024)

2023년도 전 세계 우주산업($ 285B)은 전체 우주 경제($ 400B)의 71%입니다. 2022년부터 2023년까지 우주 경제의 성장율은 2%입니다.

전 세계 우주산업은 2015년 이후, 민간 기업의 참여 확대와 기술 발전에 힘입어 빠르게 성장하고 있습니다. 2023년 기준으로, 우주산업은 위성체 제작, 발사체 제작 및 서비스, 지상 장비, 위성 활용 서비스 등 다양한 분야로 구성되어 있으며, 각 분야의 시장 규모는 다음과 같습니다.

표 2-4. 발사체 제작 및 발사 서비스 시장의 특성

발사체 제작 및 발사 서비스 시장	• 2023년 기준 발사체 제작 및 발사 서비스 관련 전 세계 시장 규모는 약 72억 달러임 • 우주발사체는 우주 임무 수행을 위한 위성, 우주선 등을 우주 공간으로 운반하는 필수적인 수단임 • 과거의 발사체 시장은 미국, 러시아 중심이었으나, 최근에는 미국, 중국 순으로 재편 중임 • 발사 서비스 시장은 2034년까지 약 642억 달러로 성장이 예상됨 • 주요 발사체 기업은 Space X, Blue Origin, Rocket Lab, Arianespace, China Aerospace Science and Technology Corporation 등임

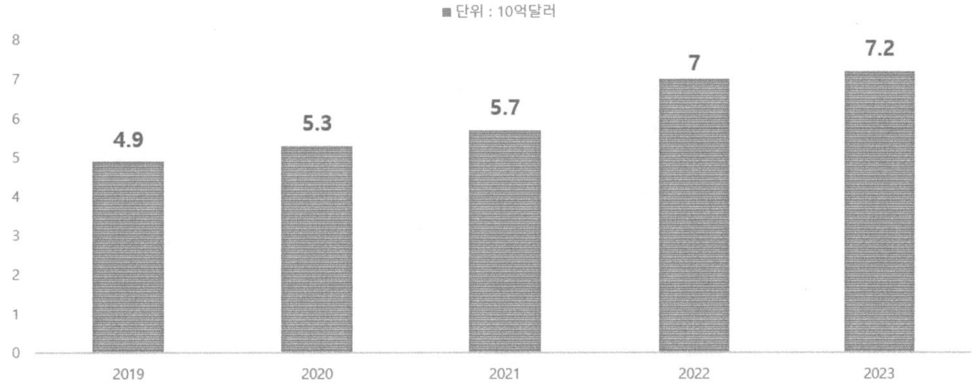

성장률	-21%	9%	8%	23%	2%

그림 2-7. 전 세계 발사체 제작 시장 규모

(출처: 위성 산업 현황 보고서, State of the Satellite Industry Report, SIA, 2024)

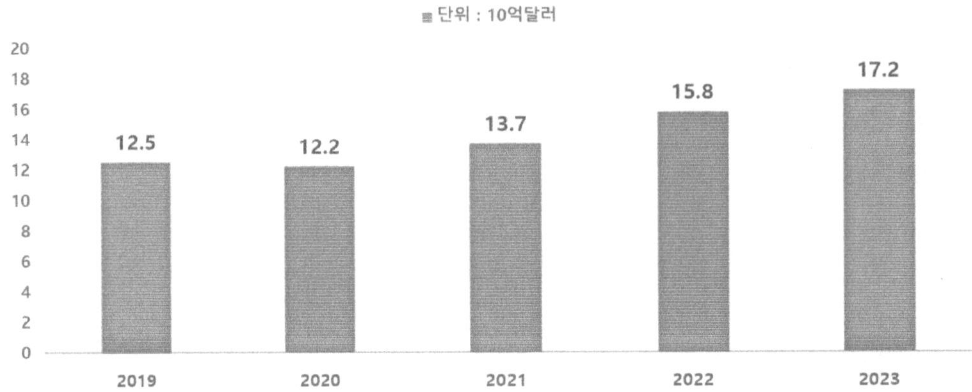

성장률	-3.6%	-3%	12%	15%	9%

그림 2-8. 전 세계 위성체 제작 시장 규모

(출처: 위성 산업 현황 보고서, State of the Satellite Industry Report, SIA, 2024)

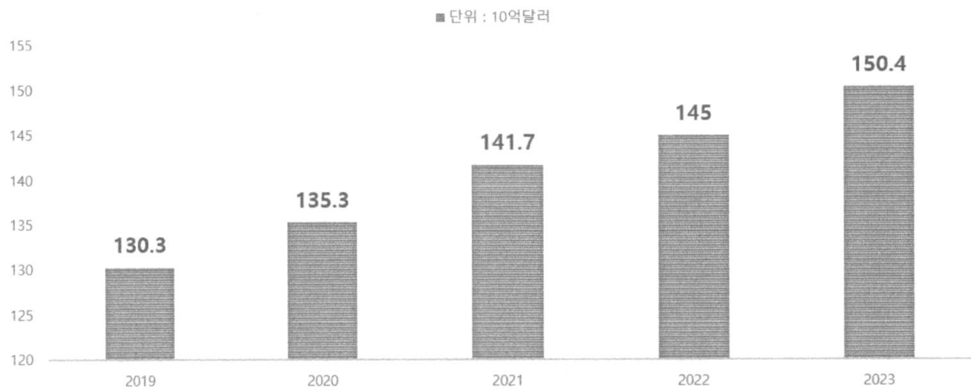

성장률	4%	4%	5%	2%	4%

그림 2-9. 전 세계 지상 장비 시장 규모

(출처: 위성 산업 현황 보고서, State of the Satellite Industry Report, SIA, 2024)

표 2-5. 전 세계 지상 장비 시장의 특성

지상 장비 시장	• 2023년 기준 전 세계 지상 장비 시장 규모는 1,504억 달러임 • 우주비행선과 지구상에서 데이터를 송수신하기 위해서는 지상에 관련 시설물이 필요함 • 발사체 및 위성의 증가, 그로 인한 우주로부터 수신하는 정보가 증가하여 지상국, 통제센터, 터미널 등 지상 관련 설비에 대한 수요가 확대되고 있음 • 지상 장비는 위성통신 수신기, 안테나, 지상국 인프라 등으로 구성됨 • 지상 장비의 주요 기업은 Hughes Network Systems, Viasat, Gilat Satellite Networks 등임

전 세계 위성 활용 서비스 시장 규모는 2023년 기준 위성항법 분야 제외를 제외한 위성 활용 서비스 분야의 서비스 시장 규모는 1,102억 달러입니다.

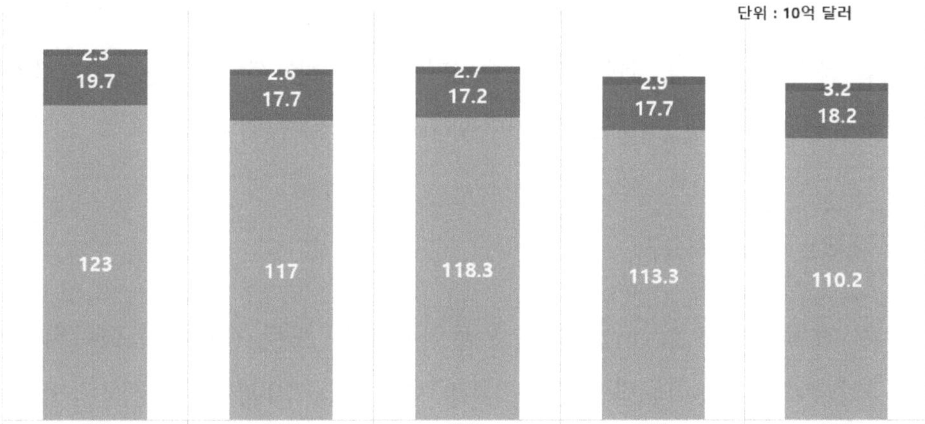

	2019	2020	2021	2022	2023
■ 지구관측	2.3	2.6	2.7	2.9	3.2
■ 기업서비스	19.7	17.7	17.2	17.7	18.2
■ 고객서비스	123	117	118.3	113.3	110.2

그림 2-10. 전 세계 위성 활용 서비스 시장 규모

(출처: 위성 산업 현황 보고서, State of the Satellite Industry Report, SIA, 2024)

표 2-6. 전 세계 위성 활용 서비스 시장의 특성

위성 활용 서비스 시장	• 2023년 위성항법 분야 제외, 위성 활용 서비스 분야 서비스 시장 규모는 1,102억 달러임 • 위성 산업 시장의 약 50%를 차지하고 있는 위성 활용 서비스 시장은 점차 축소되고 있음 • 위성 활용 서비스 시장은 위성 방송 통신 서비스 시장과 원격탐사 서비스 시장으로 구성되어 있음 • 저궤도 통신위성은 수백에서 수만 개의 위성들로 구성된 '위성 통신망'을 활용해 전 세계에 광대역 인터넷을 제공하는 위성시스템임 • 저궤도 통신위성 서비스 사업을 수행하는 기업은 스페이스 X의 스타링크, 유텔샛 원웹의 원웹 프로젝트, 아마존의 카이퍼, 텔레셋의 라이트스피드, 중국의 G60 스타링크(2025년 위성통신 서비스 예정으로 위성군은 12,000기로 구성될 예정) 등임

이 밖에 지구 관측 서비스는 센서를 이용해 지구를 원격탐사하고 데이터를 취득하는 것입니다. 플래닛랩스(Planet Labs)는 소형 군집위성을 발사하여 취득한 데이터를 분석한 결과를 판매하고 있습니다. 위성 활용 서비스 관련주요 기업은 인텔샛(Intelsat), 유텔샛(Eutelsat), 인마샛(Inmarsat) 등입니다.

우주 경제는 무엇일까요?

우주 경제(Space Economy)는 우주와 관련된 모든 경제활동으로 위성 발사 서비스, 우주여행, 달이나 화성 탐사, 우주 자원 채굴, 저궤도 위성통신, 전 지구 위치 측정 서비스(GPS; Global Positioning System), 그리고 우주 관련 모든 연구개발(R&D; Research and Development) 등, 우주를 활용하거나 우주를 목표로 하는 산업 전반, 즉 우주산업을 의미합니다.

한국의 "항공우주 산업 개발 촉진법 제2조 제1항 및 3호"에 의하면, 우주산업은 우주비행선(Spacecraft), 즉 지구 대기권 내외를 비행할 수 있는 우주발사체, 항공우주선, 인공위성, 유무인 우주선 등과 관련된 소재 등을 생산·응용하는 사업으로 기계, 소재, 정보(IT; Information Technology) 기술 등 전 산업 기술 분야와 연계된 첨단 융복합 기술 산업입니다. 즉, 우주산업은 우주발사체 및 위성 개발, 달이나 화성, 소행성 등 우주 탐사까지 우주 전반에 관한 모든 산업을 지칭합니다.

우주산업이 왜 중요하고 필요할까요?

우주산업은 단순히 로켓이나 위성 발사에 그치지 않고, 우리의 삶과 미래에 매우 큰 영향을 미치는 핵심 산업입니다. 우주산업이 왜 중요한지 그 이유를 정리하면 다음과 같습니다.

우주산업은 일상생활과 밀접한 관계가 있습니다.

우리가 사용하는 인터넷, 위성 TV, 스마트폰, 내비게이션 등 대부분은 위성통신 기술에 의존합니다. GPS는 위성을 기반으로 하며, 교통, 물류, 군사, 농업, 드론 등에 필수적입니다. 위성으로 날씨, 기후, 재해를 관측해 예측 정확도가 향상되고 있습니다,

우주산업은 경제 성장과 신산업을 창출합니다.

우주산업은 기술집약적인 고부가가치 산업으로, 일자리 창출과 수많은 관련 산업(IT, 소재, 에너지, 제조 등)의 발전을 이끌 수 있습니다. "우주 인터넷", "우주 관광", "소행성 채굴" 등 미래 우주산업의 기반이 됩니다.

우주산업은 과학기술 발전을 촉진합니다.

우주 탐사 과정에서 나오는 기술은 의료기기, 소재, AI, 로봇 등 다양한 분야에 응용됩니다. NASA의 연구에서 파생된 기술들이 일상에서 쓰이는 경우가 많

습니다. 예를 들면, 충격 흡수 신발, 물 정수기 시스템, 컴퓨터 단층 촬영(CT; Computet Tomography) 주사(Scan) 등입니다.

우주산업은 국가 안보 및 국방 전략 등에 매우 중요합니다.

군사 정찰, 통신, 사이버 방어 등은 국가 안보에 필수적인 역할을 합니다. 우주 영역은 미래 전략 요충지로 간주하여 주요 강국 간의 경쟁이 치열합니다.

우주산업은 인간의 생존과 지속 성장을 가능하게 합니다.

기후 변화, 자원 고갈, 인구 증가에 대응하기 위해 우주 식민지화(예: 화성 거주)나 지구 외 자원 탐사 등에 대안으로 떠오르고 있습니다. 우주산업은 위성으로 지구 환경 모니터링을 하며 지속 가능한 개발을 도울 수 있습니다.

우주산업의 필요성과 중요성을 한마디로 요약하면, 우주산업은 현재 우리의 삶을 편리하게 하고, 미래 인간의 생존과 발전을 위한 핵심 열쇠입니다.

우주산업의 특징은?

우주산업의 특징은 우선 막대한 투자 비용과 경제성의 상관관계를 들 수 있습니다. 예컨대, 미국의 1970년대 아폴로 계획, 1980년대 우주왕복선 개발사업, 그리고 1992년 9월 27일 발사되어 실패로 끝난 화성 탐사선 프로젝트에는 천문학적 투자가 이루어졌으나, 투자액회수가 어려워 경제성은 매우 적은 것으로 판단됩니다. 막대한 연구개발비가 소요되고 매출액에서 차지하는 연구개발비의 비중이 높은 우주산업의 특성 때문에 그에 상응하는 투자 위험 역시 큰 것이 사실입니다. 그리고 수요자의 범위가 한정되어 있을 뿐만 아니라 제품이 표준화되어 있지 않아 수요자의 요구나 임무 특성에 따라 변화되는 부분이 많아서 시장원리에 의한 경쟁은 매우 어려운 실정입니다.

게다가 우주산업은 위험 요소가 매우 큽니다. 1986년 1월 28일에 우주왕복선 챌린저(Challenger)는 발사 폭발, 2004년 컬럼비아호가 귀환 도중 폭발은 우주개발에 있어 위험은 세월이 지나도 줄어들지 않고 있음은 보여주는 것 같습니다. 우주개발에 있어 위험은 비단 인명피해뿐만 아니라 우주비행선의 안정성에 대한 위험도 포함됩니다. 그러나, 혁신 우주 기술, 재사용 로켓 기술, 소형위성 제작 기술 등은 우주산업의 경제성을 높여주고, 우주산업의 수요를 증가시켜 줍니다. 또한 우주산업의 특징으로 빼놓을 수 없는 것이 경제적 효과입니다. 앞서 언급한 우주산업의 특징 가운데 핵심인 고위험, 고수익(High Risk, High Return)은 우주개발에서 " 개발 위험은 크지만 이에 반해 개발 성공의 효과"는 대단히 크다는 것을 의미합니다. 그래서, 선진 우주국들은 우주개발에 엄청난 예산이 소요됨에도 불구하고 연구개발을 지속해서 도전하고 또 시행착오를 겪으며 수행하고 있습니다.

우주산업은 20세기 초에 미국과 구소련의 패권 경쟁의 하나의 도구로 사용되었고, 오늘날에는 우주개발 및 우주산업의 능력 정도가 그 나라의 국방, 외교, 경제, 과학기술 분야에서의 입지 정도를 가늠해 주고 있습니다. 이처럼 우주산업은 국가의 안보나 방위 차원에서 추진하여야 하는 국가적으로 매우 중요한 산업입니다. 그래서 우주산업의 발전을 위해서는 우주산업이 범국가적인 산업임을 고려하여 지속적인 국가 주도의 지원이 필요합니다. 특히 우주산업이 21세기의 국가 기반 산업의 하나로 인식하고 있는 현 상황에서 인간의 우주개발에 대한 의지와 노력 역시 커지고 있습니다.

미국 국가 안보 우주 관리 위원회의 럼스 필드 보고서에 "우주를 선점한 국가가 미래 21세기 세계를 제패할 것"이라고 했듯이, 우주 기술력은 한 국가의 안위를 좌우할 수 있게 되었습니다. 즉 우주 기술은 국가 생존 전략 기술로, 우주개발은 국민 삶의 질 향상, 경제발전 도모, 국가 위상 제고, 그리고 국가 안보와 직결된다고 할 수 있습니다. 결국 우주산업은 위성 제작, 발사체 제작 및 서비스, 위성 활용 서비스 그리고 우주 탐사까지 우주 전반에 관한 모든 산업을 포함합니다.

우주산업에 어떤 종류의 사업이 있을까요?

우주산업의 종류에 부합한 사업은 우주발사체 제작 및 서비스 사업, 위성 제작 사업, 위성 활용 서비스 사업, 위성 지상국 제작 사업, 우주 보험 사업, 우주 기술 개발 컨설팅 사업 등입니다. 그리고 우주 기술에서 스핀오프(spin-off) 된 기술 혹은 민간 기술에서 우주 기술로 스핀인(spin-in)된 다양한 혁신 기술 분야의 신기술 사업도 우주산업의 종류에 부합하는 사업에 해당합니다.

우주산업을 발전, 변화시키는 주요 동력은 무엇일까요?

첫째는 기술혁신입니다.

우주산업을 발전시키고 변화시키는 가장 중요한 요인은 기술혁신입니다. 위성을 우주로 쏘아 올리는 데 과거에는 막대한 비용이 소요되었는데, 최근 몇 년 사이에 발사비 비용이 급격히 감소하였습니다. 예를 들어, 지금으로부터 30년 전 미국 델타 II 발사체를 이용하여 질량이 1,100kg 중형급 정지궤도 통신위성을 발사하는 데는 6,000만 달러가 소요되어 1kg당 발사 비용이 약 6만 달러였습니다. 하지만 스페이스 X 팰콘 9를 이용하여 동형 급 위성을 공유 발사(piggy back launch service)하는 경우 약 700만 달러가 요구됩니다. 따라서, 스페이스 X 팰콘 9를 이용하면 1kg당 발사 비용이 약 6천 달러이므로 발사 비용은 $\frac{1}{10}$로 많이 감소합니다. 이러한 비용 감소의 주된 원인은 재사용 발사체 기술의 발전 때문입니다.

일상생활에서 로봇 청소기가 청소를 마치고 다시 출발 지점으로 돌아오는 것을 보면 참으로 신기합니다. 하물며, 한번 발사한 로켓이 다시 돌아온다니 그게 가능한 일입니까? 글쎄요? 기술적으로는 가능합니다. 재사용 로켓 기술은 발사된 우주 발사체가 멀리 우주 공간으로 비행했다가 다시 지상 발사대로 되돌아와 착지하는 그런 기술입니다. 또한, 프린터로 자료를 찍어내듯 로켓과 위성을 만들 수 있습니다. 이제, 로켓 발사뿐만 아니라 로켓 제작에 3D 프린팅 기술을 적용하여 로켓의 연료 탱크와 엔진을 제작하면 제작 비용과 시간을 크게 단축할 수 있습니다.

로켓 엔진의 연료 주입기(injector) 제작에 3D 프린팅 기술을 활용하면 부품 수는 $\frac{1}{1,000}$ 로 줄어들고, 제작 기간은 9개월에서 2주로 단축되며, 비용은 $\frac{1}{10}$ 로 하락합니다. 로켓 연료탱크는 3D 프린터로 알루미늄 소재를 얇게 층층이 쌓아 초경량화와 제작 기간 단축을 이뤄냈고, 1,000개가 넘는 파이프를 사람이 일일이 용접해야 했던 엔진 연소실도 3D 프린팅 기술로 제작에 드는 인건비를 대폭 절감했습니다. 실제로, 미국의 스타트업 렐러티비티 스페이스(Relativity Space)는 3D 프린팅 기술을 활용해 로켓의 부품 수를 기존보다 줄이고, 제작 기간을 크게 단축했습니다.

이처럼 우주산업에 불고 있는 기술혁신의 바람은 민간 기업이 우주산업에 진출해 성취해 낸 결과입니다. 기술혁신으로 인한 경제성 확보는 장기적으로 우주산업 제조와 서비스의 공급과 수요를 확대할 것으로 전망됩니다.

둘째는 기술 상업화입니다.

우주산업의 상업화는 민간 우주여행에서 가장 빠르게 나타나고 있습니다. 예를 들면, 버진갤럭틱은 여객기로 상공 15km까지 나른 후 로켓을 점화해 90km까지 올라가는 우주비행에 성공했습니다. 또한, 버진갤럭틱은 10년 내 가격을 4만 달러(약 4천 5백만원)로 인하해 우주여행 대중화를 선도할 계획입니다.

블루오리진은 유인 캡슐을 타고 100km 궤도까지 올라가 중력을 체험하는 비행에 성공했습니다. 스페이스 X는 초대형 로켓인 '스타십(Starship)'으로 조만간 우주정거장 체류 상품을 내놓을 계획입니다. 상업적 혁신은 우주에서 더 많은 것을 가능하게 하며, 특히 고해상도 지구 관측과 같은 응용 기술에서 괄목할 만한 발전이 이루어지고 있습니다. 상용으로 제공되고 있는 위성 이미지는 15cm의 해상도로 지구 물체를 식별할 수 있으며, 이는 초기 해상도였던 3m보다 20배 이상 향상된 수준입니다. 이러한 발전은 지구 관측, 농업, 자연 자원 관리와 같은 다양한 산업에서 새로운 가능성을 열어주고 있습니다.

셋째는 투자자의 다변화와 자본 유입니다.

우주산업에 대한 투자 역시 과거와는 달리 더욱 다변화되고 있습니다. 2021년과 2022년 동안 우주 분야에 대한 민간 투자가 700억 달러를 초과하여 역대 최고 수준을 기록했으며, 이러한 자본은 다양한 응용 분야로 확대되고 있습니다. 특히 전통적인 우주 분야 외에도 우주 데이터를 활용한 응용(Application) 개발, 위성 서비스, 위성 데이터 분석, 우주 통신 등에서 투자가 이루어지고 있습니다. 위성 데이터는 물류, 교통, 에너지, 농업 등 광범위한 산업에서 가치를 창출할 수 있는 요소로, 이에 따라 투자자들은 우주 기반 데이터 서비스를 포함한 다양한 영역으로 투자를 확대하고 있습니다.

우주기업에 대한 민간투자가 많이 증가하고 있습니다.

미국의 마이크로소프트(MS) 창업자 빌 게이츠는 왜 우주산업에 투자했을까요? 빌 게이츠가 우주에 투자한 것은 우주 시장 규모가 급격하게 커지고 있기 때문입니다. 빌 게이츠는 미니 스페이스 X라고 불리는 민간 재사용 발사체 기업인 스토크 스페이스(Stoke Space)에 2억 6천만 달러(약 3,800억 원)를 투자했습니다. 이렇다 보니, 미국 증시에서 우주산업이 차지하는 비중이 날로 커지고 있습니다.

그림 2-11. 마이크로소프트 최고 경영자, "빌 게이츠"

또한, 미국 우주산업 관련 대장주는 산업의 기술, 자본, 정책, 생태계 전반을 이끄는 중심축입니다. 미국의 주요 우주산업 관련 기업들의 대장주(대표 상장 주식)는 우주산업 전체에 매우 큰 영향력을 가지고 있습니다. 이들 기업은 기술 개발, 자본 조달, 생태계 형성, 정책 방향에까지 영향을 미치기 때문에 우주산업의 성패에 큰 축을 이룹니다. 다음 표는 미국 우주산업 관련 대장주로 그 영향력을 정리한 표입니다.

표 2-7. 미국의 대표적인 우주산업 관련 대장주

기업	상장 여부	주요 사업	비고
Space X	비상장	재사용 발사체 제작, 위성체 제작, 유인 우주선 제작	저궤도 위성통신 사업
Blue Origin	비상장	재사용 발사체 제작, NASA 달 탐사 사업	재사용 로켓 경쟁 주도
록히드 마틴	상장	위성, 우주비행선, 발사체, 미사일 제작	NASA, 국방 우주 사업 핵심 파트너
보잉	상장	유인 우주비행선, 위성 제작	ISS 승무원 수송, NASA 계약 수행
로스롭 그루먼	상장	군사 위성, 로켓 모터 등 제작	미국 국방 우주산업 선도
Maxar Technologies	상장	지구관측위성, 위성 제작, 정밀지도	위성 영상(Image) 공급 주도
Rocket Lab	상장	소형위성 발사체 제작	소형위성 발사 주도
Virgin Galactic	상장	민간 우주여행	상업 우주 관광 시장 개척

표 2-8. 미국 우주산업 관련 대장주의 우주산업에 미치는 영향

미국 우주산업 관련 대장주가 우주산업에 미치는 영향은?
① 자본 유입과 투자 촉진입니다. 상장된 기업이 좋은 실적을 내거나 혁신적 기술을 공개하면 민간 투자자와 벤처자본의 우주 분야 유입이 가속됩니다. 예컨대, Space X의 스타링크 상장 계획만으로도 관련 통신위성 기업들의 주가가 상승했습니다.
② 기술 발전을 선도합니다. Lockheed Martin이나 Northrop Grumman은 우주 탐사, 정찰위성, 우주 안보 등 기술적 도전을 주도하면서 민간 기업의 파트너십을 확대합니다.
③ 정책에 영향을 줍니다. 우주 기업은 워싱턴에 대한 로비 영향력이 크며, 국방예산과 NASA 예산 결정에도 실질적 영향력을 행사합니다. 예를 들면, NASA의 아르테미스 달 탐사 사업에 Boeing, Lockheed Martin, Space X가 모두 참여 중입니다.
④ 산업 기술 표준을 형성합니다. 대형 기업의 기술이나 시스템이 국제 우주 표준으로 자리를 잡습니다. 예컨대, Space X의 스타링크 위성 운영 체계는 전 세계 저궤도 통신 시장에서 사실상 표준화되었습니다. 그러나 대장주에는 부정적 영향도 존재합니다. 대장주의 시장 독점으로 중소기업의 진입 장벽을 높여주는 경우가 있습니다. 또한 상장 기업의 실적 압박과 단기 수익 압박은 연구·개발 투자보다 수익사업에 우선합니다. 그리고 대장주의 투기적 투자 붐(Investment Boom)은 실적보다 기대감으로 주가는 급등락하게 됩니다.

넷째는 수요 확대입니다.

위성 산업의 수요는 크게 확장되고, 분야별로 수요가 고도화되면서 위성 산업의 성장 전환 시기가 빠르게 앞당겨지고 있습니다. 위성의 사용 목적이 상업통신, 날씨, 과학, 탐사·관측, 항법 등으로 다양해지면서 활동 중인 위성의 수는 매년 증가하고 있습니다. 또한 2023년에 로켓은 우주로 260번 발사되었습니다. 거의 하루에 한 번 이틀에 한 번씩 발사되었다는 이야기입니다. 특히 스페이스 X, 아마존, 원웹 등이 저궤도 위성을 활용해 6G 초고속 인터넷망 구축 경쟁을 본격화하고 있어 소형위성 시장은 2020~2025년 연평균 20.5% 증가할 전망입니다.

다섯째는 민간 협력의 강화입니다.

우주산업은 장기·대형 프로젝트가 대부분으로 주로 정부가 우주개발의 주된 자본 공급원이 되는 구조였습니다. 하지만 최근에는 아이디어와 기술력을 가진 민간 기업들이 진입하여 우주산업은 발전하고 있습니다. 민간 투자가와 민간 기업의 참여가 활발해지면서 우주산업이 민간 주도로 전환되고 있습니다. 민간 기업의 참여 확대는 우주개발의 상업화와 더불어 우주개발의 산업생태계 전반에 변화를 가져와 공공과 민간의 협력을 확대하고 있습니다.

여섯째는 일반대중의 관심과 미래에 대한 기대입니다.

우주산업에 대한 일반대중의 관심은 차츰 높아지고 있으며, 이는 정부와 기업 리더들에게도 영향을 미쳐 더 많은 자원과 관심이 우주산업에 투입되고 있습니다. 우주 관광, 인간의 화성 탐사 계획, 우주 기반 디지털 경제와 같은 혁신적인 주체들이 대중의 흥미를 끌고 있으며, 이는 우주 관련 기업들의 활동에 큰 원동력이 되고 있습니다. 또한, 기후 변화, 자연재해와 같은 전 지구적 문제 해결에 관한 관심도 역시 커지고 있습니다.

위에서 언급한 여섯 가지 우주산업 발전 성장 동력은 우주산업을 혁신적으로 변화시키고 있습니다, 또한, 앞으로 더 많은 기업과 국가들이 우주개발에 참여할 수 있는 환경을 조성하고 있습니다. 우주산업의 상용화가 본격화됨에 따라 기술 발전과 비용 절감, 자본 유입 등이 이루어지고 있으며, 이러한 변화는 우주가 인간에게 새로운 성장과 발전의 기회를 제공하는 핵심 산업으로 자리 잡게 할 것입니다.

2장

황금알을 낳는 거대 시장, 우주산업

우주산업은 돈 먹는 하마가 아니라 이제는 황금알을 낳는 거위입니다. 미래학자 앨빈 토플러가『부의 미래』에서 '우주가 부의 원천이 될 것'이라고 예견하였습니다. 우주 선진국들이 우주산업에 전념하는 의도는 우주개발을 통해 21세기 최첨단 우주산업을 주도할 핵심 우주 기술을 지속해서 확보하여 지속 가능한 우주산업을 창출하고 부를 만들어 내는 데 있습니다.

"우주산업이 황금알을 낳는 거위"라고 불리는 이유?

우주산업이 단순한 기술 투자 이상의 엄청난 경제적 잠재력과 다방면의 수익 창출 구조로 되어 있기 때문입니다.

우주산업은 고부가가치 산업입니다.

초기 투자 비용은 막대하지만, 성공 시 반복 수익 창출 구조(예, 위성 사용료, 데이터 판매 등)가 가능합니다.

우주산업은 파생 산업 효과가 대단히 큽니다.

우주산업은 위성 데이터, AI, 클라우드, 농업, 환경, 금융, 군사 등 거의 모든 산업에 파급하는 효과가 있습니다. 또한, 우주 기술이 일상생활의 기술로 이전되면서 신시장을 형성합니다.

우주산업은 시장이 폭발적으로 성장하고 있습니다.

Morgan Stanley 등에 따르면 2040년까지 우주산업 규모는 1조 달러를 넘을 것으로 전망하고 있습니다.

우주산업이 황금알을 낳은 대표 사례는?

① Space X는 로켓 재사용으로 발사비를 획기적으로 낮 추웠으며, 스타링크(Starlink)는 위성 인터넷 고객을 수십만 명 확보하여 향후 연 300억 달러 이상 수익이 예상됩니다.

② 플래니트 랩(Planet Labs)은 매일 지구 전체를 촬영하는 소형 위성군 운영하여 수집된 위성 데이터를 농업, 금융, 보험, 국방, 환경 분석 등에 판매하여 수익을 창출하고 있습니다. 또한, Planet Labs는 투자 대비 빠른 성장으로 주식 상장에 성공하였습니다.

③ 막사 테크놀러지(Maxar Technologies)는 국방, 정부 기관, 대기업 등에 수십억 달러 규모의 고해상도 위성 영상 서비스를 제공하였습니다.

④ 세이에스 앤 인텔샛[SES; Societe Europeenne des Satellites) & Intelsat]은 위성통신 서비스 운용으로 방송사, 항공사, 해운사 등과 장기 계약을 체결하여 안정적인 수익 구조를 확보하였습니다.

⑤ GPS 위성은 미국의 "공공 인프라"지만 민간이 '황금알' 창출하고 있습니다. 미국 정부가 무료 제공하는 GPS를 기반으로 내비게이션, 배달, 물류, 드론, 자율주행, 광고 등 수조 원 규모 산업이 형성되고 있습니다.

우주산업은 단기 수익보다 장기적이고 반복적인 황금알을 낳는 구조이며, 기술력과 시장을 선점하는 기업은 오랜 시간 지속 가능한 고수익을 창출할 수 있습니다.

최근 우주산업 시장에 전 세계의 이목이 쏠리고 있는 이유는?

"뉴 스페이스(New Space)"라 불리는 민간 주도의 우주개발이 세계적인 우주산업 흐름으로 자리 잡고 있기 때문입니다. 그럼, 왜 미국에서 "뉴 스페이스"라는 용어가 등장했을까요? 여러분들은 그동안 "뉴 스페이스"라는 용어를 어떻게 생각하셨나요? 미국에서 "뉴스 페이스" 시대가 등장하게 된 원인과 동기에 대해 살펴보도록 하겠습니다.

혹시 NASA의 경영 정책이 과거에 비효율적이고 폐쇄적이어서 신생 우주 기업들이 NASA 사업에 입찰 등에 참여하지 못하거나 진입 못해서 그런 것이 아니었을까요? 미국에서 "뉴 스페이스" 시대가 등장하게 된 원인과 동기는 다양하며, 단순히 NASA의 경영 방식만으로는 설명할 수 없습니다. 하지만, NASA의 과거 경영 정책이 "뉴 스페이스"의 등장을 촉진하는 하나의 배경이 된 것이라 해도 과언은 아닙니다.

"뉴 스페이스" 시대가 도래한 주요 동기와 원인은 다음과 같습니다.

① NASA의 전통적인 경영 방식은 너무 폐쇄적이고 비효율적인 구조입니다.

② 미국 정부 주도 중심으로 우주 사업이 이루어졌습니다. 과거 NASA는 국가가 전적으로 비용을 부담하고, 대형 우주산업체인 보잉, 록히드 마틴 등에 계약을 맡기는 원가 가산 (Cost-Plus) 방식으로 운영되었습니다. 원가 가산 방식은 NASA에 입찰한 미국 대형 우주산업체(giant space industries)의 사업 제안서를 살펴보면 그 방식을 알 수 있습니다. 예를 들면, 우주산업의 성장을 가로막는 제도적 장애물은 연구개발 제안서 작성 시에 인건비에 경비를 더한 직접비에 약간의 이윤(사업 예산 총액의 10% 정도)을 더하도록 한 미국 정부가 시행했던 실비 정산 계약 체계입니다. 미국 정부는 거대 우주산업체인 계약자들을 규제해서 연구개발 비용을 통제하는 것이 가장 좋은 방법이라고 믿음을 가진 이 체계는 오히려 직접비를 더 증가하게 했을 뿐만 아니라 간접비(직

접비의 20% 정도)도 올라가 결국 연구개발비의 상승을 가져오게 하였습니다. 하지만, 스페이스 X는 미국 정부가 지원하는 실비 정산 계약 산업체보다 훨씬 경제적이고 효율적으로 우주개발 프로젝트를 성공적으로 수행했습니다.

③ 폐쇄적 입찰 장벽입니다.

④ 관료주의적 문화를 꼽을 수 있습니다.

⑤ 기술 발전과 민간 혁신입니다.

⑥ 정보 기술 기반 혁신이 이루어졌습니다.

⑦ 미국 정부 정책의 변화와 NASA의 전략 전환이 이루어졌습니다.

⑧ 기업가 정신과 스타 인물의 등장입니다. 엘론 머스크(Space X), 제프 베조스(Blue Origin) 등의 기업가가 자본과 비전을 바탕으로 민간 주도의 우주개발을 이끌며 "뉴 스페이스"의 상징으로 떠오르게 되었습니다.

결론적으로, NASA의 전통적 정책이 비효율적이거나 폐쇄적이었던 측면은 분명하여 "뉴스페이스"의 필요성을 부각하는 원인이 되었지만, 그보다 중요한 것은 기술 발전, 민간 기업의 혁신 역량, 정부의 정책 전환, 그리고 상징적인 기업가들의 도전 정신 등이 함께 맞물려 "뉴 스페이스" 시대를 열게 되었다고 생각합니다.

미국에서 "뉴 스페이스"의 나비효과로 인해 중국을 비롯한 세계 여러 나라에 어떤 영향을 주었을까요?

"뉴 스페이스"는 민간 주도의 우주개발 추세를 의미하며, 주로 미국의 스페이스 X(Space X), 블루오리진(Blue Origin) 등을 중심으로 시작되었습니다. "뉴 스페이스"는 기존 정부 주도의 '올드 스페이스(Old Space)'와는 다른 속도, 비용 효율,

혁신 중심의 생태계를 만들어 냈고, 중국을 포함한 세계 각국의 우주산업에 광범위한 영향을 주었습니다.

표 2-9. "뉴 스페이스" 정책이 세계 각국에 불러온 변화

중국	• "뉴 스페이스" 영향을 받아 중국은 2014년 이후 민간 우주기업 설립을 허용한 후 iSpace, OneSpace, LandSpace, Galactic Energy 등 민간 로켓 기업이 등장함
인도	• 필자는 한국인 최초로 1989년 9월부터 3개월간 UNDP(국제연합 개발도상국 기구) 기금을 받아 인도 벵갈루루에 있는 인도 우주부 직속인 ISRO(인도 우주 연구개발 기구) 연구소 객원 연구원으로 초청받아 통신 방송위성 시스템 개념 설계를 한 경험이 있어 인도는 매우 친근감 있는 나라임 • 인도는 ISRO가 독점하던 구조에서 벗어나, 민간 기업인 Skyroot Aerospace가 2022년 자력 개발한 로켓 Vikram-S를 발사하는 데 성공하였음 • Agnikul Cosmos 등 민간 우주 스타트업이 급증하였음
유럽연합	• 독일의 Isar Aerospace, 영국의 Orbex 등 "뉴 스페이스" 영향을 받은 소형 발사체 기업 등장하여 소형 발사체 경쟁이 이루어지고 있음 • 아리안스페이스(Arianespace)는 스페이스 X의 저가 발사 경쟁에 대응하여 발사 비용을 낮추고 유연한 서비스 제공을 확대하고 있음
일본	• Interstellar Technologies, Space One 등 "뉴 스페이스" 모델을 따르는 민간 로켓 스타트업이 부상하고 있음 • JAXA(일본우주항공연구개발기구)는 민간 기업과의 협력 프로젝트를 강화하고 있음
중동	• 아랍에미리트(UAE)는 Mohammed Bin Rashid Space Centre 설립 이후, 민간 기술 협력을 통해 우주 탐사(예: 화성 탐사선 '아말' 성공)를 강화하고 있음
한국	• "뉴 스페이스"의 영향을 받은 한국은 우주 분야에 대한 정부의 지원과 정책 변화, 민간 우주기업의 등장, 우주발사체 및 위성기술 발전, 국제 협력 추진, 우주 투자 변화 등 많은 변화를 맞이하고 있음

중국에서는 미국에서 분 뉴스페이스가 나비효과가 되어 많은 우주 신생기업이 등장해 여러 우주 분야에서 성과를 내고 있습니다. 하지만, 한국에서는 우주에 관한 관심은 뜨겁지만, 관심과는 조금 먼 우주 스타트업이 자생적으로 만들어졌고, 그들의 성과는 기대에 못 미치고 있는 것 같습니다. 왜 그럴까요? 그 원인은 어디에 있을까요?

한국과 중국의 우주 스타트업 생태계 격차는 단일한 원인보다 복합적인 요인이 작용한 결과입니다. 한국 우주 스타트업이 성과를 내지 못하는 이유는 단순히 하나의 문제가 아니라, 정부 정책의 속도와 구조, 예산의 집중도, 우주 인재와 기술 획득 환경, 우주 벤처 투자 생태계의 성숙도 등 모두가 미비하고 부족하기 때문일 것입니다. 따라서, 이러한 문제점을 극복하고 지속 성장이 기능한 한국의 우주 스타트업을 위한 한국에 맞는 우주 스타트업 육성 방안 로드맵이 필요한 시점이라 생각합니다.

우주 기술과 우주 기술로부터 스핀 오프(Spin-off)된 기술은?

우주산업은 이제 물먹는 하마가 아니라 황금알을 낳는 거대 시장이 되었습니다. 우주산업이 황금알을 낳는 거대 시장으로 지속 가능하게 만들고, 인간의 삶에 크게 기여한 우주 기술은 다음과 같습니다.

① 일상생활에 깊숙이 스며든 우주 기술 GPS(Global Positioning Syatem)

농사에서부터 각종 산업까지 GPS 기술이 적용되지 않는 분야가 거의 없을 정도입니다. 농업 분야에서는 GPS 기술을 이용한 무선 원격 조종 이앙기를 사용합니다. GPS 이양기는 스스로 길을 찾고 모내기를 할 수 있어 일손이 부족한 농가를 돕습니다. 고속도로 등에서 교량을 점검할 때 사용하는 GPS가 장착된 무인 교량 점검 로봇(U-BIROS; Ubiquitous- Bridge Inspection Robot System)은 사람의 손이 닿지 않는 교량 상태를 모니터할 수 있습니다. GPS는 바다로부터 농지를 보호하고자 쌓는 방조제 작업 현장에서 사용되고 있습니다.

② 의료분야에 획기적인 발전을 가져온 우주 기술

1968년 인간 최초로 달에 착륙한 닐 암스트롱이 달 표면에 레이저를 설치하여 달과 지구의 거리를 측정하는 데 사용하였습니다. 최근에 '레이저'는 점이나 문신을 빼는 미용 성형에서 산업 기술까지 다양하게 적용되고 있습니다. 아폴로 계획으로 촬영된 우주 사진을 처리하기 위해 개발된 디지털 화상 기술은 인체 내부를 보는 자기공명영상(MRI; Magnetic Resonance Imaging) 장치로 탄생했습니다. 또한, 무중력 원리를 이용한 디스크 치료는 허리 통증을 앓는 환자들에게 새로운 '무중력 치료 요법'을 제시하고 있습니다.

③ 스핀 오프 기술 제품은 다음과 같이 응용되었습니다.

여성용 브래지어는 위성안테나를 만들 때 사용하는 형상기억 합금 소재를 활용하여 제작되었습니다. 에어쿠션 신발의 에어쿠션은 우주정거장에서 근무하는 우주인들이 관절 부문의 통증을 완화해 주기 위해 개발된 제품입니다. 복원력 뛰어난 스펀지는 아폴로 우주선 안 의자의 쿠션으로 사용할 목적으로 개발된 제품입니다. 각 가정에서 사용하는 공기청정기는 밀폐된 우주선 내부의 공기를 깨끗한 상태로 유지하는 방법을 NASA가 개발한 제품으로 스핀 오프 기술 제품입니다.

3장

세계 주요국 우주 정책 추진 방향과 우주개발 현황은?

우주산업을 선도하는 미국 그리고 미국을 쫓아가는 중국, 일본, 유럽, 인도, 그리고 한국의 우주산업 추진 방향과 각국의 우주개발 현황에 대해 알아보겠습니다. 각국의 우주 정책은 자국 우주산업 육성에 주력하고 있습니다. 미국은 민간 기업과 연계해 유인 우주비행을 성공시키며 그 존재감을 과시하고 있습니다. 유럽 역시 우주 관련 예산을 증액하고 우주산업 육성 정책을 강화하고 있습니다. 독자적으로 우주발사체를 발사해 우주정거장을 개발하고 있는 중국이 부상하고 있습니다.

현재, 미국, 중국, 일본, 인도, 유럽연합(EU), 한국은 각기 다른 전략과 목표를 가지고 우주개발에 박차를 가하고 있습니다. 세계 주요국의 주요 우주 정책 추진 방향과 우주개발 현황을 차례로 알아보겠습니다.

세계 주요 국가의 우주 정책 추진 방향은?

표 2-10. 세계 주요국의 우주 정책 추진 방향과 특성

미국	• 미국은 민간 중심의 우주 탐사와 국방 우주력 강화를 위하여 우주 정책을 아래와 같은 방향으로 추진하고 있음 ① 민간 기업과의 협력을 통한 우주 탐사 및 상업화 확대 ② 우주 기반 국방력 강화 및 우주 안보 확보 ③ 트럼프 행정부는 우주 정책 조율을 위한 국가우주위원회를 부활시켜, 민간 기업과의 협력을 강화하기 위해 국가우주위원회(National Space Council) 재가동 ④ 미국은 2026년 예산안에서 NASA의 예산을 24% 삭감하고, 달 및 화성 유인 탐사에 집중하는 방향으로 NASA 예산 재편

중국	• 중국은 자국의 달 및 화성 탐사와 우주 기술 자립화를 위하여 우주 정책을 아래와 같은 방향으로 추진하고 있음 ① 달 및 화성 탐사를 통한 우주 강국 도약 ② 우주 기술의 자립 및 국제 협력 확대

일본	• 일본은 자국의 국제 협력과 우주과학 연구 강화를 위하여 우주 정책을 아래와 같은 방향으로 추진하고 있음 ① 국제 협력을 통한 우주 탐사 참여 확대 ② 우주과학 연구 및 기술 개발 강화

인도	• 인도는 자국의 유인 우주비행 및 우주 기술 자립화를 위하여 우주 정책을 아래와 같은 방향으로 추진하고 있음 ① 유인 우주비행 기술 확보 ② 우주 기술 자립 및 상업화 추진

유럽연합(EU)	• EU는 독자적인 우주 인프라 구축과 기후 변화 대응을 위하여 우주 정책을 아래와 같은 방향으로 추진하고 있음 ① 독자적인 우주 인프라 구축을 통한 전략적 자율성 확보 ② 우주 기술을 활용한 기후 변화 대응 및 지속 가능성 강화

한국	• 한국 정부의 과학기술정보통신부는 '2024년도 우주개발 진흥 시행계획'을 통해 다음과 같은 5대 핵심 임무를 추진하고 있음 ① 2032년 달 착륙을 목표로 달 착륙선 개발을 통한 우주 탐사 착수 ② 차세대 발사체 개발을 위한 민간 기업 선정 및 공동개발 추진을 통한 우주 수송 과제 수행 ③ 우주산업 클러스터 조성 및 민간 주도의 우주산업 생태계 구축으로 우주산업 육성 ④ 초소형 군집위성 발사 등 우주 안보 역량 강화를 통한 우주 안보 체계 구축 ⑤ 우주과학: 국제우주정거장(ISS)에 태양 코로나그래프 설치 등으로 우주과학 연구 확대

세계 주요 국가의 우주예산과 인력은?

세계 주요국들의 우주 예산 및 연구 인력을 보여주는 아래 표를 함께 보겠습니다.

표 2-11. 세계 주요국들의 우주 예산 및 연구 인력

구분	미국	중국	일본	EU	인도	한국
예산	$740억	$160억 (추정)	$34억	$62억	$13억	$7억
인력	약 17,000명 (NASA)	-	약 1,500명 (JAXA)	약 2,300명 (ESA)	약 17,000명 (ISRO)	약 170명(KSA) 약 1,000명(KARI)

(출처: 우주 보고서, 우주 재단, The Space Report, Space Foundation, 2019, 2023.)

미국의 우주산업 종사자는 아폴로 프로젝트를 본격적으로 수행할 때 약 100만 명이 넘었습니다. 미항공우주국 NASA의 직접 고용 인원은 약 1만 7천 명이며, 민간 계약자와 협력사 인력을 포함하면 수십만 명에 달합니다. 또한 중국의 우주 예산은 약 160억 달러로 추정됩니다. 중국의 우주 연구 인력은 정확한 수치는 공개되지 않았으나, 국가 우주 기관과 민간 기업을 포함하여 수십만 명이 우주산업에 종사하고 있는 것으로 추정됩니다. 한국의 우주 예산은 미국 예산의 0.94%, 일본 예산의 20%, 중국 예산의 4.4%로 주요 우주 강국에 비해 낮은 수준입니다. 또한, 한국 우주청(KSA; korea Space Administration)의 인력은 미국 NASA의 10분의 1 수준입니다.

미국의 우주 인력을 어떤 분야에서 찾을까요?

미국이 찾고 있는 분야는 과학, 기술, 공학, 그리고 수학(STEM: Science, Technology, Engineering, and Mathematics)입니다. 아폴로 시대인 1967년부터 1972년 사이에 미국의 STEM(과학, 기술, 공학과 수학) 학사 학위 졸업생 숫자가 70%, 석사학위 졸업생은 130%까지 증가하였으며 박사학위 졸업생은 240%

까지 치솟았습니다. 그러나, 1972년 아폴로 프로그램이 끝나고 나자 즉시 그 증가세는 멈추었다고 합니다. 오늘날 NASA는 차세대 우주 인력 양성을 이렇게 합니다. NASA 마샬 우주비행연구센터(MSFC; Marshall Space Flight Center)의 우주과학연구소(SSL; Space Science Laboratory)는 우주과학 및 우주 기술 개발의 핵심 연구기관 중 하나로, 미국 내 우수 대학들을 "우주 대학(Space University)"로 지정하여 전략적 공동연구 및 개발을 수행하는 협력 체계를 운영하고 있습니다. 마샬 우주비행연구센터는 우주 대학과 공동연구 개발, 기술이전, 인력 양성 등 장기적 협력을 수행하고 있습니다. 대표적인 우주 대학은 스탠퍼드 대학교(Stanford University), 조지아텍(Georgia Tech), 캘리포니아 공과대학(Caltech), 유타주립대학교(Utah State University, Logan), 콜로라도 대학교 등입니다.

NASA와 협력을 통해 우주 대학은 아래와 같은 목적과 이점을 달성하고 있습니다.

① NASA의 연구 과제를 대학과 공동 수행해 기술혁신 가속화를 통한 연구 역량 강화

② 대학생과 대학원생이 NASA 과제 참여로 차세대 인재 확보 가능

③ 센서, 탑재체, 데이터 처리 등 특정 기술 분야에서 상호 전문성을 공유함으로써 기술 동반관계 구축

④ NASA의 시험시설, 관측 장비를 대학에 개방하거나 공동 사용을 통한 장비/인프라 활용

한국의 우주산업 고도화를 위해서 미국 NASA 마샬 우주비행연구센터의 우주 대학 선정과 같은 제도가 필요하지 않을까요?

한국형 우주 인재 생태계 구축은 우주산업 고도화의 가장 핵심적인 토대입니다. 미국 NASA의 대학 우주 연구 협회(USRC; University Space Research Association)나 국제 우주 대학(ISU; International Space University) 등 우

주 역량 대학 지정 모델을 벤치마킹해, 전국 우수 대학을 우주 특화대학으로 선정하여 네트워크화하는 (가칭) "한국형 우주 인재 육성 네트 워크(K-SUN; Korea-Space University Network)" 제도는 한국형 우주 인력 생태계를 구축하는 데 매우 효과적인 제도라 생각됩니다. 만약 이러한 제도를 정부 주도로 민간과 대학이 연계되어 삼각 구조로 실행하게 되면, 한국은 세계적 우주 강국으로 도약할 수 있는 인력 기반을 마련할 수 있을 것입니다.

한국은 우주개발에 관한 관심과 그 필요성은 공감하면서도 과도한 예산 지원이라는 지적과 단기간 내에 성과를 도출한다는 성과주의 등에 맞물리면서 우주산업 육성에 필요한 지속적이고 장기적인 계획과 투자에 많은 어려움을 겪고 있습니다. 그런데도, 우주산업 종사자들은 우주산업의 "강점, 약점, 기회, 위협" 분석을 통해 우주산업 성장을 저해하는 요인을 진단하고, 이를 극복하여 지속 가능하게 발전할 수 있는 전략과 방안을 요구하고 있습니다.

한국 우주산업의 지속 가능한 발전을 위해서는 정부 중심의 기존 시스템을 넘어 민간과의 동반 성장 구조로 전환하는 것이 핵심입니다. 이를 위해 기초 기술 확보, 인재 양성, 정책의 일관성 유지, 국제 협력 확대가 병행되어야 하며, 국가 전체 차원의 전략적 투자와 장기적 안목이 요구됩니다. 또한, 한국 우주산업의 고도화와 안정화를 위하여 미국, 일본, 중국 등 여러 국가의 우주산업 진흥 정책을 고려하여 한국에 맞고 필요한 정책 제언이 필요한 시점이라 생각합니다.

한국 및 여러 나라 우주개발 현황은?

표 2-12. 세계 주요국의 우주개발 현황

미국	① 미국은 현재 GPS(Global Positioning System) 위성은 31기의 위성과 소수의 예비 위성으로 구성되어 운용 중으로 그중 가장 오래된 위성은 1997년에 발사되었음 • 위성을 최신화하기 위한 노력은 지속해서 전개되고 있으며 가장 최신형인 GPS Block Ⅲ의 경우 현재 10기의 배치가 진행 중임 ② 미국은 아르테미스 프로그램을 최종 유인 탐사 목표인 화성 탐사를 위한 중간 과정의 일환으로 추진 중임 • 이를 위해 NASA는 2025년 이전까지 아르테미스 3단계(Artemis-Ⅲ)를 통해 인간을 달로 보낼 계획을 추진하고 있음
중국	① 창어 6호(Chang'e 6)는 2024년 5월, 세계 최초로 달의 뒷면에서 표본을 채취하여 지구로 귀환하는 데 성공함 ② 달 및 화성 유인 탐사를 위한 신형 로켓 신형 창정 10호 (Long March-10) 개발을 추진하고 있음
일본	① JAXA는 H-3 발사체에 장착될 LE-9 엔진의 일련의 연소 테스트를 진행하고 있으며, 2023년 4월에 마지막 테스트가 성공적으로 완료됨 ② 2022년에 소형 발사체 Epsilon의 여섯 번째 발사는 실패하였음 ③ 2024년 5월, 유럽우주국(ESA)과 공동으로 지구 대기 관측 위성 EarthCARE를 발사하여, 기후 변화 연구에 기여하고 있음
인도	① 2027년 첫 유인 우주비행을 목표로 가가니안(Gaganyaan) 프로그램을 수행 중이며, 이를 통해 독자적인 유인 우주비행 능력을 확보하려 하고 있음 ② 2024년 12월, 두 위성 간의 우주 도킹 실험에 성공하여, 우주 기술 자립에 한 걸음 더 다가섰음
유럽연합(EU)	① $IRIS^2$ 프로그램 수행을 통해 2027년까지 고속, 고 보안 위성 통신망을 구축하여, 유럽의 위성통신 자립성을 강화할 계획임 ② Ariane 6 로켓 개발을 통해 유럽의 독자적인 중형 발사체 Ariane 6의 첫 비행을 2025년 중반으로 예정하고 있음

한국	① 지난 2010년 나로호 후속 발사체 사업으로 시작된 한국형 발사체 개발사업은 독자적인 우주 수송 능력 확보를 목표로, 1.5톤급 실용위성을 지구 저궤도(600~800km)에 진입시킬 수 있는 국산 우주발사체(KSLV-II, 누리호) 개발에 착수하여 2025년 11월 누리호를 4차 발사할 예정임 ② 한국 정부는 2013년 우주개발 중장기 계획에 한국형 위성항법 시스템(KPS) 개발을 착수하고, 우주 탐사 목표를 2032년까지 달 착륙, 2045년까지 화성 착륙을 위한 계획을 추진하고 있음

한국이 미래 우주 강국으로 도약하기 위해선, 민간 중심의 기술 고도화, 정부 주도 시스템 안정화, 그리고 국제 안보 환경과의 전략적 연계가 필요합니다. 특히 미·중·일 등 전략 국가의 정책을 교차 분석하여, 한국에 최적화된 우주산업 전략을 세워야 합니다. 이는 단순 산업 육성 차원을 넘어, 대한민국의 미래 국가 생존과 경쟁력 확보의 핵심 축이 될 것입니다.

4장

미래 우주산업은 청신호인가?

본 장에서는 현재 뜨거운 감자인 우주산업을 진단하고, 우주산업의 상용화 및 우주 기술과 4차 산업 혁명 기술의 융·복합을 통해 전개될 미래 우주산업에 대해 조명해 보겠습니다.

미래 우주산업은 청신호일까요?

전 산업 분야에서 활용되고 있는 4차 산업 혁명 기술은 우주 기술과 융복합을 통해 창출될 새로운 미래 혁신 기술은 우주산업 기술의 혁명을 앞당길 것으로 판단됩니다. 여기에서 우주산업의 기술 혁명에서, 혁명은 사전적으로 회전(Revolution)을 뜻하며, 360도 회전하는 것을 의미합니다. 혁명은 여러 관점에 따라 그 의미를 찾을 수 있습니다.

① 수학적 의미의 혁명

수학적 의미의 혁명은 마치 위상이 0도에서 10도 혹은 20도처럼 그 위상이 점진적으로 변화하는 것은 "진화적 변화"라고 볼 수 있습니다. 반면에, 90도 이상, 또는 완전한 180도, 360도 회전은 위상의 급격한 전환, 즉 "혁명적인 변화"로 볼 수 있습니다.

② 경제적 혁명의 의미

경제적 의미의 혁명은 생산, 분배, 노동, 자본의 방식이 급격히 바뀌는 현상을 의미합니다. 예를 들면, 경제적 혁명은 단순한 시너지 효과(1 + 1 = 3)를 넘어서, 구조적 변화로 인해 1 + 1이 100이 되는 수준의 부가가치를 창출하는 현상입니다. 그럼, 기적은 무엇으로 비유될까요? 아마도 1 + 1 = 1,000억 혹은 1조 이상이 되는 것입니다.

③ 기술적 혁명의 의미

기술적 의미의 혁명은 효율성과 경제성을 극적으로 높이는 단순한 개선이 아니라 비약, 도약, 질적 전환이 핵심이며, 단지 효율만이 아니라, 기존 기술의 패러다임 자체를 바꾸는 것으로, Space X의 재사용 로켓은 그 상징적 사례입니다. 스페이스 X, 블루오리진(Blue Origin), 버진 갤럭틱(Virgin Galactic)과 같은 민간 기업들이 우주 탐사와 상용화를 이끌며 우주산업의 판도를 바꾸고 있습니다.

4차 산업혁명 기술인 인공지능(AI; Artificial Intelligence) 기술, 사물인터넷(IoT; Internet of Thing) 기술, 우주 통신 기술, 로보틱스(Robotics) 기술, 블록체인(Block chain) 기술, 자율주행(Autonomous Driving Technology) 기술, 가상현실(VR; Virtual Reality) 기술 및 가상 증강(AR; Augmented Reality) 기술과 같은 혁신 기술은 우주산업에서 매우 중요한 역할을 하고 있습니다. 4차 산업혁명 기술과 우주 기술이 융복합된 새로운 커팅 웨지 기술(cutting technology)은 우주산업 발전에 중요한 역할을 합니다. 또한 4차 산업혁명 기술과 우주 기술이 융복합된 새로운 커팅 웨지 기술을 통해 우주 탐사의 가능성을 현실로 만들어 가고 있습니다.

우주산업은 전통적으로 국가 주도에서 민간 기업의 참여가 활발해지면서 급격하게 변화를 겪고 있습니다. Space X, Blue Origin, Virgin Galactic과 같은 민간 기업들이 우주 탐사와 상업화를 이끌어 우주산업의 판도를 바꾸고 있습니다.

미래의 우주산업은 어떤 모습일까요?

미래 우주산업은 우주 기술과 4차 산업혁명 기술, 그리고 다양한 공학, 과학기술이 융복합된 융복합 산업이며, 단순히 로켓이나 위성기술을 넘어 복잡한 생태계와 해법 중심의 시스템으로 진화하고 있습니다. 아래 표에는 미래 우주산업을 주도할 주요 융복합 기술 영역과 그 핵심 기술, 그리고 융복합된 우주 기술의 활용이 정리되어 있습니다.

표 2-13. 미래 우주산업을 주도할 주요 융복합 기술

기술 영역	핵심 기술	주요 활용 예시
AI 및 빅데이터 기술	AI, 기계학습, 빅데이터	우주비행선 자율주행, 우주쓰레기 추적
로봇 공학 기술	자율 로봇, 협동 로봇	화성 탐사 로봇, 위성 정비 로봇
나노 및 신소재 기술	경량화 소재, 고내열 복합소재	우주방사선 차폐, 위성 본체
스마트 환경제어 기술	센서 네트워크, 공기/물 순환 기술	우주기지 지능형 공기 청정, 폐기물 재활용
기상 및 생태 시스템 기술	기후 예측, 생태 모사 기술	식물 생장 시스템, 우주 환경 모사
GPS 및 통신 기술	고정밀 위치측정, 양자 통신	달/화성 통신 네트워크, 우주항법
보안 및 군사 기술	사이버보안, 전자전	적외선 감시, 우주자산 방어 시스템
VR, AR 및 S/W 기술	디지털 트윈(Digital Twin), 우주 가상 환경	우주비행선 설계, 위험 분석, 조종 훈련
우주 건강관리 기술	바이오센서, 원격의료	무중력 환경 내 건강 감시 및 치료

이밖에 GPS, AI, 기상정보, 토양학, 센서, 통신 그리고 군사 기술을 융복합하여, 우주에서 산불을 실시간으로 탐지하고 지상에서 산불을 진압하는 지능형 산불 진화 시스템 개발이 가능할 것입니다. 또한 우주 기술, AI, 생명공학, 센서, 환경 기

술 등이 융복합되어 개발되는 폐쇄 생태계 관리 기술은 생명 유지 장치 기술의 혁신을 통해 지능형 스마트 공기 청정 환경 시스템으로 발전이 가능할 것입니다.

이처럼 미래 우주산업은 단일 기술이 아닌, 융합된 시스템적 사고와 기술 집합체로 이루어집니다. 미래 우주산업 기술은 우주 탐사는 물론 지구 환경 문제 해결, 국가 안보, 재난 대응 등 광범위한 분야에 응용될 것입니다.

우주산업의 미래 전망을 어떻게 생각하십니까?

우주산업의 미래 전망은 밝습니다. 왜냐하면, 우주산업은 지금 제2의 우주 경쟁 시대(New Space Age)라 불릴 만큼 빠르게 성장하고 있으며, 향후 수십 년 동안 기술, 경제, 군사, 과학 분야에서 지구상의 어떤 산업보다 큰 영향을 줄 산업으로 평가받고 있습니다. 그러나 이러한 우주산업의 고도성장에는 밝은 면과 어두운 면이 동시에 존재합니다. 다음과 같이 우주산업의 미래 전망과 함께 우주산업의 밝은 면과 어두운 면에 대해서 알아보겠습니다.

① 우주산업의 미래 전망

모건 스탠리, 아메리카 은행(Morgan Stanley, Bank of America)에 의하면, 2023년 기준 약 5천억 달러 규모의 글로벌 우주산업은 2040년까지 1조~1.5조 달러 이상으로 성장할 것으로 전망되고 있습니다. 미래 우주산업을 견인하고 있는 핵심 성장 동력은 아래와 같습니다.

- 소형 위성(SmallSat)과 Space X 등 민간 발사체 기술의 상용화
- 지구 관측, 우주 인터넷, 국방 우주 인프라 투자 확대
- 달, 화성 유인 탐사 및 자원 채굴 관련 사업 개시
- 우주 관광 및 거주 기술의 등장

② 우주산업의 밝은 면

우주산업의 밝은 면은 우주산업의 기회와 긍정적 변화를 의미합니다.

- 민간 상업 발사체 기술 혁명 : Falcon 9 및 Starship 개발로 발사 비용을 기존 대비 80~90% 절감을 통해 위성 스타트업, 우주 통신회사 등 중소기업도 우주 진출이 가능해졌으며, 또한, 미항공우주국 NASA는 상업 우주기업에 발사 및 수송 업무를 위임하고 있습니다.

- 위성 인터넷과 글로벌 연결 : Space X의 스타링크(Starlink)는 저궤도 위성 5천 기 이상을 운영 중입니다. 그 결과, 농촌, 사막, 전쟁지역 등 지구촌 오지까지에도 인터넷 접근이 가능해졌습니다. 스타링크(Starlink)는 우크라이나 전쟁 시 군 통신망 대체용으로 사용되고 있으며, 우주 기술의 전략적 가치를 증명하였습니다.

- NASA의 민간 기업과 협력에 따른 민간 우주 탐사 시대 도래 : NASA는 달 탐사 프로그램인 아르테미스(Artemis)에서 민간 기업과 협력을 통해 Intuitive Machines, Astrobotic이 달 착륙선을 개발하고 있습니다. 또한, 민간 우주기업의 창의성과 비용 효율성의 결합은 미국 정부 중심의 우주개발 모델을 크게 변화시키고 있습니다.

③ 우주산업의 어두운 면

우주산업의 어두운 면은 우주산업의 위험과 문제점을 의미합니다.

- 우주쓰레기 급증으로 저궤도 붕괴 위협 : 2024년 기준 궤도 위에 있는 우주비행선의 파편 수는 10만 개 이상입니다. 2021년 러시아의 위성 요격 실험으로 수천 조각의 우주쓰레기가 발생하여 우주쓰레기와 위성 간의 충돌 위험이

증가하여 스타링크(Starlink) 위성이 국제우주정거장(ISS)과 충돌할 위험에 직면하기도 하였습니다.

- 우주 독점과 무기화 위험으로 국가 간 안보 갈등 심화 : 미국, 중국, 러시아가 우주자산(위성 등)에 대한 군사 전략을 개발하고 있습니다. 중국은 신형 위성 포획 기술(Satellite grabbing)을 공개하였고, 미국은 미 우주군 창설 이후 각국의 우주 감시 기술과 공격 기술 개발에 대응하여 경쟁적으로 최첨단 우주 공격 기술을 개발하고 있습니다. 따라서, 우주가 군사적 충돌의 전쟁터(Space War Field)가 될 가능성이 커지고 있어 우려됩니다.

- 기술 불균형과 소외 : 미국을 비롯한 소수 우주 선진국과 대기업이 우주 기술, 우주자원, 우주 궤도 및 우주 통신 주파수를 독점하고 있습니다. 예컨대, 스타링크(Starlink)가 궤도 대부분을 선점하면서 다른 국가의 위성 운용에 방해되고 있으며, 아프리카·동남아·중남미 등 개발도상국은 우주 궤도 확보의 접근 기회가 아주 부족한 상태입니다.

우주산업은 통신, 국방, 과학, 기후 대응, 자원 개발, 인간 생존까지 영향을 미치는 산업입니다. 하지만, 우주산업의 지속 가능한 발전을 위해서는 국제 협력, 우주법 강화, 우주쓰레기 관리, 우주 자원 공유 같은 노력이 요청됩니다. 우주산업의 미래는 4차 산업 혁명 기술과 우주 기술의 융복합을 통해 5차 산업 혁명으로 더욱 발전할 것입니다. 우주 탐사는 더 이상 몇몇 정부 기관의 전유물이 아닙니다, 이제 우주 탐사는 민간 기업이 서로 협력하여 이룩하는 국제화 산업으로 전환될 것으로 생각됩니다. 또한, 미래 우주산업은 우주 기술 혁명으로 발전되어 2019년 상영된 미국영화 〈애드 아스트라(Ad Astra); 라틴어로, "별을 향하여"〉와 같은 미래를 현실로 구현해 주는 최첨단 산업이 될 것입니다. 영화 〈애드 아스트라〉의 핵심 매시지는 "우주는 텅 비어 있고, 우리는 결국 서로에게 의존할 수 없는 존재다"라는 것을 암시해 주고 있습니다.

[지식 더하기 + 창]

커팅 웨지 기술(Cutting Edge Technology)이 무엇일까?

커팅 웨지 기술은 최첨단, 최신기술로 가장 진보적이고 혁신적 수준에 있는 것으로, 널리 알려지지 않았고 이제 막 개발되어 상용화 단계에 들어간 기술을 의미합니다.

커팅 웨지 기술을 소개하면 다음과 같습니다. 양자 컴퓨팅 기술, 인공지능 기반 생성 모델 ChatGTP 기술, 뇌-컴퓨터 연동 기술(Brain-computer) interface Technology), 고체 배터리 기술, 자율주행 자동차 기술, 도심항공 모빌리티(UAM; Urban Air Mobility) 기술, 인공지능(AI) 탑재 위성, 우주에서 자가 위성 수리 및 서비스 기술, 맨눈으로 못 보는 파장까지 분석하는 초분광 기술(Hyper spectral Technology) 등입니다.

디스럽티브 기술(Disruptive Technology)은 왜 필요할까?

디스럽티브 기술은 기존 시장이나 산업구조를 완전히 바꿔버리는 기술입니다. 또한, 디스럽티브 기술은 기존 시장에서 사용하는 방식이나 제품을 무너트리고 새로운 더 나은 방식을 제시하는 기술로, 새로운 기술이 기존 시장의 판도를 바꾸고 파괴하는 혁신 기술입니다. 우주 기술 관련 디스럽티브 기술에 속하는 기술은 재사용할 수 있는 로켓 기술, 초소형 위성(Small Satellite)기술, 민간 상용 우주비행(Commercial Space flight) 기술, 우주 자원 채굴(Space mining) 기술, 우주 인터넷 기술 등입니다.

융복합 기술(Convergence Technology)은?

융복합 기술은 서로 다른 여러 기술이나 학문 분야가 결합하여 새로운 기술이나 서비스를 창출하는 기술입니다. 요즈음 거의 모든 첨단 산업(반도체, 인공지능, 신재생 에너지) 등에서 융복합이 필수처럼 여겨지고 있습니다. 또한 융복합 기술은 새로운 시장이나 산업을 창출합니다. 융복합 기술이 우주 기술에 적용된 사례를 다음과 같이 소개해 드립니다.

- 초소형 위성은 가볍고 강한 기술 즉, 나노소재 기술, 고효율 통신 기술, 소형화된 전력 기술이 융합되어 개발됩니다.
- 위성 탐사 로봇(행성 탐사 로봇)은 인공지능 기술, 로봇 공학 기술, 자율 주행 기술이 융합되어 개발됩니다. 우주 탐사 로봇의 자율 주행 기술은 지구상의 자율주행 기술과 연결됩니다.
- 우주복 개발은 극한 환경에서 견디며 작동되어야 하므로 고기능 신소재 기술과 인체 생명 과학이 융합되어 개발됩니다.
- 우주 거주지 개발은 건축 기술, 식물 재배 기술, 에너지 재활용 기술이 융합되어 개발됩니다.
- 스페이스 X의 스타쉽 개발은 초대형 재사용 로켓 기술, 재료 공학 기술, 추진 공학 기술, 고성능 엔진 기술, 실시간 데이터 처리 기술이 융합되어 개발됩니다.

통합 기술(Integration Technology)은?

통합 기술은 여러 개의 부품, 소자, 모듈, 서브 시스템 등을 하나로 조립하고 연결하여, 전체적으로 정상 작동하는 하나의 통합된 시스템을 구현하는 기술입니다. 통합 기술이 우주 기술에 적용되는 사례를 소개하면 다음과 같습니다.

- 위성시스템 통합 기술(Satellite system integration technology)

- 발사체 통합 기술
- 팰 캔 9, 아리안 5는 수많은 통합 시험을 거쳐 발사됩니다.
- 지상 관제시스템-위성 통합 기술은 데이터 통신을 연결하기 위해 프로토콜, 주파수, 암호화 방식을 모두 맞춰 통합합니다.
- 소형위성 통합 기술 위성이 작고 제한된 공간에 맞게 조립해야 하므로 부품 수준부터 통합 최적화가 매우 중요한 기술입니다.

스핀오프 (Spin-off) 기술이 우주산업에서 필요할까요?

스핀오프의 의미는 기업 분할이나 개발된 기술의 파급효과를 나타냅니다. 스핀은 "잘 돌아가고 있는 큰 기업"을, 오프는 "기업에서 분리되어 나온 상태"을 의미한다고 할 수 있습니다. 따라서 스핀오프는 사업이 잘되는 큰 기업으로부터 분리되어 나와 신생 창업 기업(Start-up)을 만드는 것이라 할 수 있습니다. 스핀오프 기술은 특정 분야나 목적을 위해 개발된 기술이 전혀 다른 분야에 응용되어 새로운 제품이나 서비스로 발전하는 기술을 의미합니다. 우주, 군사, 항공 분야에서 개발된 첨단 고급 기술이 민간 산업이나 일상생활에 응용되는 기술이 대표적입니다. 예를 들면, NASA 기술이 스핀오프 된 기술은 NASA의 우주복 개발 기술이 의료용 냉각복 개발 기술로 파급된 것을 꼽을 수 있습니다. 인터넷, GPS 등 군에서 개발된 기술이 스핀오프 되어 민간인들이 사용하고 있습니다. 스핀오프 기술은 기술이전 혹은 기술 상용화의 한 형태로, 새로운 시장을 창출하고 산업을 확장 시키는 데 중요한 역할을 합니다.

스핀오프 산업은?

스핀오프 산업은 기존 산업이나 연구소 등에서 개발된 기술이나 아이디어가 새로운 기업이나 산업 분야로 분리되어 독립적으로 성장하는 산업입니다. 예를 들면,

대기업이나 연구소의 기술을 상용화 개발한 기업이 인공지능 기술을 개발했는데, 이 기술이 의료영상 분야에 유용하게 활용된다고 판단해 의료 인공지능 스타트업을 설립한 경우, 이 스타트업에 속한 새로운 분야가 스핀오프 산업입니다. 우주산업이 스핀오프 산업으로 전환된 예는, NASA에서 우주 탐사용 로봇 기술을 개발했는데, 이 기술이 지구에서 재난 구조용 로봇으로 응용된 경우, 재난 구조용 로봇 산업이 스핀오프 산업입니다. 스핀인은 어떤 스타트업이 혁신적인 기술을 개발했을 때, 대기업이 그 회사를 인수하여 자사의 기술력으로 흡수하는 경우를 의미합니다. 스핀인은 기술 확보, 혁신 가속화, 경쟁력 강화를 위해 사용되며, 스핀오프의 반대되는 개념입니다.

스핀인 (Spin-in) 기술은 스핀 오프 (Spin-off) 기술과 방향이 반대?

스핀인 기술은 자율주행 자동차(Autonomous driving car)를 개발한 민간 회사 기술이 우주산업에 적용되는 경우, 그것은 원천기술이 민간 기업에서 먼저 개발되고, 그 기술이 우주개발의 특수 분야에 이전되는 것이기 때문에 스핀인 기술입니다. 스핀인 기술은 우주산업의 효율성과 비용 절감을 크게 행상시키며, 민간 기술이 우주 프로젝트에 적용되는 예가 됩니다. 스핀인 기술이 우주산업에 적용된 예시로써, 가상현실(VR) 및 가상 증강(AR) 기술은 우주비행사 훈련 시스템의 요소기술로 사용되며, 현실감 있는 가상 환경에서 우주 환경을 체험하여 훈련을 가능하게 합니다. 또한 3D 프린팅 기술은 우주비행선 부품 제작 및 현장 수리에 적용할 수 있습니다.

스핀인 산업은?

스핀인 산업은 민간 산업 혹은 상업 분야에서 개발된 기술이나 제품이 정부, 우주, 군사 등 특수 목적의 공공 부문으로 이전되어 활용되는 산업을 의미합니다.

스핀인 산업의 예를 들며, 지구에서 민간 기업이 개발한 자율주행 자동차 기술이 달 탐사에 필요한 월면차 개발에 적용하는 것은 스핀인 산업입니다.

우주 대학교(Space University)이란?

NASA는 특정 대학을 우주과학, 공학, 기술 분야의 핵심 파트너로 인정하여 "Space University"로 지정, 지정된 대학들은 우주 센서, 위성기술, 발사체 시스템, 데이터 해석, 시뮬레이션 등 우주 과학기술 연구에 강점이 있습니다.

"Space University"로 지정된 대표적인 협력 대학들은 유타주립대학교(Utah State University, Logan), 앨라배마 주립대학교(University of Albama, Huntsville), 콜로라도 대학교(Colorado Boulder), MIT 등입니다.

유럽의 IRIS²란 무엇인가?

유럽의 IRIS²(Infrastructure for Resilience, Interconnectivity and Security by Satellite; 위성에 의한 회복력, 상호연결성 및 보안을 위한 기반 시설)는 유럽연합(EU)이 주도하는 차세대 위성 통신 인프라 구축 프로젝트입니다. 주로 전략적 자율성 확보, 보안 통신 강화, 그리고 디지털 격차 해소를 목표로 합니다.

IRIS²는 유럽의 저궤도 위성통신(LEO; Low Earth Orbit) 기반의 통합 위성 네트워크로, 2022년 11월 EU 집행위원회가 공식 발표했으며, 2027년까지 구축하는 것이 목표입니다.

IRIS²의 핵심 목적은? 전략적 자율성 확보입니다.

유럽이 미국(Starlink), 중국(G60), 중국 베이더우(BeiDou) 등의 위성망에 의존하지 않고 자체 위성 통신망을 보유하기 위한 전략으로 안보 및 방위 통신을 강화하고 군사, 외교, 정부 기관의 전용 보안 통신망을 제공하는 것을 골자로 합니다.

IRIS²는 사이버 공격 및 전파 방해에 대비한 위성 통신 시스템으로, 인터넷 사각지대인 농촌·도서 지역 등 기존 통신 인프라가 부족한 지역을 해소하고 재난, 산불, 홍수 등 긴급재난 비상 상황에서 빠르고 안전한 위성통신을 제공합니다.

IRIS²의 주요 특징

항목	내용
운영 주체	유럽연합 (EU), ESA (유럽우주국), 민간 파트너 컨소시엄
위성 궤도	저궤도(LEO) 기반, 일부 중궤도(MEO) 및 정지궤도(GEO) 혼합 가능
주파수	Ka-밴드, Q/V 밴드 등 고대역폭 위주
커버리지	유럽 전역 및 아프리카, 북극 등 전략지역
제공 대상	정부 기관, 군, 재난 대응, 농촌, 산업 등
보안	양자암호통신(Quantum Encryption) 고려 중

IRIS²의 주요 파트너 및 기업은?

유럽우주국(ESA)

유럽 방위 산업체: Airbus, Thales Alenia Space, SES, Eutelsat 등

신생 위성통신 스타트업: Rivada Space, Mynaric 등

IRIS²의 추진 일정

연도	주요 내용
2022	EU 공식 발표, 정책 승인
2023	컨소시엄 구성, 기술 개발 착수
2024	위성 설계 및 시험 시작
2025~2027	시험 발사 및 본격 배치 시작
2027	초기 운영 목표는 완전 운용 능력(FOC: Full Operational Capability)의 확보임

IRIS² 와 경쟁 관계는?

미국 Space X의 스타링크(Starlink)은 상업 및 군 통신 시장을 선점하고 있습니다.

미국 아마존의 카이퍼(Kuiper), 유럽의 원웹(OneWeb)은 유럽 시장에서 일부 중첩됩니다.

중국 G60의 중국-아프리카 연결망은 지정학적으로 IRIS² 와 경쟁 구도에 있습니다.

가상현실 및 증강 기술을 우주개발에 적용한 사례는?

가상현실(VR) 및 증강현실(AR) 기술은 우주개발의 다양한 분야에서 활용되고 있으며, 특히 우주비행사 훈련, 원격 정비, 우주선 설계, 과학 시뮬레이션, 대중 교육 및 참여 등에서 매우 중요한 도구로 자리 잡고 있습니다.

1. 가상현실(VR)·증강현실(AR)의 우주개발 적용 사례

적용 분야	사례	활용 효과
우주비행사 훈련	NASA의 Hybrid Reality Lab	
VR(가상 현실) Spacewalk (우주유영) Simulator(모사기)	ESA의 선외 활동(EVA; Extravehicular Activity)	로봇팔 조작, 미션 시뮬레이션
원격 유지·보수	NASA – AR(증강 현실) 스마트글라스를 통한 ISS 수리 지원	우주인이 매뉴얼 없이 증강 정보로 수리 가능
우주비행선 및 장비 설계	Boeing – AR(증강 현실) 기반 우주선 배선 조립	
Lockheed Martin – Orion (록히드 마틴- 오리온)	캡슐 설계 지원	설계 검증, 조립 속도 증가, 오류 감소
우주 탐사 미션 시뮬레이션	NASA JPL(Jet Propultion Lab.) – OnSight [Mars Rover 협업 VR(가상 현실)]	화성 환경을 VR(가상 현실)로 재현, 과학자 간 협업
대중 참여 교육	Space Buzz(가상 현실 교육 프로그램) – 어린이용 VR(가상 현실) 우주탐사 체험	우주 교육 확대, 우주과학에 대한 대중 인식 제고
우주정거장 내 작업 지원	Microsoft HoloLens + NASA's Sidekick 프로젝트	우주인이 전문가와 원격 협업 가능
달·화성 탐사 대비 VR(가상 현실) 기반 달 탐사 로버 조종 연습	한국항공우주연구원, NASA Artemis 훈련	지형 대응 능력 향상, 원격 조종 훈련

2. 실제 프로젝트 및 기관

기관/기업	프로젝트명 또는 적용 기술	설명
NASA	Hybrid Reality Lab, Sidekick, OnSight; VR/AR(가상 현실/ 증강 현실)	실험실 및 실제 적용 프로젝트 운영
ESA	VR Spacewalk Training(가상 현실 우주유영 훈련), EAC(유럽 우주비행사 센터) Space Station Design(우주정거장 설계)	EVA(선외 활동 훈련), 3D 설계 지원
Microsoft	HoloLens + NASA 협업	우주인 시각 보조용 AR(증강 현실) 디바이스 개발
Boeing	AR(증강 현실) 조립 안내 시스템	항공우주기기 조립 효율 향상
Lockheed Martin	Mars Base Camp VR(화성 기지 캠프 가상 현실) 체험	대중 체험 및 미션 설계
KARI	달탐사 로버 시뮬레이션 훈련	한국 내 우주개발 적용 사례

[참고 문헌]

OECD, Handbook on Measuring the Space Economy, 2022.
OECD, OECD Handbook on Measuring the Space Economy, 2nd Edition, 2022.

The Space Report, Space Foundation, 2019.
The Space Report, Space Foundation, 2023.

과학기술정보통신부, 우주산업 실태조사 보고서, 2019.
과학기술정보통신부, 우주산업 실태조사 보고서, 2023.
과학기술정보통신부, 우주산업 실태조사 보고서, 2024.

창조경제 실현을 위한 우주 기술 산업화 전략(안), 한국 정부 관계부처 합동, 2016.
로버트 주브린, "우주산업 혁명", 예문 아카이브, 2021.
정재호, KIET 산업경제, "뉴 스페이스 시대의 국내 우주산업 발전 방향", 2022.
KDB, "우주산업 현황 및 시사점", 2024.
우주산업 현황 및 정책 동향, 법무법인 화우, 2024.

NASA, "Exploring Mars Using Mixed Reality", 2017.
Smith, R. et al., "Augmented Reality Support for Astronaut Maintenance Tasks on the ISS", Proceedings of ACM SIGGRAPH, 2018.
ESA, "Virtual Reality for Astronaut Training", ESA Education Office, 2020.
Korea Aerospace Research Institute, "한국형 달 탐사 프로그램에 적용된 가상현실 기술 개발 보고서", 2022.
Wang, Y. et al., "Applications of Extended Reality in Aerospace Engineering", Aerospace Science and Technology, 2021.

제 3 부

새로운 아이디어의 물결, 우주 개발

제 3 부

새로운 아이디어의 물결, 우주 개발

"어려운 문제는 작게 나누어라."

-데카르트-

우주 개발은 크게 로켓 개발 분야, 인공위성 개발 분야, 위성 서비스 개발 분야로 나눌 수 있습니다. 3부에서는 로켓 개발역사부터 위성 발사 운용, 우리 생활과 밀접한 관계가 있는 위성 서비스, 그리고 한국의 우주 개발 주요 성과와 수준 등에 대해서 살펴보기로 하겠습니다.

1장

우주 시대는 로켓 개발로부터

본 장에서는 로켓의 발명에서부터 시작됩니다. 로켓 기술의 아버지로 불리는 미국의 로버트 고다드 교수, 독일의 폰 브라운, 러시아의 치올코프스키가 있다면 중국에는 첸쉐썬 박사가 있습니다. 이들은 현대 로켓 기술 발전에 크게 기여한 분들입니다. 자, 그러면 지금부터 로켓 개발의 역사를 찾아볼까요.

로켓 개발 역사

로켓 개발 역사를 초기, 중기, 현재와 같은 시대순으로 구분하여 시대별로 주요 사건과 기술 흐름을 함께 알아보겠습니다.

로켓 개발의 초기(20세기 초 ~ 1950년대)

로켓 개발의 초기에는 로켓에 대한 기초 이론과 군사적 사용이 시작되었습니다. 미국의 로버트 고다드(Robert Goddard)는 1926년 세계 최초의 액체 연료 로켓을 개발하여 발사에 성공했습니다. 그 후 1930~1940년대에는 독일의 폰 브라운 주도하여 세계 최초의 장거리 탄도 미사일인 V-2 로켓을 개발하였습니다. 이를 계기로 독일은 사람이 만든 로켓을 우주에 도달하게 한 최초의 국가가 되었습니다. 구소련은 1957년 10월 R-7 로켓을 사용하여 세계 최초 인공위성 스푸트니크 1호를 성공적으로 발사하여 우주 시대의 개막을 알렸습니다. 구소련의 첫 위성 발사에 커다란 충격과 자극을 받은 미국은 이때부터 폰 브라운 주도하에 레드스톤(Red Stone) 대륙간탄도미사일을 개량하여 개발한 주피터(JUPITER-C) 발사체로 1958년 1월 익스플로러(EXPLORER) 1호 위성을 발사하는 데 성공하였습니다.

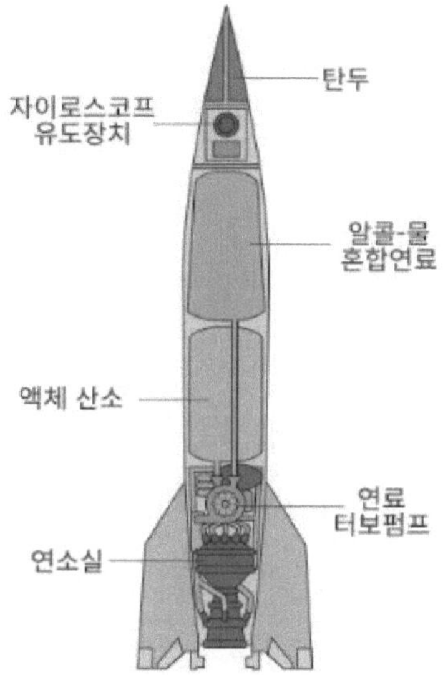

그림 3-1. V-2 로켓의 내부 구조(왼쪽)와 V-2 로켓 시험 발사 장면

(출처: Wikimedia Commons)

로켓 개발의 중기(1960년대~1990년대)

로켓 개발의 중기에는 우주 경쟁과 기술 다각화가 이루어졌습니다. 1961년 구소련의 우주비행사 유리 가가린은 보스토크 1호 우주비행선에 타고 지구 궤도를 도는 첫 번째 인간이 되었습니다. 이것은 세계 최초 유인 우주비행의 성공을 나타냅니다. 그 후 미국의 폰 브라운이 지휘하는 NASA 마샬 우주 비행센터에서 개발한 새턴(SATURN) V 로켓은 아폴로(Apollo) 11호를 달에까지 올리는 데 성공하게 되었습니다. 1969년에 드디어 인간은 오랜 터전인 지구를 떠나 인간 최초로 달 착륙에 성공한 것입니다. 아폴로의 성공적인 달 착륙과 귀환으로 명예를 회복하고 우주 경쟁에서 구소련을 앞지르기 시작한 미국은 재사용이 가능한 우주 왕복선인 스페이스 셔틀(Space Shuttle) 개발에 성공함으로써 우주발사체의 역사에 또 하나의 이정표를 세우게 되었습니다.

로켓 개발의 현재(2000년대 ~ 현재)

2000년대부터 현재까지 로켓 기술은 민간 우주 기업들이 재사용 로켓 및 소형 로켓을 개발하여 민간 우주 개발 시대를 활짝 열고 있습니다. 미국의 Space X, Blue Origin, Rocket Lab 등 민간 우주기업이 재사용 로켓의 상용화를 통해 빠르게 성장하고 있습니다. 로켓 발사 비용을 절감하기 위한 기술은 다양하게 개발되고 있습니다. 미국의 ULA(United Launch Alliance)는 재사용 로켓 '벌컨(Vulcan)'을 개발하고 있습니다. 스페이스 X는 화성까지 사람을 실어 나르는 것을 목표로 팰컨 헤비를 개발 중입니다. 팰컨 헤비는 지구 상공 3만 5,800km 정지궤도까지 26.7t을 보낼 수 있고, 화성까지는 16.8t, 명왕성까지는 3.5t을 실어 나르도록 설계되어 있습니다. 팰컨 헤비는 NASA의 차세대 로켓인 '우주발사시스템(SLS; Space Launch System)'이 완성될 때까지 최고 자리를 유지할 전망입니다. SLS는 탑재 중량이 팰컨 헤비의 2배에 이르는 127t을 지구 저궤도까지 올려놓을 수 있는 우주발사체입니다. 또한 스페이스 X는 사람과 화물을 달과 화성에 보내기 위해 역대 가장 크고 가장 강력한 우주비행선 스타십(Starship)을 개발 중입니다. 스페이스X는 스타십 발사에 사용되는 로켓과 우주비행선을 완전히 재사용하는 것을 목표로 하고 있습니다.

인터넷 기업 아마존의 창업자 제프 베조스 소유의 블루오리진은 팰컨 헤비보다 큰 대형 로켓 '뉴글렌(New Glenn)'을 개발하고 있습니다. "뉴글렌"의 목적은 달에 화물 우주비행선을 보내는 것입니다. 블루오리진이 우주 관광용으로 개발 중인 로켓 '뉴 셰퍼드'는 실제 관광객을 싣고 다녀올 수 있도록 수직으로 이착륙이 가능한 우주발사체입니다. 뉴질랜드의 민간기업 '로켓랩'은 새로운 방식의 로켓인 '일렉트론(Electron)'을 발사했습니다. 일렉트론은 소형위성 전용 로켓으로 지상 500km 저 궤도에 150kg급 소형위성을 올려놓을 수 있습니다. 그 밖에, 한국, 인도, UAE 등 다양한 국가가 독자 우주발사체를 개발하고 있습니다.

로켓 공학에 적용된 핵심 과학 원리

로켓이 발사되는 과정을 보면 신기합니다. 로켓이 발사 도중에 터지지 않을까? 염려되고 어떻게 저렇게 큰 로켓이 지구의 중력을 뿌리치고 우주로 향하는지 궁금합니다. 이제 로켓의 기반이 되는 원리를 학습하겠습니다.

로켓에 적용된 핵심 과학 원리를 이해하기 위해서는 다음 법칙을 이해하여야 합니다. 그리고 로켓이 추력을 얻기 위해 치올코프스키 로켓 방정식이 어떻게 사용되는지를 알아야 합니다. 여러분이 로켓의 핵심 원리와 이론을 더 알고 싶으면 [지식 더하기+창]을 열면 됩니다. 뉴톤의 작용과 반작용의 법칙은 "모든 작용에는 크기가 같고 방향이 반대인 반작용이 있다"라는 뉴톤의 제3 법칙입니다. 공기가 가득 찬 풍선을 잡고 있다가 놓으면 공기가 빠져나오면서 풍선은 반대 방향으로 날아갑니다. 풍선을 빠져나오는 공기는 풍선이 반대 방향으로 움직이게 하는 힘을 추력이라고 합니다. 뉴톤의 제3 법칙은 작용하는 모든 힘에는 같은 크기의 힘이 반대 방향으로 작용한다는 것을 의미하며 로켓의 기본 작동 원리가 됩니다. 이 추력을 얻기 위해서 로켓 공학의 기본 공식인 치올코프스키 로켓 방정식(Tsiolkovsky's rocket equation)이 이용됩니다. 1903년 러시아의 과학자 콘스탄틴 치올코프스키가 저술한 치올코프스키 로켓 방정식은 인간이 우주 진출에 어려움을 겪는 이유를 수학적으로 설명해 주는 공식입니다. 로켓은 발사하면 소모된 연료만큼 앞으로 나아가지만 동시에 연료를 소모하기 때문에 로켓의 질량은 점점 줄어들게 됩니다.

로켓 연료는 매우 무거우며, 무게 대비 추진 효율도 좋지 않습니다. 따라서 로켓에 많은 짐을 싣고 멀리 보내려고 하면 더 많은 연료가 필요한데, 이 연료도 아주 무거우므로 그 자체가 짐이 됩니다. 그래서 연료가 늘어난 만큼 그 무게를 감당하기 위한 연료가 필요하고, 또 그 무게를 감당하기 위한 연료를 감당하기 위한 연료가 필요로 하는 식으로 필요 연료량이 엄청나게 늘어나게 되며 아무리 연료를 넣어 큰 로켓을 만들어도 결과적으론 효율이 안 나와 로켓은 그리 멀리 갈 수 없게 됩니다. 이를 로켓 방정식의 저주라고 합니다. 로켓은 공기가 없는 우주에서 비행할 수 있는 유일한 운반체이며, 인공위성을 원하는 궤도에 올려 주는 로켓 시스템을 우주 발사체라고 합니다.

로켓의 분류

로켓은 크게 열 로켓, 전기 로켓, 원자력 로켓으로 분류합니다. 열 로켓은 사용되는 추진제에 따라 크게 화학 로켓, 태양풍 추진 로켓, 레이저 로켓으로 나눌 수 있습니다. 전기 로켓은 이용되는 방식에 따라 전열 로켓, 정전기 로켓, 전자기 로켓으로 나눌 수 있습니다. 특히 현재 가장 실용화된 것은 화학 로켓으로 고체로켓, 액체로켓, 하이브리드 로켓으로 분류됩니다.

로켓의 종류

고체 추진 로켓은 고체 추진제를 사용하여 1,000여 년 전부터 군사용으로 사용되어 왔었습니다. 고체 추진제는 보통 연료와 산화제의 혼합물인 그레인(grain)을 사용하며, 연소실이나 상자 내에 저장되어 있습니다. 고체 추진 로켓은 발사체의 추력 보강용 로켓 추진 시스템으로 주로 사용되고 있습니다. 고체 추진 로켓은 시스템이 간단하여 추진제 이송 장치나 밸브 등과 같은 복잡한 기계 장치가 필요하지 않기 때문에 “고체 추진제 모터”라고도 불리며, 제작비용이 저렴합니다. 그러나, 고체 추진 로켓은 추력의 조절 및 재시동이 불가능하여 로켓의 유도 및 제어가 상대적으로 불리한 단점이 있습니다.

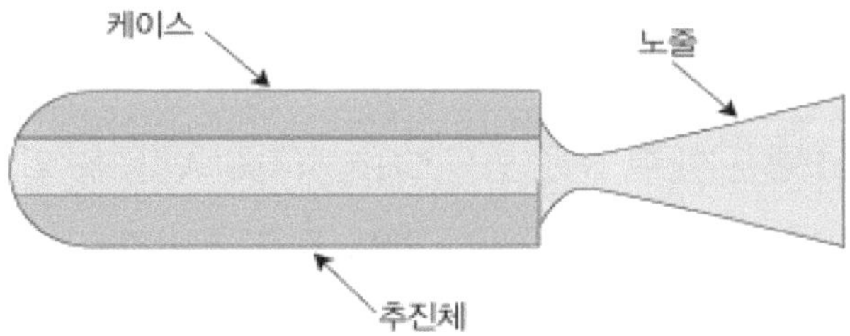

그림 3-2. 고체로켓 외형 구조

로켓의 유도와 제어가 쉬운 액체 추진 로켓 시스템은 탱크와 로켓 엔진으로 구성되어 있습니다. 보통 액체 추진제는 액체 산화제(예를 들어, 액화 산소)와 액체 연료(예를 들어, RP-1 케로신, 액화 수소)로 구성되며, 이를 이원추진제 시스템(biopropellant propulsion system)이라 합니다. 산화제 대신에 촉매를 사용하는 경우가 있는데 이를 단일 추진제 시스템(monopropellant propulsion system)이라 합니다.

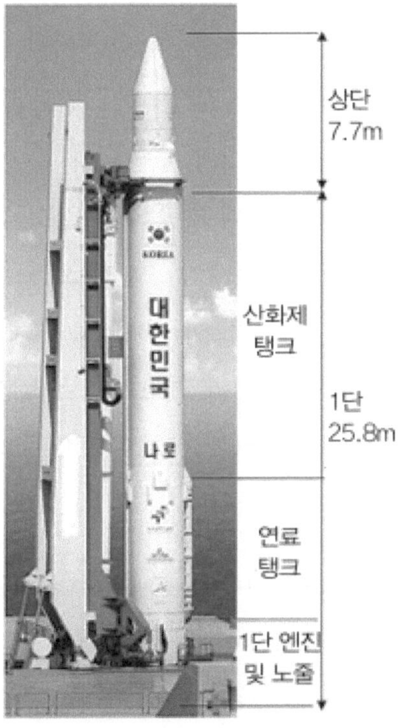

그림 3-3. 액체 추진 로켓 시스템(나로호) 외형

우주발사체의 구조

단일 추진제 시스템은 아주 작은 임펄스(Impulse; 반응을 일으키는 충격)를 생성할 수 있으므로 미세한 위성의 자세나 궤도 등을 제어하는 데 주로 사용되고 있습니다. 단일 추진제 시스템의 추력기에 사용되는 연료는 하이드라진(hydrazine)이며, 자발적 발화가 가능한 촉매는 이리듐 촉매에 알루미늄 막을 입혀 사용하고 있습니다. 액체 추진 로켓 시스템은 펌프, 터빈, 가스 배관 장치, 추진제 주입기, 연소실 및 냉각 장치, 노즐 등으로 구성되어 있어 시스템이 복잡하지만, 추력의 조절과 재시동이 쉬워 위성 발사체에 주로 사용되고 있습니다.

로켓의 구조와 특성

로켓은 추진연료와 추진연료 탱크 노즐로 구성되어 이 부품들을 모두 받쳐주는 구조물을 갖고 있습니다. 대기에서 높은 속도를 내기 위해 탑재 장비를 싣고 공기역학적인 유선형 몸체가 효율적입니다. 로켓 하나 만드는 게 보통 일이 아니기 때문에 더 효율적이고 정확하게 설계할 수밖에 없습니다. 현재 대부분의 대형 로켓은 액체연료로 같은 기종을 여러 대 제작해 제품의 균일도를 높이고 제조비를 낮춰 대량생산에 이르렀습니다. 제일 중요한 게 엔진인데 엔진은 로켓이 공중으로 상승하기 위해 꼭 필요합니다. 노즐은 연소가스를 밖으로 내보내 작용 반작용의 힘을 얻는 장치로 노즐의 크기에 따라 같은 양의 연소가스로 로켓의 추력이 달라집니다. 로켓의 날개는 로켓에 안정성을 주기 위한 장치로 제대로 방향을 잡고 갈 수 있도록 도와줍니다.

우주발사체는 크게 대기권의 저항을 뚫고 올려보내는 강력한 추진기관인 엔진(booster), 발사체 상위에 위치하여 추력을 제공하는 상단 로켓(upper stage), 연소가 끝난 단을 분리하는 단 분리 모터(separation motor), 예정된 궤도에 위성을 넣는 킥모터(kick motor), 그리고, 탑재체를 보호하는 역할을 하는 탑재체 페어링(payload fairing) 등으로 구성됩니다. 우주발사체를 그 재사용 여부에 따라 분류하면 소모성(일회용) 발사체(Expendable Launch Vehicle), 재사용 발사체(Reusable Launch Vehicle), 그리고 스페이스 셔틀로 분류할 수 있습니다. 소모성 발사체는, 한번 발사한 뒤에는 모든 부분의 재사용이 불가능한 시스템으로서 초기에 구소련, 미국 등 각 나라가 개발한 대륙간 탄도미사일(ICBM: Intercontinental Ballistic Missile)을 개량하여 사용한 것이 대부분입니다. 발사 후 전체 로켓 시스템이 버려지기 때문에 비싼 발사 수단으로서 생각되어 왔으나, 실제로는 소모성 발사체가 현재 존재하는 일부 재사용 발사체보다 가격이 싸기 때문에 대부분 위성은 소모성 발사체를 사용하고 있습니다. 재사용 발사체는 발사 후에 버리는 소모성 발사체의 반대 개념으로서 발사 서비스를 한번 이상할 수 있는 발사체를 말한다. 1990년대 저궤도 진출을 위한 다수의 소모성 발사체가 시장에 출현했으나, 이리듐(Iridium), 글로벌 스타(Globalstar) 등의 실패로 인하여 쇠퇴의 길을 걷고 있습니다. 스페이스 셔틀은 우주발사체의 부분적인 재사용을 위한 첫 번째 우주비행선입니다. 스페이스 셔틀은 여러 궤도에 많은 수의 탑재체를 운반하거나, 국제우주정거장의 우주인 수송 등의 임무를 수행하였습니다.

각 셔틀은 100번의 발사 또는 10년의 운영 기간 수명을 갖도록 디자인되었습니다. 이러한 스페이스 셔틀 프로그램은 1972년대 후반에 시작되어 2011년대 중반까지 NASA의 유인 우주 프로그램을 주도하였습니다. 그러나, 스페이스 셔틀은 부분적인 재사용 발사체로서 기술적으로는 성공적이나, 경제적으로는 실패였습니다. 스페이스 셔틀은 발사 준비에 2달 이상의 기간이 소요되며 소모성 발사체보다 훨씬 비싼 단점이 있습니다.

로켓 제작 공정이 궁금해요?

로켓을 만드는 공정은 굉장히 복잡하고 다양합니다. 일반적으로 로켓 제작은 체계적이고 단계적인 과정을 거칩니다. 초기 사용자 요구사용 분석부터 규격 확정, 설계, 제작, 종합화 및 시험, 발사장 조립 시험, 그리고 초기 운용에 이르는 절차를 살펴보겠습니다.

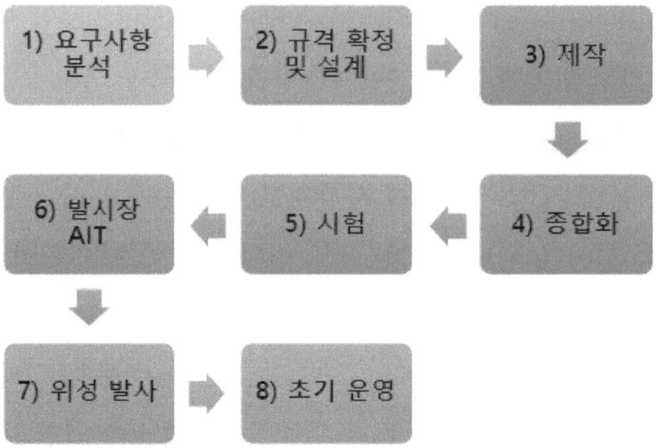

그림 3-4. 로켓 제작 공정 절차의 흐름도

1) 사용자 요구 사항 분석 (User Requirement Definition) 단계에서는 먼저 로켓이 수행해야 할 임무와 기능을 정의하고, 이에 따른 기술적 요구 사항을 분석합니다.

2) 시스템 규격 확정 (System Specification) 단계에서는 전체 시스템의 규격과 목표를 확정하고 성능, 환경, 기능, 그리고 인터페이스 요구 사항을 도출합니다.

3) 설계 (System Design) 단계에서는 시스템 개념 설계 후 실제 설계를 수행합니다. 설계 시에 필요한 기술은 시스템 엔지니어링 기술입니다. 설계 기법은 하향식(top-down)과 모듈(Module)화를 선택합니다.

4) 제작 (Manufacturing) 단계에서는 시스템 설계에 따라 하드웨어를 제작하고 기계적 부품을 가공하며 전자 회로를 제작하여 로켓을 완성합니다.

5) 종합화 및 시험 (Integration & Test) 단계에서는 제작된 부품을 조립하고 시스템을 통합하여 로켓 전체의 작동을 확인합니다. 그 후 로켓의 기능 시험, 하위 계통 단위 시험, 전체 시스템 통합 시험을 시행합니다. 시험은 상향식(bottom-up)을 사용하고 하드웨어와 소프트웨어를 구분하여 수행합니다. 로켓 시험 가운데 중요한 시험은 추진 계통 시험입니다. 추진 계통 시험은 로켓의 추진력을 발생시키는 핵심 시스템(엔진, 연료 공급 계통, 배관, 밸브, 탱크 등)이 정상적으로 작동하고 목표 성능을 달성하는지 확인하는 매우 중요한 과정입니다.

6) 발사장 조립/시험 (Launch Site Preparation) 단계에서는 로켓 발사 전 마지막 조립과 최종 점검을 수행하고 로켓에 연료를 주입합니다.

7) 발사 및 초기 운용 (Launch & LEOP) : 이 단계에서는 로켓 발사 후 위성을 궤도에 투입하고 위성의 초기 정상 작동을 확인하기 위해 발사 후 초기 궤도 운용(LEOP; Launch & Early Orbit Phase)을 수행합니다.

로켓 발사 준비 과정

로켓 발사 준비 과정은 8단계로 매우 복잡하고 정교하게 구성되어 있습니다.

[임무 계획 수립 및 설계] → [로켓 조립] → [로켓 점검] → [발사대 이동] → [발사 전 준비] → [발사 카운트다운] → [발사] → [궤도 진입]

이를 더욱 체계적으로 이해할 수 있도록 단계별로 나누어 살펴보겠습니다.

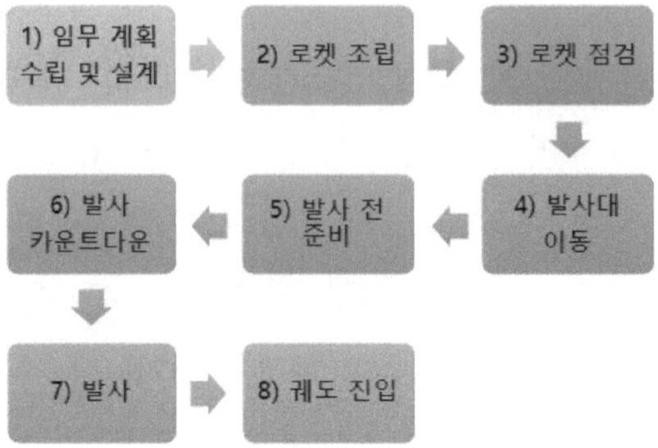

그림 3-5. 로켓 발사 준비 과정

1) 임무 계획 및 설계 단계(Mission Planning & Design)에서는 위성 발사 등 임무 목적 결정하고 목표 설정합니다. 목표 궤도 및 경로 계산하고 로켓 발사의 위험 분석을 수행합니다.

2) 로켓 조립 및 통합 단계(Assembly & Integration)에서는 로켓의 1단, 2단, 추진체 등 모듈을 조립하고 로켓에 장착될 탑재물(위성 등)을 설치합니다. 로켓의 모든 부품과 시스템의 연동 및 작동을 시험하기 위한 전기/기계 통합 시험을 시행합니다.

3) 로켓 시험 및 점검 단계(Testing & Verification)에서는 로켓의 전기 시스템, 추진 시스템, 통신 장비 등 시스템 점검(System Checkouts)을 합니다. 그리고, 연료 없이 연료 주입 순서 및 시간 점검을 위한 연료 주입 예행연습(Wet Dress Rehearsal)과 실제 발사 카운트다운과 같은 상황을 모사(Simulatioin)하기 위한 카운트다운(Count down) 예행연습(Countdown Rehearsal)을 수행합니다.

4) 발사 전 준비 (Pre-Launch Operations) 단계에서는 조립 완료된 로켓을 발사대로 이동한 후 로켓을 수직으로 설치하기 위한 로켓 이동 및 수직화(Rollout)를 한 후 로켓에 연료를 주입합니다. 발사장 모든 부서에서 로켓 발사 가능 여부를 확인하기 위한 최종 무결성(Go/No-Go Check) 점검을 시행합니다.

5) 카운트다운 및 발사 (Countdown & Launch) 단계에서는 카운트다운을 개시하고 로켓 엔진이 점화되면 발사됩니다.

6) 발사 후 초기 궤도 진입 (Post-Launch & Orbital Insertion) 단계에서는 단계별 분리 (Staging): 로켓 1단, 2단이 분리된 후 로켓이 대기권 밖으로 탈출하면 페어링이 분리되며 로켓은 정확한 고도와 속도로 궤도 진입하게 됩니다.

2장

로켓 개발의 성공은 실패로부터 나온다.

실패는 성공의 어머니라는 격언의 실패란 분석과 원인 규명을 가리키는 것입니다. 그저 실패를 되풀이한다고 해서 언젠가는 성공할 수 있다는 말은 아닙니다. 무엇이 옳았는지 무엇이 잘못되었는지 검증도 반성도 하지 않고 그저 백지화하고서 재출발하는 것은 도피에 불과하기 때문입니다. 실패와 유사한 과실, 실수 등은 부주의로 잘못된 결과로 나타난 것이지만, 실패, 잘못은 능력 부족 등 확실한 이유에 기초한 경우를 가리키는 경우가 많습니다.

재사용 로켓 개발의 선두 주자는 스페이스 X입니다. 스페이스 X도 팰컨 1 개발부터 팰컨 9에 이르기까지 수없이 많은 공학적 실패를 겪었습니다. 하지만, 그러한 불(不)성공만큼 큰 성과를 이뤄낸 것은 없다고 생각합니다. 왜냐하면 이 로켓의 개발 및 발사까지의 일련의 과정은 모두 매스컴에 공개되었고, 실패 원인 규명을 통해 재도전을 계속 시도했기 때문입니다.

목적대로 달성 못 한 것이 불성공이며, 불성공은 비 달성, 비 완수입니다. 로켓 개발에서 실패의 정의는 "기능 장애(malfunction)로 로켓이 제대로 기능하지 않았다 "입니다. 실패라는 단어는 포괄적이어서, 사고의 원인 등을 규명할 때 엄밀함이 빠져 있으므로 적당하지 않다고 생각됩니다. 미국이나 유럽의 우주 기관에서는 로켓 발사에 대해서 실패(failure)라든가 성공(success) 같은 단순한 표현을 쓰지 않습니다. 단순한 로켓 발사 실패 대신에 예를 들면, 궤도 진입 실패(failed to orbit), 1단 엔진 연료 고장(1st stage fuel injection failure), 연소 중단(combustion aborted), 보조엔진 점화 실패(ignition failure) 등 구체적인 단어를 사용합니다.

우주기술 분야가 다른 기술 분야와 다른 것은 로켓이나 위성이 실패할 때 그 실패의 원인을 명확히 밝히지 않는다는 것입니다. 왜냐하면 우주에 실물이라는 직접 증거는 아무것도 남지 않기 때문입니다. 실패라는 말은 너무 단정적입니다. 아주 작은 실수에 의한 것에서부터 중대한 문제를 포함한 것까지 전부 한마디로 실패라고 정리하기 때문입니다. 즉, 실패는 계획된 결과는 아니지만, 귀중한 데이터를 확보하고 다음 단계를 위한 피드백(Feedback; 건설적인 조언이나 방향 제시)을 얻었다는 의미이기도 합니다. 또한, 실패는 실패가 아니라 다음 성공의 기반이 되는 설계 개선의 출발점일 뿐입니다.

로켓의 게임체인저(Game Changer), Space X도 실패한다.

스페이스 X는 우주산업에서 게임체인저(Game changer)로 평가받지만, 혁신적인 시도와 도전 속에서 여러 차례 발사 실패를 겪었습니다. 다음은 스페이스 X가 겪었던 주요 실패 사례를 차례로 알아보겠습니다.

표 3-1. 팰컨-1(Falcon-1) 실패 사례 (2006년~2008년)

발사 번호	날짜	실패 원인	비고
1차 (FT1)	2006.03.	연료 누출로 인한 화재	첫 시험 발사
2차 (FT2)	2007.03.	1단 추진 후 롤(Roll) 제어 실패	궤도 진입 실패
3차 (FT3)	2008.08.	1단과 2단 분리 시 충돌	위성 손실

스페이스 X의 팰컨 1이 연속 실패할 때마다 "스페이스 X는 필요한 데이터를 얻었고, 더 나은 다음 단계를 준비하고 있다"라고 발표했습니다.

표 3-2. 팰컨-9(Falcon-9) 실패 사례

발사체 임무	날짜	실패 원인	비고
국제우주정거장(ISS) 보급	2015.03.	2단 액체산소 탱크 내부의 강철 받침대(strut) 파손	로켓 폭발, 드래곤 캡슐 손실
이스라엘 통신위성 AMOS-6 발사	2016.09.	연료 충전 중 헬륨 탱크 폭발	로켓과 위성 완전 손실

스타십(Starship)의 경우 프로토타입에서 여러 번 폭발 사고를 경험했습니다.

표 3-3. 스타십(Starship) 프로토타입(시제품) 개발 실패 사례

시제품 번호	날짜	실패 원인	비고
SN1~SN3	2020.02.	지상 테스트 중 구조 붕괴	발사 전 파손
SN4	2020.05.	정적 점화 후 폭발	지상에서 폭발
SN8	2020.12.	착륙 실패 (연료 압력 문제)	비행 성공 후 착지 폭발
SN9	2021.02.	착륙 실패 (비대칭 추력)	폭발
SN10	2021.03.	착륙 성공 직후 폭발	연착륙 후 연료 누출 폭발
SN11	2021.03.	공중 폭발	센서 문제로 비행 중 사고

Starship은 SN15부터 성공적인 고고도 비행 및 착륙을 달성했습니다.

표 3-4. Starship 정식 발사 실패 (2023년~2025년)

시험비행 번호	날짜	실패 원인	비고
통합 비행 시행 IFT-1	2023.04.	1단과 2단 분리 실패	자폭
IFT-2	2023.11.	2단 엔진 점화 후 통신 두절	문제점 개선으로 발사체 안정성 증가
IFT-6	2024.11.	엔진 결함	폭발로 위성통신 교란 야기
IFT-7	2025.01	로켓 부스터 분리 문제 발생	폭발
IFT-8	2025.01	2단 로켓 폭발	항공기 비행 중지

스페이스 X는 초기 Falcon 1의 연이은 실패, Falcon 9의 사고, Starship의 반복된 폭발을 겪으면서도 이를 기술적 교훈으로 삼아 점점 완성도를 높여 가고 있습니다. 이처럼, 스페이스 X는 반복적인 테스트와 민첩한 개선을 통해 우주산업에서 게임 체인저(Game Changer; 큰 영향을 미치는 사람, 제품, 사건 등)가 된 배경입니다.

세계 주요국의 로켓 발사 실패 사례를 찾는다.

30여만 개의 최첨단 기술 집약체인 우주발사체는 선진국도 수많은 실패를 경험하면서 지금에 이르렀습니다. 1990년대까지 발사 성공률을 집계해 보면 러시아가 93.5%로 가장 높고, 미국도 87.5% 수준입니다. 그러나 자국 발사체로 시도한 첫 발사에서 성공한 경우는 11개 나라 중 옛 구소련, 프랑스, 이스라엘 3개국뿐입니다. 성공률 27.2%로 첫 발사 성공의 어려움이 어느 정도인지 짐작하게 합니다.

인간의 첫 로켓 발사 실패는 미국이 기록했습니다. 1957년 구소련의 인공위성 스푸트니크호 발사 성공으로, 미국은 두 달 후인 1957년 12월에 시험이 완료되지 않은 위성 발사체 '뱅가드 로켓'을 발사했습니다. 하지만, 미국은 아직 준비되지 않은 상태에서 급작스럽게 쏘아 올린 탓에 뱅가드 로켓은 발사대도 벗어나지 못하고 2초 만에 폭발했습니다. 영국의 1단 엔진, 프랑스의 2단 엔진, 독일의 3단 엔진을 사용한 유럽의 '유로파' 로켓은 1968년 첫 발사 시험에서 실패했고, 이후 11번을 시도해 모두 7번의 실패를 기록했습니다.

중국은 1969년 탄도 미사일을 개량해 제작한 우주발사체 창정 1호(CZ-1) 발사에서 발사 69초 후 2단에서 실패하였습니다. 중국은 이듬해 두 번째 발사 시도에 성공했고, 총 네 번의 발사 시도에서 두 번의 실패를 기록했습니다. 발사 실패는 인명사고로 이어지기도 했습니다. 1996년 발사된 중국의 창정 3-B호(CZ-3B) 로켓은 발사장에서 1.5㎞ 떨어진 마을에 추락해 마을 주민과 군인 59명이 사망했습니다. 일본은 2003년 발사한 'H2A' 로켓은 부스터를 분리하지 못해 궤도에 오르기 위한 속도를 얻지 못했고, 결국 지상 명령으로 파괴됐습니다. 브라질은 2003년 'VLS' 로켓이 발사를 3일 앞둔 시점에서 발사 준비 도중 네 개의 메인 고체 모터 중 하나가 점화되면서 폭발해 핵심연구원 21명이 사망하는 사고를 겪었습니다.

한국은 첫 우주발사체 나로호(KSLV-I)가 2009년 9월 19일 발사가 예정되었으나 발사 7분여를 남기고 발사가 중단되었고, 2010년 6월 나로호 2차 발사의 경우, 이륙 55초 후에 음속을 돌파했지만, 이륙 약 8분 뒤 통신이 중단되어 두 번째 발사 실패를 겪었습니다.

표 3-5. 세계 주요 국가들의 우주발사체 발사 주요 실패 사례

나라	발사체 이름	날짜	실패 원인	비고
미국	뱅가드 (Vanguard)	1957.12.	탱크와 연소실 오작동	폭발
러시아	소유즈 11A	2002.	연료펌프 오작동	폭발
중국	CZ-3B	1996.2.	경로 이탈	폭발
인도	SLV	1996.6.	발사체 제어 문제	폭발
유럽	아리안 5	1996.6	궤도 이탈	비행 중 분해
브라질	VLS	2003.8.	고체 모터 오작동	폭발
일본	H2A	2003.11.	부스터 분리 문제	폭발
한국	나로호(KSLV-I)	2010.6	궤도 이탈	비행 중 분해

중국은 세계 최초'로 시도한 액체 메탄 로켓 '주췌 2호'을 지우콴 위성 발사 센터에서 발사했으나, 로켓의 2단부가 비정상적으로 작동해 결국 궤도에 도달하지 못하고 실패한 것입니다. 그런데도, 중국은 세계 최초로 액체 메탄을 연료로 하는 로켓을 궤도에 올리려는 첫 번째 발사 시도에서 그 의미를 찾고 있습니다. 일본이 소형 인공위성을 탑재할 목적으로 개발 중인 소형 로켓 '입실론 S'는 2024년 11월 다네가시마 우주센터에서 지상 연소 시험 도중 폭발이 일어났습니다. 입실론 S는 일본 우주항공연구개발기구 JAXA가 소형위성을 우주에 운반할 목적으로 개발 중인 로켓입니다. 또한, 일본 우주 벤처기업 스페이스 원(Space One)이 지난 3월 13일 구시모토초의 발사장에서 쏘아 올린 '카이로스' 1호기가 발사 5초 후 폭발했습니다.

세계 주요 로켓 발사장

전 세계적으로 많은 수의 크고 작은 로켓 발사장이 건설되어 운용 중이거나 계획되어 있습니다. 우주 개발에 전념하는 여러 나라들은 독자적인 발사장을 건설하여 현재 10개국 이상이 로켓 발사장을 건설하여 운용하고 있습니다. 특히 미국의 솜브레오(Sombrero) 섬, 버지니아, 아이다호, 알래스카와 호주의 우메라(Woomera), 다윈(Darwin), 건 포트(Gunn port), 케이프 욕(Cape York) 및 캐나다 처칠(Churchill), 일본 크리스마스 섬(Chrismas Island) 등이 로켓 발사장을 건설 중이거나 유치를 위해 노력 중입니다. 이처럼 우주 선진국들은 우주산업을 본격적으로 상업화에 활용하려고 하므로 로켓 발사장은 매우 중요한 우주산업의 한 요소로 대두되고 있습니다.

미국

미국은 플로리다주에 멜버른 근처에 있는 케네디 우주 센터(Kennedy Space center(KSC)), 케이프 커너버럴 공군 기지(CCAS; Cape Canaveral Air Station), 캘리포니아주의 밴덴버그 공군 기지(VAFB; Vandenverg Air Force Base), 에드워드(Edwards) 공군 기지, 그리고 왈롭(Wollops) 섬에 발사장을 운영하고 있습니다. 또한 미국은 우주센터로 캘리포니아 우주 공항(California Spaceport), 버지니아 우주 공항(Virginia Spaceport), 알래스카주의 코닥 우주 공항(Alaska의 Kodiak Spaceport), 카리브해 솜브레로(Sombrero)섬의 우주 공항이 있습니다.

- 케네디 우주센터(KSC)는 아폴로 달 착륙 프로그램을 지원할 목적으로 건설되었으며, 우주 왕복선과 우주정거장 관련 발사 등을 총괄하는 발사장입니다.
- 케이프 커너버럴 공군 기지(CCAS) 발사장은 1958년 미국의 최초 위성인 익스

플러(Explorer) 1호가 발사된 이후 주로 위성을 발사하는 곳으로 NASA 및 상업용 발사 시설이 있습니다. 한국의 최초 상업위성인 무궁화 1호 위성은 1995년 8월 5일 미국 케이프 커너버럴 공군 기지(CCAS) 발사장에서 발사되었습니다.

- 밴덴버그 공군 기지(VAFB) 발사장은 캘리포니아주의 샌타바버라로부터 서북쪽에 있는 롬폭(Lompoc) 해안에 위치합니다. 이고 발사장에서는 주로 극궤도 위성을 발사하고 있습니다. 한국의 다목적 실용위성 1호(아리랑 1호)는 1999년 12월 21일 토러스 발사체로 밴덴버그 발사장에서 발사되었습니다.
- 왈롭(Wollops) 섬 발사장은 버지니아주의 동쪽 해안에 자리 잡고 있습니다. 이곳 발사장은 위성 발사를 위한 발사대와 조립, 시험시설 등이 있습니다.
- 알라스카(Alaska)의 코닥 우주 공항(Kodiak Spaceport)은 알래스카주 코닥(Kodiak) 섬에 있는 발사장으로 극궤도 및 근접 궤도 위성을 발사하기 위한 상업용 발사장입니다. 이곳 발사장은 극궤도 위성을 발사하기 위한 장소로 세계에서 가장 좋은 장소로 알려져 있습니다.

러시아

러시아는 다음 4곳에 바이코누르(Baikonur), 플레세트크(Plesetsk), 야스니(Yasny), 보스토키니(Vostochny) 발사장이 있습니다.

- 카자흐스탄(Kazakstan)에 있는 바이코누르(Baikonur) 발사장은 1957년에 세계 최초로 발사된 스푸트니크(Sputnik-1) 1호 및 세계 최초 유인 위성인 보스토크(Vostok) 1호를 발사했던 발사장입니다.
- 보스토키니(Vostochny) 발사장은 시베리아 아무르 주 치올코프스키에 건설된 러시아 최신의 로켓 발사장으로 2016년 첫 발사를 시작했습니다.
- 야스니(Yasny) 발사장은 러시아 야스니의 돔바로브로스키(Dombarovsky) 공군기지 근처에 위치하며, 1999년부터 우주 발사를 시작했습니다. 또한 야스니

발사장에서는 2013년 8월 22일 한국의 다목적실용위성 5호를 발사했습니다.

- 플레세츠크(Plesetsk)는 위도상 극궤도 위성 및 고 경사각 위성 발사장으로 활용되고 있습니다. 한국의 다목적 실용위성 2호는 2006년 7월 28일 플레세츠크 발사장에서 발사되었습니다.

중국

- 중국은 주취안(Jiuquan), 시창(Xichang), 타이위안(Taiyuan), 원창(Wenchang)에 우주 발사장이 있습니다.
- 주취안 위성 발사 센터(JSLC; Jiuquan Satellite Launch Center)는 몽골 국경 간쑤성 북서 고비사막에 있는 발사장입니다. 이곳 발사장에서는 장정-1, 장정-2, 장정-2C, 장정-2D 및 FB-1 등을 발사했습니다.
- 시창 위성 발사 센터(XSLC; Xichang Satellite Launch Center)는 쓰촨성의 아열대 산림 지역에 자리 잡고 있습니다. XSLC는 미국의 플로리다 Cape Canaveral과 비슷한 위도에 있는 발사장으로 장정-2E, 장정-3, 장정-3A, 장정-3B 등을 발사했습니다.
- 원창 우주 발사장은 하이난 섬 동북부 해안에 위치하며, 2009년에 건설되어 텐저우 8호, 창어 6호 등 우주 발사 임무를 수행하며 앞으로 유인 달 착륙과 행성 탐사 등의 임무를 수행할 예정입니다.
- 중국에서 가장 늦게 건설된 발사장 타이위안 위성 발사 센터(TSLC; Taiyuan Satellite Launch Center)는 중국 북동쪽 산시성에 자리 잡고 있습니다. 이 발사장은 태양동기위성과 극궤도 위성을 발사할 목적으로 건설되었으며, 주로 극궤도 위성을 발사하는 발사장으로 운용되고 있습니다.

일본

일본은 현재 2곳의 로켓 발사장을 운용하고 있습니다. 그중 하나는 다네가시마 발사장이고, 또 다른 하나는 가고시마 발사장입니다.

- 다네가시마 발사장은 가고시마현 다네가시마 섬에 자리 잡고 있습니다. 미국 케이프 케네디 발사장과 위도가 거의 같은 다네가시마 발사장의 주요 임무는 위성 및 발사체 준비, 조립 그리고 위성 발사 후 추적과 제어입니다.
  한국의 다목적 실용위성-3호는 일본 로켓 H2A에 실려 2012년 5월 18일 다네가시마 발사장에서 발사되었습니다. 일본이 외국으로부터 최초로 발사 용역을 수주한 위성은 한국의 다목적 실용위성-3호입니다.
- 1962년에 건설된 가고시마 발사장에서는 람다급 발사체를 이용하여 1970년 일본 최초의 오수미를 궤도에 진입시켰습니다.

인도

인도는 시타시다완(이전 명칭, 샤(SHAR)) 발사장과 현재 건설 계획 중인 탈체르(Talcher) 발사장을 운용하고 있습니다. 인도는 실제로 시타시다완 발사장만을 사용하고 있습니다.

- 시타시다완 발사장은 인도 동부 해안의 스리하리코타(Sriharikota) 섬에 있는 발사장으로 대형 다단로켓을 시험, 조립하고 발사할 수 있는 능력을 갖추고 있습니다. 이곳 발사장에서는 ASLV, PSLV, GSLV 발사체를 발사합니다.
- 2015년 3월 인도의 PSLV-C2(극궤도 위성 발사체)는 한국의 다목적실용위성-3호를 인도 시타시다완 발사장에사 발사되었습니다.

프랑스

프랑스는 남아메리카 프랑스령인 Guiana 대서양 연안에 코로우(Kourou) 발사장을 운용하고 있습니다.

- 코로우(Kourou) 발사장은 프랑스 국가 우주연구센터(CNES; National Center for Space Studies) 소유이지만 프랑스 정부의 승인하에 유럽 우주국(ESA; Europe Space Agency)의 아리안(Ariane) 로켓 발사에 활용되고 있습니다.
- 2010년 6월 27일 한국의 천리안 위성(COMS)은 코로우(Kourou) 발사장에서 발사되었습니다.

이스라엘

이스라엘은 1988년 시험 위성인 오페크(Ofeq-1)를 자국이 개발한 샤비트(Shavit) 발사체에 탑재하여 팔마킴(Palmachim) 발사장에서 발사하였습니다.

- 팔마킴(Palmachim) 발사장은 지중해 연안 네게브(Negev) 사막에 있는 팔마킴(Palmachim) 공군 기지에 있습니다.

한국

한국의 로켓 발사장은 전라남도 고흥군 외나로도 섬에 있는 나로우주센터입니다.

- 나로우주센터에서는 위성 및 발사체 준비, 조립, 시험 그리고 위성 발사 후 추적과 제어 등을 수행합니다. 나로우주센터는 우리나라 최초로 발사체인 나로 1호 및 2호를 발사하였고, 이어서 누리 1호, 2호, 3호를 발사하였으며, 현재는 누리 4호 발사를 준비하고 있습니다.

미국에서 위성 발사 등 우주비행이 최근 급증하면서 2024년에 로켓 발사를 145번 하였습니다. "스페이스 X 등 우주발사체 기업들은 자체 위성, 고객 탑재물을 우주로 운반 등 발사 횟수를 늘리고 있어 미국의 발사장은 이미 포화 상태가 되고 있습니다. 미국은 로켓 발사 대부분은 플로리다주에 있는 케이프 커내버럴 우주군 기지와 케네디 우주센터, 캘리포니아주의 밴덴버그 우주군 기지 등 3곳에서 이뤄졌습니다. 우주발사체 기업과 미국 정부는 향후 더 많은 우주 발사를 계획하고 있어 이 3곳의 발사장은 갈수록 혼잡해질 것으로 예상됩니다. 또 이들 3곳 중 어느 한 곳이 악천후나 사고로 수개월이나 수년간 사용이 불가능해지면 우주발사체 발사에 큰 차질이 생길 수밖에 없습니다. 이에 스페이스 X, 블루오리진, 로켓랩 등 민간 우주발사체 기업들은 자체 우주발사체 발사장을 건설하였으며, 건설을 추진할 계획을 세우고 있습니다.

민간기업이 건설하여 사용하고 있는 우주발사체 발사장

민간 우주 기업들이 사용하는 위성 발사장은 대부분 지리적으로 발사 효율성과 안전성을 고려해 선택된 장소에 위치합니다.

표 3-6. 민간 우주발사체 기업의 우주발사체 발사장

기업	발사장 이름	발사장 위치	용도
스페이스 X	보카치카 발사장	미국 텍사스주 보카치카	주로 Starship 발사
블루오리진	서부 텍사스 발사장	미국 텍사스주 밴혼	New Shepard 우주 관광
로켓랩	로켓랩 발사장 1	뉴질랜드 마히아 반도	Electron 로켓 발사
Relativity Space	로켓랩 발사장 2	미국 버지니아주 월롭	미국 소형 위성 발사
Vector Launch		미국 플로리다주 케이프 커내버럴 우주군 기지	Terran 1 및 차세대 Terran R 로켓 발사
		알래스카주 코닥	초소형 위성 발사

이 외에도 민간 기업들이 기존의 군사 또는 정부 우주기지를 임대하거나 새로운 시설을 건설하는 경우도 늘고 있습니다.

로켓을 잘 만드는 전 세계 기업은?

로켓을 잘 만드는 기업을 아래 표를 통해 알아보겠습니다. 이 기업들은 상업적, 정부 지원 또는 민간 부문에서 우주탐사를 위해 중요한 임무를 수행하고 있습니다.

표 3-7. 전 세계 10대 로켓 제작 기업

기업	소속	설립	주요 사업	비고
스페이스 X	미국	2002	팰컨 9과 팰컨 헤비 로켓 발사 서비스	Starlink 저궤도 위성군 운영
아리안 스페이스	프랑스	1980	상용 위성 발사 서비스	다양한 위성 발사 서비스
로켓랩	미국	2006	소형 로켓 Electron 개발	소형위성 발사
Northrop Grumman	미국	1939	Antares 발사 서비스	Minotaur 개발
ULA	미국	2006	Vulcan Centaur 발사	Atlas V 로켓 개발
블루오리진	미국	2000	저궤도 상용 위성 발사	뉴 글렌 개발
ROSCOSMOS	러시아	1992	Soyuz, Proton 로켓 발사	우주탐사 사업
JAXA	일본	2003	H-II 등 로켓 등 개발	우주탐사 사업
ISRO	인도	1969	위성 발사, 우주탐사	화성 탐사 사업
CNSA	중국	1993	창정 로켓 등 개발	우주탐사

3장

재사용 로켓과 초소형 로켓의 기술혁신이 우주 강국의 열쇠

초소형 로켓이 무엇이고, 왜 요즘 초소형 로켓이 우주탐사에서 중요하게 되었을까?

초소형 로켓(SLVs; Small Launch Vehicles)이란?

초소형 로켓은 궤도 투입 능력이 500kg 정도입니다. 때에 따라 100~300kg급도 '초소형'으로 분류되기도 합니다. 초소형 로켓의 길이는 10~ 20m 정도이며, 1회 발사 비용은 제작 기업마다 다르지만 수백만~수천만 달러입니다. 초소형 로켓 제작 대표 기업은 뉴질랜드의 Rocket Lab, 미국의 Astra 및 Firefly Aerospace이며, 최근에 한국의 한화에어로스페이는 하이브리드형 초소형 우주발사체를 개발 중입니다.

다음은 초소형 로켓이 중요해진 이유를 알아보겠습니다.

- 첫째, CubeSat, MicroSat, SmallSat 등 소형, 경량 위성은 군사, 민간 상업용 정밀 관측, 통신, 과학탐사 임무에 다수 활용되고 있어 초소형 로켓은 소형위성 시대를 앞당기는 데 기여하고 있습니다.
- 둘째, 기존 대형 로켓은 수십 개 위성을 공동 탑재하여 발사함으로 발사 일정 및 위성 궤도 확보 등에 제한이 따릅니다. 하지만, 초소형 로켓은 "작은 위성 하나를 궤도에 직접 투입"이 가능합니다. 또한 초소형 로켓은 모바일 발사대, 민간 시설 등 비교적 탄력적 운용이 가능하고, 로켓 조립과 발사 시간 단축으로 고빈도 발사 체계를 구축할 수 있는 강점이 있습니다.

- 셋째, 대형 로켓 개발은 개발기간이 수십 년 소요되고 개발 비용은 수조 원이 필요합니다. 이에 대비하여, 초소형 로켓의 개발 비용은 대형 로켓 개발 비용에 비해 수백억~수천억 원 규모입니다. 따라서, 스타트업 기업도 소형 로켓 시장에 진입할 수 있습니다.

재사용 로켓의 원리를 알자.

재사용 로켓과 지능형 로봇 청소기는 전혀 다른 목적을 가지고 있지만, 두 시스템은 "스스로 움직이고, 임무를 마치면 정해진 위치로 안전하게 돌아오는" 유사점이 있습니다. 먼저, 로봇 청소기에 대해 알아보겠습니다. 로봇 청소기는 청소할 구역을 기준으로 청소 경로를 최적화하여 실시간으로 자신의 위치를 파악하여 계획된 경로를 따라 이동하면서 청소 임무를 합니다. 청소가 끝나면 로봇 청소기는 출발점(도킹 스테이션)으로 복귀합니다. 참으로 로봇 청소기의 작동은 신기롭기만 합니다. 재사용 로켓을 간단히 말하면, 한 번 쓰고 버리는 일회용 로켓 대신, 발사 후 회수하여 다시 사용하는 시스템입니다. 이를 위해 재사용 로켓에는 고도의 자율 제어, 추진 역학, 내구 설계 기술이 활용됩니다.

재사용 로켓 기본 원리를 살펴볼까요?

재사용 로켓 기본 원리의 흐름은 다음과 같은 단계를 거칩니다.

표 3-8. 제사용 로켓 발사 및 착륙 단계

① 로켓 발사 (Lift-off) ➡ ② 1단 로켓 분리 (Stage Separation) ➡ ③ 재진입 및 복귀 비행 (Boost-back & Re-entry) ➡ ④ 감속 및 착륙 준비 (Entry Burn & Grid Fins Control) ➡ ⑤ 착륙 (Landing Burn & Touchdown)

① 로켓 발사 (Lift-off) 단계에서 로켓은 연료를 태워 강력한 추력을 발생시켜 우주로 발사됩니다. 로켓은 보통 1단, 2단 로켓으로 구성되며, 재사용 대상은 주로 1단 로켓입니다.

② 1단 로켓 분리 (Stage Separation) 단계에서 로켓은 궤도에 오르기 위해, 필요한 속도를 얻은 후, 1단 로켓은 분리되고, 2단(또는 페이로드)은 계속 우주로 비행합니다. 이때, 1단 로켓은 재사용을 위해 복귀 비행 준비에 들어갑니다.

③ 재진입 및 복귀 비행(Boost-back & Re-entry)에서 1단 로켓은 대기권으로 복귀하기 위해 추진기를 일부 다시 점화(boost-back burn)하고

④ 대기권 재진입 중 기체가 회전하거나 파괴되지 않도록 자세를 제어합니다. 감속 및 착륙 준비 (Entry Burn & Grid Fins Control) 단계에서 1단 로켓은 로켓 아래쪽에 있는 "그리드 핀(Grid Fins)"이 공기 저항을 조절해 방향을 제어하고 감속(entry burn)으로 속도를 줄여 로켓은 착륙 지점을 향해 정렬합니다.

⑤ 착륙 (Landing Burn & Touchdown) 단계에서 1단 로켓은 지표면에 가까워질 때 엔진을 다시 점화해 속도를 거의 영(0)으로 줄이고(landing burn), 로켓은 정확한 위치(발사대 근처나 해상 드론 선박)에 수직 착륙합니다.

Space X Falcon-9은 가장 성공적으로 재사용 로켓 시스템을 상용화한 사례로서 1단 로켓을 수십 차례 재사용하였습니다. 재사용 로켓은 발사 비용을 획기적으로 낮추고, 우주 개발의 지속 가능성을 높인다는 점에서 항공기처럼 '반복 사용이 가능한 우주 교통수단'으로 간주하고 있습니다.

2단 로켓은 회수를 못 하고 우주에 버리게 되나?

현재 대부분의 재사용 로켓 시스템에서 2단 로켓은 회수하지 않고 우주 공간에 버려집니다. 그럼, 왜 2단 로켓을 회수하지 않나요? 2단 로켓은 궤도에 진입하거나 우주 깊숙한 곳까지 비행하므로, 1단보다 훨씬 빠른 속도(7.8 km/s 이상)와 높은 고도(200~500km 이상)에 도달합니다. 이 상태에서 지구로 안전하게 재진입하여 회수하는 것은 기술적으로 매우 어렵고 비용도 많이 소요될 것으로 추정됩니다. 또한, 2단 로켓의 대기권 재진입, 감속, 착륙을 위해 추가 연료, 방열 장치, 자세 제어 시스템 등을 탑재해야 합니다. 이는 탑재 중량을 줄여야 하는 재사용 로켓 설계 철학에 어긋납니다. 결과적으로 경제성이 떨어지게 됩니다. 그런데도, Space X는 Starship 같은 완전 재사용형 로켓을 개발 중이며, 이 경우 1단과 2단 모두 회수하여 재사용하는 것이 목표입니다. 즉, 현재는 기술과 경제성의 이유로 2단 로켓을 우주에 버리지만, 미래에는 완전 재사용 로켓 시대가 열릴 것입니다.

4장

우주의 비밀을 푸는 우주비행선, 인공위성

어떤 특수한 목적을 위해 지구 주위를 일정한 주기를 갖고 공전하는 물체를 인공위성이라 합니다. 지구는 태양 주위를 선회하는 위성이고 달릉 지구를 공전하는 위성으로 자연 위성이라 불리우고 있습니다. 인공위성은 우주의 도전을 위해 인간이 개발한 우주비행선이라 할 수 있습니다. 본 장에서는 인공위성을 단순히 “위성”이라는 용어를 사용하겠으며, 위성개발의 역사를 살펴보고, 위성 비행 원리, 위성시스템 구성과 특성, 위성개발 공정, 위성 발사 및 운용에 대해 하나하나 알아보도록 하겠습니다.

현재 지구 궤도를 돌고 있는 위성은 몇 개일까?

하버드 스미스소니언 천체물리학 센터에 따르면, 2025년 5월 현재 지구 궤도를 도는 활성 위성은 약 11,700개이며 위성 수가 기하급수적으로 증가하는 주된 이유는 민간기업이 글로벌 통신 서비스를 제공하기 위해 구축한 거대한 위성 네트워크 때문입니다. 대표적인 예가 Space X의 스타링크(Starlink) 위성군(satellite constellation)입니다.

앞으로 얼마나 많은 위성이 발사될지 그 누구도 쉽게 예측하지 못할 것 같습니다.

위성개발의 역사

위성개발 역사를 초기, 중기, 현재와 같은 시대순으로 구분하여 시대별 주요 사건과 기술 흐름을 함께 알아보겠습니다.

위성개발의 초기(1950년대~1970년대)

위성개발의 초기에는 위성에 대한 기본 기술과 활용을 위한 시험이 시작되었습니다. 1957년 10월 4일 옛 소련 땅에서 발사된 스푸트니크 1호(Sputnik-1)가 지구 궤도에 성공적으로 진입하면서 위성 시대가 열리게 되었습니다. 스푸트니크 1호는 지름 58㎝에 무게 83.6㎏의 소형 시험 위성입니다. 이 위성은 1958년 1월, 발사한 지 석 달 만에 지구 대기권으로 떨어지며 불타버렸다. 그 후 구소련은 1호 성공 후 1957년 11월에 스푸트니크 2호(Sputnik-2)를 발사하였습니다. 스푸트니크 2호에는 라이카라고 불리는 개가 탑승하였다. 라이카는 우주로 나간 최초의 지구 생물로 기록되었습니다. 스푸트니크는 러시아 말로 여행의 동반자라는 뜻입니다. 그런데 스푸트니크 1호의 발사 소식을 들은 미국은 소련을 위성 동반자로 여길 처지가 아니었습니다.

위성 경쟁이 시작된 1950년대 말은 미소 간의 냉전이 한창일 때였습니다. 미국은 미국도 위성 발사 계획을 이미 수립하고 있었지만, 세계 최초로 위성을 발사할 기회를 놓쳐버렸습니다. 미국은 1955년 9월에 미 해군 연구소가 뱅가드 프로젝트를 시작하면서 위성개발은 시작되었습니다. 미국은 1957년 12월 세계 최초로 태양전지판을 채택한 뱅가드(Vanguard) 위성을 발사했지만 2초 만에 폭발하였습니다. 1958년 1월에 발사된 두 번째의 뱅가드 로켓도 14초 만에 폭발하는 실패를 겪었습니다. 뱅가드 로켓이 실패한 후, 미국은 독일 출신의 로켓 과학자인 베르너 폰 브라운(Wernher von Braun)을 중심으로 익스플로러 프로젝트를 수행하였습니다. 폰 브라운의 도움에 힘입어 미국은 1958년 1월 익스플로러 1호(Explorer-1)를 성공적으로 발사하였습니다. 익스플로러 1호는 미국 최초의 위성입니다.

그림 3-6. 뱅가드 위성 형상
[출처: NASA]

위성의 실용화, 다양화를, 목표를 지향했던 위성개발 중기 (1980년대~2000년대)

위성개발의 중기에는 위성 활용을 위한 실용화와 다양화가 본격적으로 이루어져 상업 위성인 통신위성, 실용위성인 기상위성, 정찰위성, 항법위성 등이 등장하였습니다. 1945년 영국의 A.C. Clarke는 정지궤도 위성을 이용하여 위성통신 서비스가 가능함을 처음으로 시사하였지만, 당시 위성 기술의 부족으로 서비스를 구현하지 못하다가 1957년 10월 스푸트니크 1호가 발사됨으로써 구현되었습니다. 최초의 정지궤도 위성은 1964년에 발사된 신콤(Syncom)으로 동경 올림픽 중계에 이용되었습니다. 그 후부터 지금까지 미국과 러시아가 주축으로 통신위성, 방송위성, 과학위성, 기상위성 등이 발사되었습니다. 1990년대에는 미국은 항법위성인 GPS를 발사하여 전 세계적 위치정보를 제공하기 시작했습니다. 한국은 1995년 8월 무궁화1호로 최초로 위성을 보유하였으나 발사 과정의 차질로 수명이 반감되어 무궁화2호를 1996년 1월에 발사하였습니다. 2000년대 초에는 위성 수명 연장 기술과 정지궤도 활용 기술이 진보하게 되었습니다.

현재 (2010년대 ~ 현재)

위성개발의 현재에는 초소형 군집위성, 고해상도 관측 나노 및 큐브 위성(CubeSat) 등 초소형 위성이 활약하고 있습니다. 또한, 스타링크(Starlink), 원웹 등 수천 기 위성들이 우주통신 네트워크를 이루는 위성 군집(Satellite Constellation)을 형성하여 위성인터넷 서비스를 제공하고 있습니다. AI 기반 위성 데이터 처리를 하는 정밀 고해상도 관측 위성의 등장은 지구 정밀 관측, 기후 변화 감시, 정밀 지도 생성 등에 활용되고 있습니다.

위성 비행 원리는 과학기술에 있다.

위성의 원리가 무엇인지 알아보기 전에 인공위성이 과연 어떤 존재인지 확인할 필요가 있습니다. 지구는 태양의 위성, 달은 지구의 위성처럼 위성은 자연이 만든 우주비행선입니다. 하지만, 인공위성(Artificial Satellite)은 사람의 손에 의해서 제작된 우주비행선입니다. 즉, 인공위성은 우주발사체에 의해 우주 공간에 올려져 지구를 중심으로 원 또는 타원 궤도로 비행하도록 만들어진 비행 물체입니다. 인공위성은 사용 목적에 따라 통신위성, 방송위성, 기상위성, 과학위성, 항해위성, 지구관측위성, 기술 개발 위성, 군사위성 등으로 구분된다. 엄밀히 말하면 지구 궤도 비행을 하는 우주 왕복선, 우주정거장도 인공위성에 해당하고, 지구로 떨어지지 않고 궤도를 돌고 있는, 다 소진된 로켓 추진 장치나 빈 연료탱크 등도 인공위성이라고 할 수 있습니다.

위성의 원리는 간단하다.

위성 비행에 있어서 가장 핵심이 되는 물리량은 속도입니다. 어떤 물체를 지구 주위로 회전시키기 위해서는 지구중력을 극복할 수 있는 충분한 속도가 필요합니다. 예를 들면, 줄에다 돌을 매달고 돌려보면 어느 정도의 속도가 되어야만 돌은 회전운동을 하게 됨을 볼 수 있습니다. 잡아당기는 힘과 탈출하려는 힘이 같으면 회전운동을 하게 되는 것입니다. 지구에서는 중력이 당기는 힘이고, 줄에서는 장력이 당기는 힘입니다. 공기 저항을 무시하면 지표면에서 위성의 초기회전을 위해서 필요한 이론적인 속도는 초속 약 7.9km입니다. 이보다 낮은 속도로 회전하면 중력의 영향으로 낙하하게 됩니다. 물론 고도가 높아지면 중력이 감소하기 때문에 위성이 되기 위한 속도는 점차 감소하게 됩니다.

그림 3-7. 위성의 비행 원리

중력은 우주를 비행하는 물체에도 작용해서 물체를 끌어당기게 됩니다. 물체가 지구에서 탈출하기 위해서는 좀 더 큰 속도가 필요한데 달이나 다른 행성으로 우주비행선을 보낼 때 요구되는 탈출속도는 초속 약 11.2km 정도입니다. 제1차 우주비행 속도는 초속 7.9km이고, 제2차 우주비행 속도는 초속 11.2km입니다.

이렇게 하면 야구공도 위성이 된다.

그림 3-7.과같이 어떤 야구선수가 공기의 저항이 없는 높은 산 위에서 수평으로 야구공을 던졌다고 생각해 볼까요? 약한 속도로 야구공을 던지면 중력의 영향으로 공은 지구 표면에 빨리 떨어지지만, 던지는 속도를 점점 증가시키면 공은 어느 정도의 비행을 하는 모습을 보이게 됩니다. 야구공을 더욱 세게 던지면 상당히 과장해서 초속 약 7.9km로 던진다면, 야구공은 지상에 도달하지 않고 마침내는 처음 위치로 되돌아오게 되어 지구 주위를 회전하게 됩니다. 이 경우에 야구공은 야구공 속도가 궤도를 만들기에 충분하여 궤적을 가지는 위성이 됩니다.

위성 구조와 주요 특성

위성은 우주 부문으로 탑재체(payload)와 버스체(bus)로 구성되어 있습니다. 탑재체는 위성의 꽃으로 핵심 역할을 하는 안테나와 탑재 장치(Scientific Instruments) 혹은 중계기로 되어 있고, 버스체는 위성체의 탑재체가 제 기능을 유지하도록 하는 자세 제어계, 전력계, 추진계, 열제어계, 구조계, TC&R계 등으로 되어 있습니다. TC & R 계는 Telemetry, Command & Ranging의 약자로 원격 측정, 명령, 그리고 추적을 의미하며, 정보를 주고받고, 명령을 전달하여 동작을 조정합니다.

지상 부문은 지상에서 위성과 통신할 수 있는 단말기와 위성 관제시스템을 의미합니다. 위성 관제시스템 장비는 기능적으로 보아 위성 상태의 감시, 추적, 그리고 명령으로 구성되어 있으므로 통칭 원격 측정, 추적, 그리고 명령계(TT & C; Telemetry Tracking & Command)라 불리는 부분과 위성으로부터 수신한 정보를 저장하고 분석하여 필요한 명령을 발생시키는 위성 제어센터(SCC; Satellite Control Center) 및 위성 통신망을 감시하고 제어하는 통신망 제어센타(NCC; Network Control Center)로 구성됩니다.

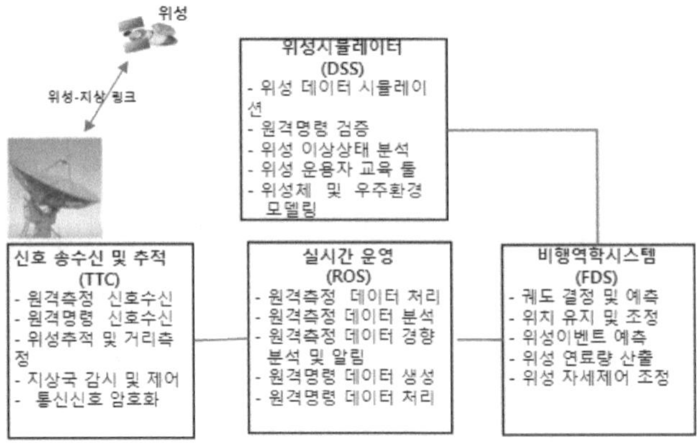

DSS: Dynamic Satellite Simulator, FDS: Flight Dynamics System,
ROS: Real Time Operation, TTC: Tracking, Telemetry, Command

그림 3-8. 위성 관제시스템의 주요 기능

위성은 어쩌면 사람과 가장 닮은 우주 공간에서 활약하는 비행 로봇이라 할 수 있습니다. 그래서, 위성 구조와 기능은 사람의 신체 구조와 기능이 유사합니다.

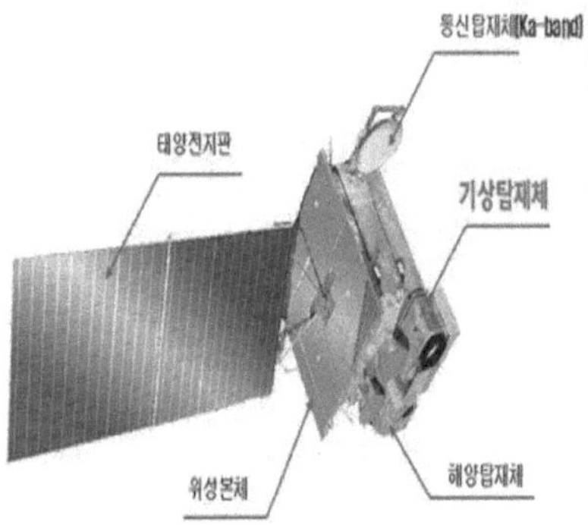

위성 구조		신체 구조
탑재체	위성안테나	귀와 입
	탑재장치	뇌
버스체	구조계	뼈대
	전력계	위(소화계)와 순환계
	열제어계	피부/땀구멍
	추진계	심장과 팔다리
	자세제어계	눈
	TC&R계	중추 신경계

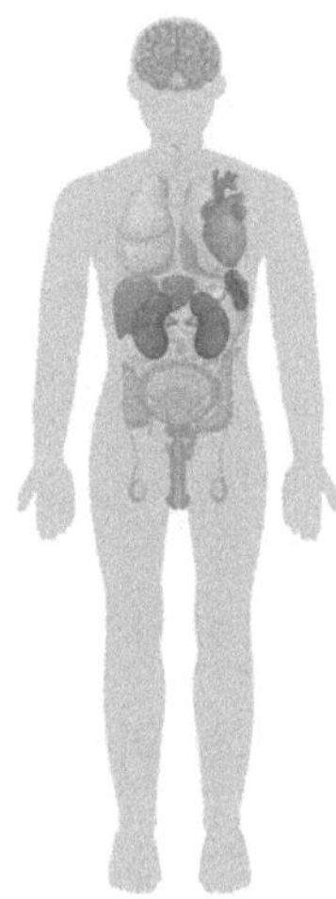

그림 3-9. 사람 신체 구조와 위성 구조의 기능적 유사성

위성 구조와 주요 특성을 살펴보기 위하여 위성과 사람의 신체 구조를 비교한 후 어떻게 그들의 구조와 기능이 유사한 역할을 하는지 알아보겠습니다.

표 3-9. 위성 구조와 사람 신체 구조의 유사성

구분	위성 구조	사람 신체 구조	주요 기능
탑재체 (payload)	위성안테나	귀와 입	위성의 필요한 정보 수신과 송신 담당 역할
	탑재 장치	뇌	위성이 수행할 주요 임무(예: 통신, 촬영 등) 담당 장비
버스체 (bus)	구조계	뼈대	위성의 외형 구성 및 각 부품 지지 역할
	전력계	위(소화계)와 순환계	태양전지판으로 전기 생산, 저장(배터리) 및 분배 역할
	열 제어계	땀구멍/ 피부	우주 환경에서 위성의 적절한 온도 유지를 위해 열 방출 및 보존 역할
	추진계	심장과 팔다리	에너지 전달과 원하는 위치 이동에 사용
	자세 제어계	눈	스타 센서는 별을 관측해 위성 자세 제어에 사용
	TC & R계	중추 신경계	위성과 지상 간 통신 담당
위성관제 시스템	사람 몸 진단하는 의사 역할		위성 건강 상태 감시 및 필요시 원격명령 수행

위성개발 공정은 국제 분업으로 이루어진다.

필자는 작년에 취미로 개인 컴퓨터(PC; personal Computer)를 조립하여 현재도 사용하고 있습니다. PC를 조립하기 위해서는 먼저 사용 용도에 맞게 PC 시스템을 정의하고 규격을 작성해야 합니다. 그 후 규격에 맞는 부품을 인터넷으로 구매합니다. PC를 조립하여 제작하는데 CPU(중앙처리장치), 메인보드(Motherboard), RAM (메모리), 스토리지 (SSD 또는 HDD), GPU (그래픽카드) 등 부품 7~10개 정도가 필요합니다. 조립 PC의 부품 전부를 자체 생산하여 PC를 조립, 제작하는 세계적인 기업은 없습니다. 하지만 거의 모든 핵심 부품을 직접 설계하고 제조 또는 제조 능력을 보유한 기업들이 협업하거나 분업을 통해 생산, 조달하는 "수직 통합" 방식으로 PC를 조립, 제작합니다.

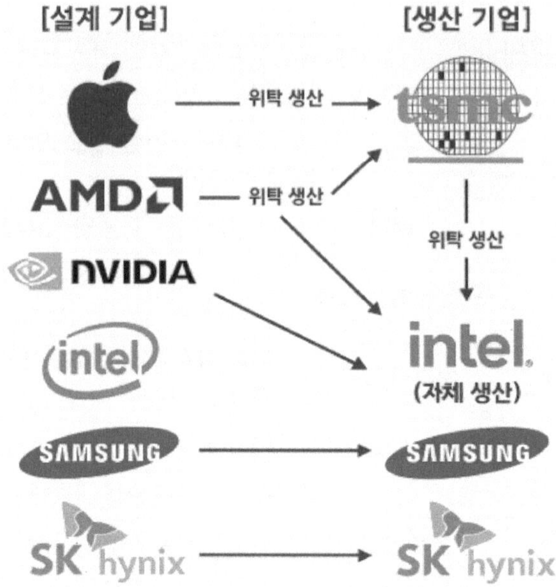

그림 3-10. 컴퓨터 주요 부품별 설계기업과 생산기업의 사례

자동차 공장에서 자동화된 생산 조립라인(line)을 통해 승용차는 조립 생산됩니다. 또한, 기성 제품인 일상복은 의류공장에서 사람의 손을 거의 거치지 않고 제작됩니다. 이에 반하여 위성은 승용차처럼 생산설비에서 자동으로 대량 생산되지 않고, 마치 양복 기능공(mechanic)이 양복을 제작하듯 위성은 기술자(engineer)의 손으로 만들어지는 수제품 (hand-made goods)입니다. 그러면, 어떻게 위성이 제작되는지 위성 제작 공정을 차례로 살펴보겠습니다. 위성 제작 공정은 크게 7단계로 분류할 수 있습니다.

위성 제작 공정 단계

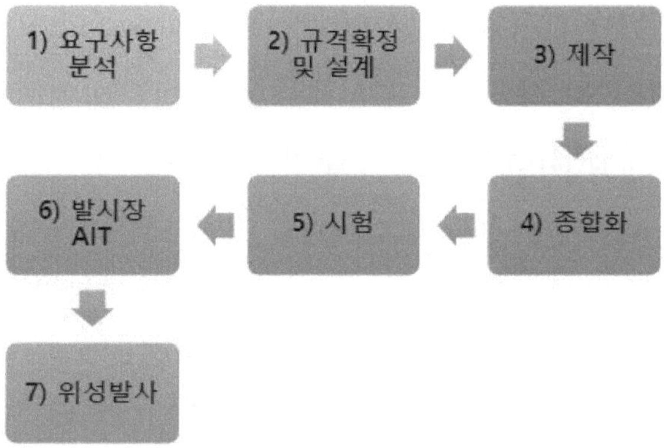

그림 3-11. 위성 제작 공정 단계

- 1단계는 위성을 활용하여 향후 위성 사업을 수행할 사용자의 요구 사항을 분석하는 공정입니다. 이 공정에서는 위성시스템을 정의하고 위성시스템 규격(안)을 도출합니다.
- 2단계는 1단계의 결과물인 요구 사항 분석 내용을 검토하여 위성시스템 요구 사항을 확정하고 위성 전체 시스템의 규격을 문서로 만드는 공정입니다.
- 3단계는 위성 전체 시스템의 규격을 기반으로 시스템 개념 설계 후 실제 설계를 수행하는 공정입니다. 설계를 쉽게 제공하기 위하여, 위성시스템 설계 도구(design tool)를 개발하여 판매하는 회사들이 있습니다. 설계 도구를 판매하는 대표적인 기업은 미국의 Ataris, L3Harris, Ansys, 프랑스의 Anywave, 그리고 이스라엘의 SatixFy 등입니다.
- 4단계는 확정된 설계 문서에 맞게 위성시스템을 구성하는 탑재체 및 버스체의 서브 시스템을 제작하는 공정입니다.

위성도 PC의 경우와 유사하게 국제 분업 체계하에서 위성시스템은 제작됩니다. 위성 제작에 필요한 위성 부품은 전자 소자(electronic components)를 포함하면 보통 5,000개에서 30,000개 정도입니다. 하지만, 위성 부품과 전자 소자 전체를 자체 생산하는 위성 기업은 없습니다. 위성시스템 제작 공정에서는 위성의 기능과 성능을 검증하기 위해 가장 기본 모델인 빵 모델(bread model)을 개발하고 난 후 위성의 기능을 확인합니다. 그 후엔 시제품 모델(prototype model)을 제작하고 최종적으로 비행 모델(flight model)을 제작합니다. 하지만, 위성 관련 기술 유산(technical heritage)을 보유한 위성시스템 기업은 빵 모델을 개발하지 않고 바로 비행 모델을 개발합니다. 위성 제작은 확인과 시험을 거듭합니다. 왜냐하면, 위성이 발사되어 목적 궤도에 진입하게 되면 수리할 수 없으므로 고장이 나지 않도록 시스템 검증과 시험을 반복하여 위성을 제작합니다.

- 5단계는 제작된 위성 서브 시스템이 우주 환경에서 잘 작동되도록 위성 서브 시스템을 조립한 후 서브 시스템별로 기능 시험과 단위 시험을 시행한 후 시스템으로 통합하는 공정입니다. 위성 제작에서 시험(Test)은 위성이 우주 환경에서 정상적으로 작동할 수 있도록 보장하는 데 필요한 단계입니다.

위성 제작에 필요한 시험의 종류는 크게 기능 시험과 환경시험이 있습니다. 기능 시험은 위성체 내부의 전자 장치들이 지상 관제소에서 보내는 원격명령에 따라 제대로 작동하는지를 확인하기 위해 각 장치에 명령을 보내고 그 결과를 확인하는 시험입니다.

환경시험은 예를 들어 발사할 때 위성이 받는 급작스러운 충격이라든가 진동, 소음, 우주에서의 방사선, 진공, 일교차 등의 열악한 환경 속에서도 위성이 제대로 작동하는지를 확인하는 시험입니다. 그 외에 위성시스템이 음향 시험, 전자파 간섭 및 적합성(EMI/EMC) 시험, 신뢰성 시험 등이 무사히 통과되면, 드디어 위성을 발사장으로 운반해 위성을 발사장 청정실(clean room)에서 조립한 후 최종 점검(Final Checkout) 시험을 시행합니다. 그 후 위성을 발사대에 장착시키고 연료를 주입합니다.

위성은 우주의 창(launch window)이 열린 날짜에 발사 카운트 다운을 합니다. "텐, 나인, 에잇, 세븐, 식스, 파이브, 포, 쓰리, 투, 원, 제로!" 카운트 다운이 끝나자마자 위성을 탑재한 우주발사체는 엄청난 굉음을 내며 우주로 향하게 됩니다. 그 후 위성이 궤도에 진입하면 궤도 진입 및 위성 태양전지판 전개 등을 지상 관제국에서 확인합니다. 이러한 방법으로 위성을 초기 운용합니다.

지금까지 위성 제작 단계를 순서대로 살펴보았습니다. 위성을 제작하는데 보통 4년 정도의 시간이 소요됩니다. 그 시간 동안 인내하며 한 치의 실수도 없이 위성 사용자, 위성 제작 엔지니어의 노력이 어우러질 때 비로소 위성 하나가 탄생하게 됩니다.

그림 3-12. 나로호 3차 발사 해설자- 필자의 모습 (사진 오른쪽)

위성 제작 시장에도 반도체 시장처럼 치킨 게임이 있다.

전 세계 위성 기업들이 위성 시장에 뛰어들면서 위성 수주 사업은 각축전을 벌이고 있습니다. 이들 가운데 위성 사업의 치킨게임에서 승리한 위성 기업과 새롭게 탄생한 우주기업을 살펴보겠습니다.

1980년대, 1990년대에 미국에서 위성 제작 강자로 군림했던 기업들은 TRW, GE Astro Space, Ford Aerospace, Hughes Space & Communications, Fairchild Technologies, General Motors, Loral Corporation입니다. 하지만, 이런 기업들은 위성 기술 고도화나 경영 혁신 부족으로 여러 차례 치킨 게임에서 패배하여 위성 사업을 포기하거나 다른 위성회사에 합병 인수(M & A; Mergers and Aquisitions) 되어 위성 제작 무대에서 사라지게 되었습니다. 반면에 위성 산업의 환경변화에 적극 대처하고 고성능 위성시스템 개발에 집중한 기업들은 치킨 게임에서 살아남아 현재 미국 위성 제작 시장을 주도하고 있습니다. 치킨 게임으로부터 살아남은 대표적인 기업들은 Northrop Gruman, Lockheed Martin, Raytheon, Boeing, Ecostar 등입니다. 또한, 미국의 우주산업은 유연한 고용 시장의 구조와 풍부한 민간 생태계를 기반으로 인재들이 자유롭게 이동하며 경험과 지식을 축적할 수 있는 환경이 갖추어져 있어 치킨 게임으로부터 퇴출당한 기업이나 살아남은 기업의 고급 인력이 신생 위성 기업에 참가하여 역량을 키울 수 있습니다. 신생 위성 기업에 참가한 고급 인력은 새로운 혁신 기술과 서비스를 개발하여 제공함으로써 위성 제작 시장의 영역을 크게 확장하고 있습니다. 대표적인 신생 위성 기업은 Space X, Blue Origin, One web 등입니다.

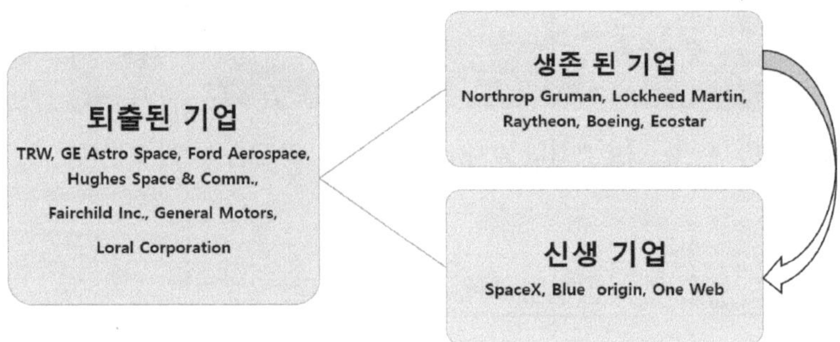

그림 3-13. 미국 위성 산업 치킨 게임 결과

위성시스템 제작 단계별로 특화된 기업들이 등장하면서 위성시스템은 국제 분업을 통해 제작됩니다.

국제 분업체계를 좀 더 알아볼까?

위성시스템 제작 공정은 크게 3개의 단계가 있습니다. [설계] ->[제작] ->[종합화 및 시험]입니다. 설계 단계에만 특화된 기업을 설계 전문 기업이라고 합니다. 제작 단계에만 특화된 기업은 제작 전문 기업입니다. 종합화 및 시험에만 특화된 기업을 조립, 종합화 및 시험(AI & T; Assembly, Integration and Test) 전문 기업이라고 부릅니다. 설계에서 제작, 종합화 및 시험 전 공정을 직접 진행하는 회사를 위성 전 공정 제작 전문 기업이라 부릅니다. 위성 전 공정 제작 전문 기업은 모든 과정이 수직계열화되어 있어 일의 진행 속도가 빠르고, 비용 절감이 가능합니다. 하지만, 한정된 자원과 인력으로 모든 영역에서 경쟁력을 갖춰야 하는 숙제를 가지고 있습니다.

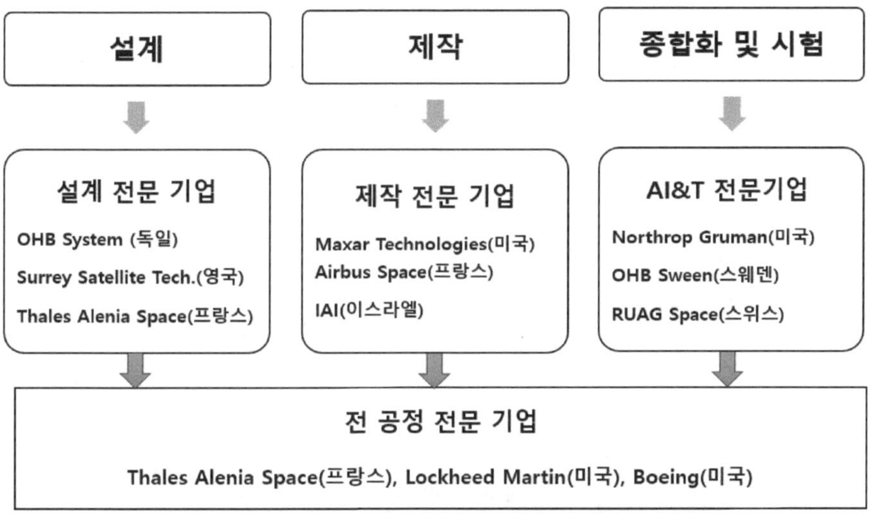

그림 3-14. 전 세계 위성시스템 개발 분업체계에서 역할별 기업

얼마 전까지 위성 전 공정 제작 전문 기업의 형태가 일반적이었습니다. 하지만 시간이 지나면서, 위성시스템 제작에 관한 다양한 사용자 요구 사항이 제기되고, 위성시스템 제작 단계별로 특화된 기업들이 등장하면서 위성시스템은 국제 분업 체계에서 제작됩니다. 위성시스템은 탑재체와 버스체로 구성되며, 탑재체와 버

스체 서브 시스템들을 제작하기 위해서는 부품(parts)과 전자 소자(electronic components)가 필요합니다. 탑재체 제작에 특화된 기업은 탑재체 제작 전문 기업입니다. 대표적인 탑재체 제작 기업은 미국의 Kapta Space, L3 Harris Corp., Space X입니다. 버스체 제작에 특화된 기업을 버스체 제작 전문 기업이라고 합니다. 대표적인 버스체 제작 전문 기업은 독일의 OHB SE, 미국의 Apex, 프랑스 Airbus Space입니다. 부품 제작에 특화된 기업을 부품 제작 전문 기업이라고 부릅니다. 대표적인 부품 제작 전문 기업은 영국의 Clyde Space, 미국의 Redwire, Corp., Pumkin Inc, 그리고 일본의 NEC Space가 있습니다.

위성시스템 전체를 자체 제작하는 특화된 기업을 위성시스템 전 공정 제작 전문 기업이라고 합니다. 위성시스템 전 공정 제작 전문 기업은 위성시스템 구성에 필요한 모든 서브 시스템과 부품을 자체 설계, 자체 생산을 진행하므로 위성시스템의 일부 서브 시스템과 부품의 설계 도면을 타 업체에 제공하여 용역 생산을 수행합니다. 대표적인 전 공정 제작 전문 기업은 프랑스 Thales Alenia Space, 미국의 Lockheed Martin, Boeing입니다.

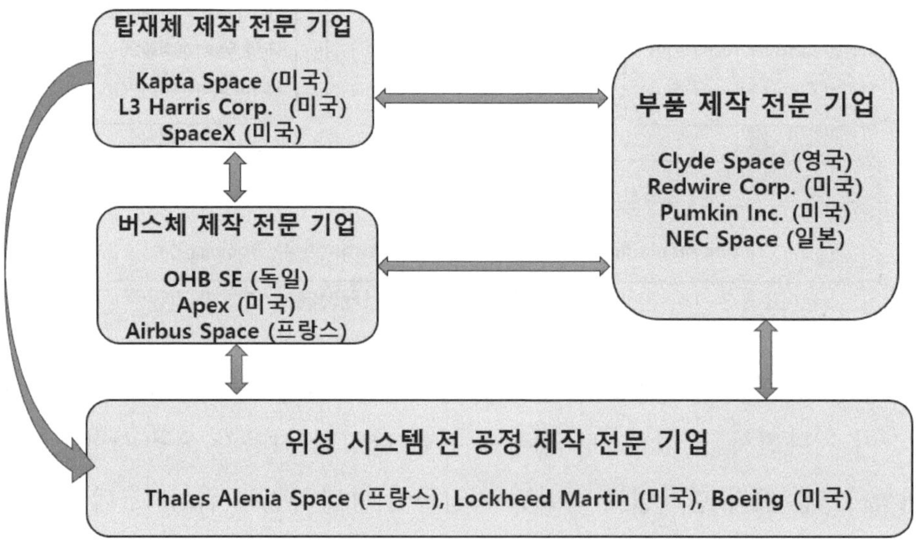

그림 3-15. 전 세계 위성 부품, 탑재체, 버스체 및 위성 전 공정 제작 기업

한국의 KARI(Korea Aerospace Research Institute)는 어디에 속할까?

누가 위성을 잘 만들까?

위성 산업은 미래 사회에서 점점 더 중요한 역할을 할 것으로 예상됩니다. 위성은 통신, 날씨 예측, 지구관측, 위성 항법 시스템, 군사 등 다양한 분야에서 필수적인 기술로 자리 잡고 있습니다. 글로벌 연결성이 증가함에 따라, 위성 기반의 통신 시스템은 전 세계적으로 빠르고 안정적인 인터넷 서비스를 제공하며, 특히 농업, 환경 모니터링, 해양 탐사, 우주 관측 등의 분야에서 중요한 데이터를 제공합니다. 이러한 위성 기술은 다양한 산업의 효율성을 높이고, 더 나아가 기후변화나 자연재해에 대응하는 데 필수적인 역할을 합니다. 또한, 위성 산업은 우주 개발의 핵심 요소로 자리매김하고 있습니다. 우주탐사와 자원 개발, 인간의 우주 거주 가능성 등은 모두 위성을 통한 자료수집과 분석에 의존합니다. 과연 어느 위성 기업이 글로벌 위성 산업의 중심으로 자리를 잡을지 궁금합니다.

표 3-10. 전 세계 위성 산업을 주도하는 대표적인 위성 기업

기업	소속 국가	설립 연도	주요 사업	비고
스페이스 X	미국	2002년	위성 인터넷 서비스	스타링크 위성군 제작
록히드 마틴	미국	1995년	첨단 위성 기술 개발	GPS 위성 제작
보잉(Boeing)	미국	1916년	방위산업, 우주탐사	통신 및 기상위성 제작
노스롭 그루먼	미국	1939년	방위산업, 우주탐사	군사위성 제작
블루오리진	미국	2000년	우주탐사, 우주여행	우주비행선 제작
원웹	영국	2012년	위성 인터넷 서비스	원웹 위성 제작
OHB SE	독일	1981년	ESA 프로젝트	탑재체, 위성체 제작
탈레스알레니아스페이스	프랑스/이태리	2007년	다양한 위성개발 및 우주탐사	군사위성-SAR 제작
Air Bus Defence/Space	프랑스/독일	2014년	통신, 정보 보안 솔루션 개발	유럽 항법위성 제작
인도 ISRO	인도	1969년	우주탐사 프로젝트	통신방송위성 제작

우주 고속 도로, 위성 궤도와 우주 항행의 등댓불, 주파수는?

우리는 보통 자동차가 육지에서 다니는 길을 도로, 배가 대양에서 다니는 길을 해로, 항공기가 다니는 길을 항로라고 부릅니다. 그럼, 위성이 다니는 길을 뭐라 불러야 할까요? 위성 궤도입니다. 위성 궤도는 위성이 자동차나 항공기에 비해 굉장히 빨리 운행하기 때문에 위성 전용 고속 도로라고 할 수 있습니다.

위성 궤도란?

일반적으로 위성 궤도는 고도 160km에서 2,000km 사이의 궤도를 갖는 저궤도(LEO, Low Earth Orbit) 위성, 일반적으로 고도 2,000km에서 35,786km 사이의 중궤도(MEO, Middle Earth Orbit) 위성, 그리고 고도 35,786km의 정지궤도 (Geo-synchronous Orbit), 고타원 궤도 등으로 분류할 수 있습니다. 정지궤도(GEO, Geostationary Orbit)는 지구 표면으로부터 적도 상공 약 3만 5,786km에 위치합니다. 정지궤도에 있는 정지궤도 위성은 지구의 자전 속도와 위성이 같은 속도로 이동하게 되어 위성이 항상 같은 곳에 있는 것처럼 보입니다. 따라서 정지궤도는 통신 방송위성을 포함한 인공위성 운용 시에 가장 큰 이점이 있는 궤도입니다.

정지 궤도 위성의 고도인 3만 5,786km는 빛의 속도로 위성에서 지상에 도달하는 데 대략 0.12초 정도가 소요됩니다. 위성 중계방송 시 지상에서 위성으로 영상이 전달되고, 다시 위성에서 지상으로 영상이 전달되는 데 대략 0.24초의 지연이 발생하기 때문에 영상이 중계 내용보다 늦게 도달하게 됩니다. 위성의 고도가 3만 5,786km보다 낮아지면 위성의 속도는 지구의 자전 속도보다 빨라집니다. 따라서 지구에서 볼 때 위성이 정지해 있는 것이 아니라 지나치는 것처럼 느껴집니다. 이러한 위성을 비 정지 궤도(non GEO) 위성이라 합니다. 비 정지 궤도 위성은 고도에 따라서 저궤도(LEO, Low Earth Orbit) 위성과 중궤도(MEO, Medium Earth

Orbit) 위성으로 구분됩니다. 저궤도 위성은 고도가 낮아서 발사 비용이 적게 들고, 전파 지연과 전파 손실이 적다는 장점이 있습니다. 저궤도 위성으로는 기상과 과학탐사 위성 등이 있습니다. 중궤도 위성으로는 자동차 내비게이션에 위치정보를 제공하는 GPS 위성이 대표적인 위성입니다. GPS 위성은 밴 알런 복사대를 피해 설계됩니다. 즉 내부 복사대(1,000Km ~ 6,000Km)와 외부 복사대(13,000Km ~ 20,000km)를 피해 외부 복사대 가장자리 20,200Km에 위치해 우주방사선 위험을 줄입니다. GPS 위성이 중궤도를 선택한 이유는 위성 4~6개로 지구 어디에서나 위치 측정이 가능하고, 정지궤도보다 지연 시간이 적고 저궤도보다 넓은 범위를 커버(Cover)할 수 있기 때문입니다.

고도별로 분류한 위성 궤도 이외에 근래 들어 큰 쟁점이 되는 궤도가 고 타원 궤도(HEO, Highly Elliptical Orbit)입니다.

정지 궤도 위성은 모두 적도 상공에 위치하기 때문에 위도가 높은 지역에서는 통신 환경이 열악해지고 전파 경로에 따른 손실 또한 커지는 문제가 있습니다. 이러한 문제를 해결하기 위해 설계된 것이 바로 고 타원 궤도입니다. 대표적인 고 타원 궤도 위성은 러시아의 몰리야(Molniya) 위성입니다.

위성의 주파수는?

위성시스템에서 사용하고 있는 주파수는 일반적으로 용도에 따라 구분해서 사용되고 있습니다. 1~2GHz 대의 주파수를 사용하는 L 대역 및 S 대역은 전파 손실이 적고 소형 단말기를 사용할 수 있어서 이동하며 통신하는 이동 위성 서비스(MSS, Mobile Satellite Service)용으로 적합합니다. 4~8GHz의 C 대역은 대부분 초기의 상업용 위성시스템에 사용되었습니다. 따라서, 고정 위성 서비스(FSS, Fixed Satellite Service, 고정 지점에 있는 지상국 사이의 통신에 위성을 사용하는 서비스) 나 직접 위성방송(DTH, Direct to Home)처럼 주로 방송용으로 사용됩니다.

스타링크, 원웹 등 우주 강국들이 위성 궤도 및 운용에 필요한 주파수를 선점하고 독점하게 되면 저궤도 위성통신 사업을 계획하는 후발주자가 된 사업자는 위성을 발사할 궤도가 없어 사업을 할 수 없게 될 수 있습니다. 어떻게 이런 문제를 해소할 수 있을까요? 스타링크, 원웹 등 선발 우주 강국들이 궤도와 주파수를 선점하면, 후발주자들은 궤도 접근권과 주파수 이용권이 제한되어 시장 진입 자체가 어려워지는 구조가 형성될 수 있습니다. 이를 해소하기 위한 정책적, 기술적, 국제적 대처 방안을 살펴보겠습니다.

- 첫째, 국제 협력과 제도를 개선하여야 합니다. : 위성 주파수 및 궤도 자원의 등록과 조정을 담당하는 국제 전기 통신 연합(ITU; International Telecommunication Union)과 적극 협력하여 일정 기간 내 실제 위성 서비스를 이행하지 않으면 궤도와 주파수 권리를 자동 소멸("use it or lose it")하는 규칙을 강화하여야 하며, 국제 공동기구 또는 위성 통합관리 플랫폼 구축이 필요합니다.
- 둘째, 국가 차원의 전략 및 제도적 대응이 요구됩니다. : 정부 차원에서 ITU에 궤도 및 주파수 조기 등록 및 미래 위성 발사 계획을 수립하여 민간사업자에게 할당해야 합니다.
- 셋째, 협대역 통신 및 주파수 재사용 기술을 개발하여야 합니다. : 빔 포밍, 주파수 분할다중접속(FDMA; Frequency Division Multiple Access), 코드 분할다중접속(CDMA; Code Division Multiple Access) 지능형 안테나를 개발하여 같은 주파수의 반복 사용이 가능해지게 하여야 합니다.
- 넷째, 국제 공동 위성 인프라 및 표준화를 추진해야 합니다. : 후발국이 참여할 수 있는 국제 공동 위성망 구축(예: 유엔 산하 "Access for All" 위성 프로젝트)과 인터페이스, 주파수, 궤도 등 기술 표준화를 통해 누구나 참여할 수 있는 개방형 구조로 유도하여야 합니다.

이러한 문제는 기술력뿐 아니라 외교력, 전략적 협상, 법적. 제도적 준비가 매우 중요합니다. 후발주자는 "빠른 선점보다 똑똑한 진입 전략"을 취하는 것이 핵심입니다. 위성 궤도와 주파수는 우주측지 및 측량, 국토계획, 일기 예보, 환경오염 관리, 물류관리, 어장관리, 군사 정보체계, 위성통신, 위성 인터넷 등 다양한 분야에 활용됨으로써 정보, 교통, 농업, 해양, 국방, 기상, 환경, 방재 등 전 산업 분야의 고부가가치 첨단산업의 근간이 되는 국가적 자산입니다. 위성의 궤도와 주파수를 이용한 우주탐사, 기상관측, 위치정보, 우주과학 실험, 통신, 방송, 해양, 방재 등 각종 위성 서비스를 제공하고자 하는 수요는 급증가하고 있지만, 우주 자원이 한정되어 있어 우주 자원 확보는 점점 어려워지고 있습니다. 한정된 우주 자원을 얼마만큼 이를 확보하느냐에 따라 우주산업 및 관련 첨단산업의 제공 범위가 결정되므로 국가 차원에서 우주 자원 확보가 필수적이고 이에 대한 체계적인 관리를 국가적인 차원에 지속해서 수행하는 것은 국가의 과제입니다.

위성 발사 및 운용은 이렇게 한다.

정지궤도 위성은 발사 후 어떤 과정을 거쳐 정지궤도에 안착하게 되며, 어떻게 지상 위성 관제국과 통신하게 될까요? 그러면, 먼저 우주발사체가 위성을 정지궤도에 진입시키는 방법과 절차에 대해서 알아보겠습니다.

정지궤도(GEO: Geostationary Earth Orbit, 고도 약 35,786km)에 위성을 진입시키는 데는 많은 에너지(ΔV)가 필요하며, 대부분 정지 전이 궤도 GTO(Geostationary Transfer Orbit)라고 하는 중간 단계 궤도를 거쳐 위성을 목표 궤도에 진입시킵니다. 위성을 정지궤도에 진입시키는 절차는 다음과 같은 단계를 통해 과정은 이루어집니다.

표 3-11. 위성 발사 및 초기 운용 단계

① 우주발사체 이륙 및 상승 ➡ ② GTO(정지 전이 궤도) 진입 ➡ ③ 위성 분리 ➡ ④ 궤도 변경을 위한 위성 자체 엔진 점화 후 목표 궤도 내에 위성 고정 ➡ ⑤ LEOP 수행

① 우주발사체 이륙 및 상승 단계에서 로켓은 1, 2단 분리 및 점화를 통해 대기권을 벗어나게 되며, 페어링도 분리합니다. 그 후 발사체 상단(3단 또는 킥모터) 로켓은 위성을 타원형 궤도로 진입시킵니다. 이때 근지점은 약 250~300km이고 원지점은 약 35,786km로 궤도 경사각은 보통 20~30도 사이입니다.

② 위성 분리 단계에서 위성은 정지 전이 궤도 상에서 발사체로부터 분리됩니다.

③ 궤도 변경을 위한 위성 자체 엔진 점화 단계에서 위성은 정지 전이 궤도에서 자체 추진 엔진(apogee kick motor)을 이용해 원형 정지궤도로 진입과 동시에 궤도 경사각을 영(0)도로 조종하여 위성을 정지궤도 적도 상공에서 서비스할 수 있도록 안착시킵니다.

위성은 운용 정지궤도에 도달하여 본격 서비스를 제공하기 전에 위성 발사 초기 운용 단계(LEOP; Launch and Early Orbit Phase))를 거칩니다. LEOP 수행 방법과 절차에 대해 알아보겠습니다. 위성의 발사 초기 운용 단계(LEOP)는 매우 중요합니다. 정지궤도 위성의 경우, 고가의 장비가 탑재되고 수명이 길며 정밀한 운영이 필요하므로 LEOP 단계는 더욱 신중하게 수행되어야 합니다. 정지궤도 위성의 LEOP는 고도로 자동화된 절차와 지상의 집중 관제로 이루어지며, 위성 수명의 첫 단추를 제대로 끼우는 매우 중요한 단계입니다. LEOP 단계별 과정은 다음과 같은 흐름을 통해 이루어집니다.

표 3-12. 위성 발사 및 초기 운용 단계

① 발사 및 위성 분리 ➡ ② 위성 초기 상태 안정화 ➡ ③ 통신 링크 수립 ➡ ④ 태양전지판 전개 및 전력 확보 ➡ ⑤ 자세 초기화 및 제어 시작 ➡ ⑥ 궤도 상승 및 정지궤도 진입 (Orbit Raising) ➡ ⑦ 정지궤도 위치 고정 (Station Acquisition)

정지 궤도 위성 발사 후 초기 운영에는 4개의 해외 지상국(이탈리아 푸치노, 호주 동가라, 칠레 산티아고, 미국 하와이 사우스 포인트)을 사용해 24시간 위성과 통신을 할 수 있습니다. 위성 발사 1주일 후 궤도 내 시험(In Orbit Test)이 시작됩니다. 이때, 지상 위성 관제국을 통해 위성에서 내려오는 원격 측정 데이터(telemetry data)를 분석하여 탑재체 및 버스체의 건강 상태 등을 분석하는 업무를 수행하게 됩니다.

저궤도 통신위성은 위성군을 이루어 운용되고 있습니다. 스타링크는 현재 800기 이상의 위성을 저궤도 상에서 운용하고 있으며 향후 20,000기 정도를 활용하여 위성 인터넷 등 위성통신 임무를 수행할 예정입니다. 이렇게 많은 위성이 군집으로 운용하게 되면 위성 관제 및 위성통신서비스를 수행하는 데 어려움이 있습니다. 어떻게 대처하는 것이 좋을까요.

위성과 같은 복잡한 시스템이 수천 기 규모의 위성군(위성 군집, 메가 콘스텔레이션)으로 운용될 때는, 위성 간 충돌 방지, 통신 간섭 최소화, 효율적 운용 등 다양한 문제가 발생합니다. 이를 해결하기 위한 주요 대처 방법을 살펴보겠습니다:

먼저, 위성 충돌 방지 및 우주 쓰레기 증가 문제에 대응하여야 합니다. 위성군을 운용할 때 궤도 위에서 위성 간의 충돌 위험이 증가합니다. 이에 대응 방법으로 자동 충돌 회피 시스템과 인공지능 기반 위성 충돌 예측 프로그램을 도입하여 사전에 위성 간의 충돌을 최적화하여야 합니다. 위성군 운용 종료 후 궤도 이탈로 인해 우주 쓰레기 증가합니다. 따라서, 국제적 우주 쓰레기 관리 기준 강화와 우주 쓰레기 제거 기술(로봇팔, 그물 등)을 개발하여 대처할 필요가 있습니다.

동일 궤도 내 위성 간 통신 간섭으로 위성통신 품질의 저하를 초래합니다. 이에 대한 해법으로 위성 간 직접 연결 (ISL: Inter-Satellite Link) 기술 도입으로 지상국 의존도를 감소시켜야 합니다. 그 밖에, 수백~수천 기 위성군 운용으로 위성을 통제하기 어려운 위성 관제 문제가 발생하게 됩니다. 이러한 위성 관제 문제에 대응하기 위해 자동화된 지상관제 시스템 (Mission Operation Automation) 도입과 인공지능 기반 자율 위성 운용 시스템을 개발하여 구축하여야 합니다. 이러한 기술과 체계를 유기적으로 통합하면, 대규모 위성군을 안정적으로 운용하고 고품질 통신 서비스를 제공할 수 있습니다.

5장

우리 생활과 밀접한 관계가 있는 위성 서비스는?

위성에 의한 각종 서비스는 우리 인간의 일상생활에 없어서는 안 될 중요한 부분이 되고 있습니다. 이들 서비스는 위성통신 및 방송, 위성항법시스템, 지구 관측, 지구환경 변화 예측, 날씨 예보 등을 포함합니다. 또한, 이들 서비스는 현대와 같은 지식 정보화 사회에서는 필수 불가결한 부분이 되고 있으며, 우리 삶의 질을 높이는 데 공헌하고 있습니다. 그러면 우리 생활과 밀접한 관계가 있는 위성 서비스에 대해 차례차례 알아보기로 하겠습니다.

세상에서 제일 크고 가장 비싸게 제작된 위성, 국제우주정거장

국제우주정거장(International Space Station, ISS)의 건설은 인간 우주 개발 역사에서 가장 위대한 사건 중 하나입니다. 국제우주정거장은 우주 왕복선을 이용하여 축구장만 한 크기의 구조물을 고도 300~400km의 지구 궤도에 조립한 것입니다. 국제우주정거장 건설사업은 과학기술 분야의 국제 협력사업 가운데 가장 큰 사업입니다. 이 사업은 미국이 주축을 이루고 있으며 유럽, 러시아, 일본, 캐나다 등 16개국이 참여하고 있습니다. 현재 국제우주정거장은 고도 약 400km 위에 떠 있으며 조건에 따라 지구상에서 맨눈으로 볼 수 있습니다. 비행 속도는 시속 2만 7,740km(초속 7.7km)이며, 하루에 지구를 약 15.78회 공전합니다.

왜 국제우주정거장이 우주에?

거대 구조물인 국제우주정거장은 왜 우주에 만들까요? 우주정거장은 인간이 우주에서 장기체류하기 위한, 즉 더 멀리 있는 우주로 나가기 위한 연구를 하는 전초기지의 역할을 합니다. 이곳은 다양한 우주 실험을 위한 독보적인 환경을 제공해 줍니다. 예를 들어, 중력의 영향을 거의 받지 않는 상태에서 강도는 높으면서 무게는 가벼운 새로운 물질을 개발하고 효능이 높은 고순도 의약품을 제조하는 데 필수적인 공간이 됩니다. 새로운 우주기술을 개발하고 무중력 상태에서의 물리학과 생명과학을 연구하며 향후 장기간의 우주탐사와 우주여행을 대비해 우주 환경에서의 인체 변화 연구도 수행합니다. 국제우주정거장의 건설은 인간의 우주 진출을 위한 교두보로서 가치가 있습니다. 국제우주정거장 실험실은 지구의 어떤 무중력실험실보다도 완벽하고 장기적인 우주 환경을 제공하며, 이를 바탕으로 앞으로 더 많은 다양한 분야의 중대한 우주 프로젝트를 수행함으로써 인간에게 우주에서의 새로운 가능성을 열어줄 것입니다.

국제우주정거장에서의 연구가 지구 산업에 미치는 영향은?

ISS에서의 공업 제품 제작은 단순한 실험을 넘어, 지구 산업에 실질적인 영향을 미치고 있습니다. 예를 들어, 고품질 광섬유는 기존의 규산(Silica; 실리카) 기반 광섬유보다 데이터 손실이 적어, 더 빠르고 효율적인 통신이 가능하게 합니다. 미세중력 환경에서 제작된 세라믹 터빈 부품은 고온에서도 더 오래 견디며, 항공기나 발전소의 효율성을 높일 수 있습니다. 산업용 광학 결정체의 품질 향상은 고속 통신 및 정밀 센서 기술의 발전에 기여할 수 있습니다. 이러한 연구들은 지구에서의 생산 한계를 극복하고, 새로운 제조 방법과 고성능 제품 개발에 대한 가능성을 열어주고 있습니다. ISS에서의 공업 제품 제작은 아직 초기 단계이지만, 향후 우주에서의 대량 생산 및 지구로의 수송이 가능해진다면, 다양한 산업 분야에서 혁신적인 변화를 불러올 것으로 기대됩니다.

은하계 생명체와 외계인을 찾아줄 우주망원경

우주망원경은 천체 관측을 용도로 우주로 쏘아 올린 인공위성을 말합니다. 즉, 우주에 떠 있는 천문대라고 할 수 있습니다. 대표적으로 허블 우주 망원경이 있습니다. 우주에는 구름도 없고 대기권의 영향도 없으며, 딱히 방해되는 불빛도 없기에 같은 성능의 망원경으로 훨씬 좋은 품질의 화상을 얻을 수 있습니다. NASA와 유럽우주국(ESA)이 공동으로 제작한 허블 우주 망원경은 지름 2.4m의 거울을 가진 우주 기반 반사 망원경입니다. 허블 망원경은 우주에 있는 물질의 70%를 이루고 있으며 우주 팽창을 가속한 자연의 다섯 번째 힘(중력, 전자기력, 강한 핵력과 약한 핵력을 넘어서)의 주원인인 암흑에너지를 발견했습니다.

제임스웹 우주 망원경은 NASA, ESA, 캐나다 우주청(CSA; Canadian Space Agency)의 협력으로 제작되었습니다. 지름 6.5m의 분할 거울을 가진 첨단 우주 기반 반사 망원경입니다. 이 망원경은 적외선 영역을 관측할 수 있으며, 먼 은하, 외계 행성 및 기타 천체 현상을 놀라운 정밀도로 관찰할 수 있습니다. 제임스웹 우주 망원경은 지구에서 100만 마일(약 160만 ㎞) 떨어진 제2 태양-지구 라그랑주점(L2) 근처에서 태양을 공전합니다.

제임스 웹 망원경은 지름이 허블의 거의 세 배이고, 지구 태양의 라그랑주 2점(L2, 태양에서 지구의 반대편에 있는 점) 쪽의 궤도에 위치하여, 천체를 보는 데 필요한 적외선 파장으로 우주의 깊은 구석과 깊은 과거까지 탐색할 수 있습니다. 이것은 우리에게 지상에 있는 망원경이나 허블 망원경으로는 보이지 않았던 광대한 우주를 보여주는 창문입니다. 스피어 엑스 망원경은 미국 NASA와 한국 천문연구원이 공동 개발한 적외선 우주망원경으로 2025년 3월 미국 반댄 버그 발사장에서 발사되었습니다. 스피어 엑스 망원경은 적외선 3차원 우주 지도 제작, 우리은하 내 생명체 존재 가능성 탐색, 그리고 은하 형성과 진화 비밀 규명을 수행하고 있습니다. 우주망원경의 장점은 대기에 의한 관측의 장애가 없어 압도적인 관측력을 유지하며, 지구의 낮과 밤, 날씨와 상관없이 24시간 동안 관측을 지속할 수 있습니다. 하지만, 우주망원경은 우주망원경 개발 및 발사 비용이 천문학적으로 비싸고, 우주에서 고장이 난 경우 유지 보수가 거의 불가능한 단점도 있습니다.

지구의 변화된 모습과 사람의 얼굴까지 판별하는 지구 관측 위성

최초의 지상 관측 위성은 1972년 미국이 발사한 랜샛-1(LANSAT-1)입니다. 이 위성 이후 프랑스의 스팟(SPOT) 위성 등이 연이어 발사되었습니다. 이 분야는 현재 민간기업이 상업적으로 활동을 시작하여 새로운 부가가치를 창출하고 있습니다. 구글의 구글어스(Google Earth)에서와 같이 민간기업의 지상 관측 위성에 의해 민간기업이 제공하는 관측 영상 정보는 정보 제공 차원에서 상업적으로 활용되고 있습니다.

미국의 GeoEye사의 GeoEye 위성과 Digital Globe의 Worldview-2 위성은 각각 민간사업자가 운영하는 위성입니다. 이들 위성이 촬영한 영상은 미국의 국가지리공간국(NGA: National Geospatial-Intelligence agency)이 일정 영상을 장기간 구매하는 핵심 고객입니다. 이탈리아의 COSMO-SkyMed와 프랑스의 Pleiades 위성은 우주 기관과 국방부가 공동으로 활용합니다. COSMO 위성은 환경감시와 통제, 재해 감시와 구조활동 지원, 농업, 연안 지역 감시와 제어, 지형과 지도 제작, 평화유지 지원 등을 하고 있고, Pleiades는 지도 작성, 화산 활동 조사, 경작면적 및 곡물량 조사, 홍수 위험지역 지도 작성, 해안선 조사, 국가 방위 등에 활용이 되고 있습니다.

위성에서 지구의 여러 영상 정보를 얻는 일반적인 방법은 지표면에서 반사되어 오는 빛을 카메라로 촬영하는 것입니다. 위성에 장착되는 카메라를 포함한 제반 시스템을 '광학 탑재체(Optical Payload)'라 합니다. 광학 탑재체는 지구에서 반사되어 오는 빛을 감지하는 장비이므로 야간이나 구름이 낀 흐린 날씨에서는 원하는 영상 정보를 얻기 어렵습니다. 이러한 단점을 극복할 수 있는 영상 탑재체가 합성 개구면 레이더(SAR, Synthetic Aperture Radar)입니다. 위성이나 비행기같이 매우 먼 곳에서 레이더를 이용한 영상 정보를 얻으려면 안테나가 매우 커야 해서 위성이나 비행기에 탑재하기 어렵습니다. 이 같은 문제를 해결하기 위해 제안된 방안이 바로 합성 개구면 레이더입니다.

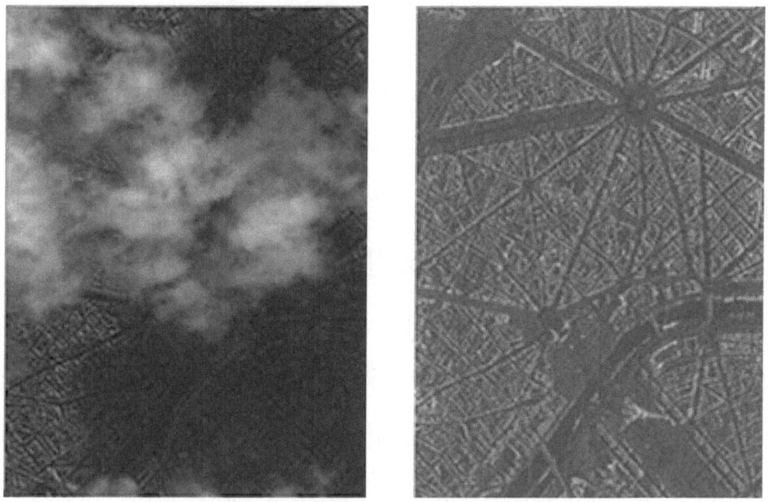

그림 3-16. 광학-레이더 영상 비교

왼쪽은 흐린 날씨에 아리랑 3호(광학)가 촬영한 프랑스 파리의 모습. 오른쪽은 흐린 날씨에 아리랑 5호(레이더)가 촬영한 프랑스 파리의 모습.

합성 개구면 레이더는 광학 탑재체에 비해 해상도는 떨어지지만, 밤낮에 상관없이, 날씨와 관계없이 항상 관측할 수 있어 언제 어떤 상황에서든 재난이나 군사적 활동을 관측하는 데 유용하게 사용됩니다. 최근에 중국은 100km 거리 떨어진 곳에서도 사람의 얼굴을 탐지할 수 있는 레이저 영상(Laser Imaging) 기술을 개발하였습니다. 이 기술은 과거에 불가능했던 영상 처리 기술로 외국 위성들을 감시하는 고성능 지구 관측 위성에 활용될 수 있습니다.

세계를 하나의 통신망으로 연결하는 통신위성

위성통신 서비스를 제공하는 위성이 통신위성입니다. 위성통신의 최초 실험은 1960년 미국에서 발사된 에코(Echo) 1호 위성입니다. 이 위성은 구체의 표면을 알루미늄 상자로 감싼 것으로 지상에서 발사된 전파를 이 알루미늄이 반사하는 수동형 통신위성입니다. 이 실험에서 알루미늄 상자에서 반사하여 지상으로 돌아온 신호는 너무 미약하여 실용화할 수가 없어 위성에 중계기를 탑재하여 중계기가 지상에서 발사된 전파를 수신하고 그 전파를 증폭시켜 지상으로 보내는 능동형 위성이 필요하게 되었습니다. 세계 최초로 운용이 된 능동형 통신위성은 텔스타(Telstar) 위성입니다. 이 위성은 AT & T 벨연구소에서 개발되어 1962년 7월 NASA가 발사하였습니다. 하지만, 이들 위성은 하루에 3번 정도만 접속이 이루어지는 저궤도 위성이었습니다. 최초의 정지궤도 통신위성은 1963년 NASA가 발사한 신콤(Syncom) 2호 위성입니다. 이후 정지위성을 이용한 국제통신이 확산하면서, 상용시장이 형성되었습니다. 이에 위성을 이용한 국제통신을 목적으로 국가가 참여하고 통신사업자가 출자하여 1964년 인텔샛(Intelsat)이 구축되었습니다. 1965년 인텔샛 1호가 발사되면서 최초의 상업 위성통신 시대가 개막되었습니다. 한국은 1995년 8월 한국 최초 상용 방송 통신위성인 무궁화-1호를 발사하면서 세계에서 22번째로 상용 위성을 보유한 나라가 되었습니다.

하나의 방송 전파로 난시청을 해소하는 방송위성

위성방송이란 적도 상공에 쏘아 올린 방송위성(BS, Broadcasting Satellite)을 이용한 각종 방송을 의미합니다. 일반적으로 지상파 방송에 비해 위성방송은 하나의 방송 전파로 전국 어디에서나 방송할 수 있는 특징을 지닙니다. 방송위성이 적도 상공에 정지해 있으면서 지구의 자전 주기와 같은 주기로 돌기 때문에 실질적으로 고정되어 송출하는 것 같은 중계 시설이 필요 없습니다.

산악 지대나 고층 빌딩 등에 의한 전파 방해가 적어 전국의 산간벽지나 멀리 떨어진 섬에서 난시청이 해소됩니다. 고층 건물로 빚어진 난시청 등 도시 수신 방해가 줄어들고, 방해 전파의 발사가 어려워져 전달되어 오는 메시지를 방해받지 않고 받아들일 수 있습니다. 방송위성을 이용한 텔레비전 방송은 포화 상태인 지상파 방송 주파수의 용량 이상을 제공할 수 있을 뿐 아니라, 전국 방송 프로그램을 같은 시간대에 수신할 수 있게 해줍니다. 또한 개발도상국에서는 교육 수단으로 위성방송의 잠재적 중요성은 매우 큽니다. 통신위성이 지나는 광역성과 동시성의 기술적 특성은 원거리 미디어 정보 유통 영역을 확대하고 있습니다.

아인스타인 상대성이론이 적용된 항법위성

위성을 이용하여 위치정보를 제공하는 위성개발은 미 해군의 수요로 1958년부터 시작되었습니다. 미 해군은 드넓은 바다를 항해하는 잠수함이 자신의 위치를 지상의 시스템으로는 인지할 수 없어 항해항법 지원에 우주시스템을 활용하고자 하였습니다. 1959년에 최초의 실험기인 Transit 1B 호를 시작으로 미국의 GPS가 구축되기 시작하였습니다. 상대성이론이 활용되는 기술에 GPS(Global Positioning System)가 있습니다. 이것은 위성의 전파를 수신해 현재 위치를 특정합니다. GPS는 스마트 폰과 자동차 내비게이션 등에서 정확한 위치나 정보를 얻기 위해 사용되는 등 현대 생활에 없어서는 안 되는 시스템입니다. GPS 위성은 아인스타인 특수상대성 이론에 의하면, 시속 약 1만 4000 Km(초속 4 Km)이라는 고속으로 이동하기 때문에 지상에서 봤을 때 시간의 흐름은 늦어집니다. 반면에, GPS 위성은 지구상의 고도 2만km 상공을 날고 있습니다. 아인스타인 일반 상대성 이론에 의하면, 고도가 높을수록 지구의 중력이 약해지기 때문에 '무거운 물체 주위(지구)에서는 시간이 느려진다'의 반대인 무거운 물체로부터 멀어질수록 시간이 빨라지는 현상이 일어납니다. 이 두 가지 현상 가운데 실제로는 일반 상대성 이론의 효과인 '시간이 빨라진다'는 현상이 큰 영향을 주기 때문에 GPS 위성의 시계는 빨라지게 됩니다.

미국의 GPS로 대표되는 위성항법시스템(GNSS, Global Navigation Satellite System)은 다수의 위성을 특정한 궤도에 배치하여 언제 어디서나 위치정보를 획득할 수 있도록 개발한 위성을 이용한 측위 시스템을 의미합니다.

현재 운영 중인 GNSS는 미국의 GPS, 러시아의 GLONASS(GLObal, NAvigation Satellite System)가 있으며, 유럽연합은 갈릴레오 시스템을 2008년 이후 서비스를 제공하고 있으며, 중국은 베이더우 항법 시스템을 자체 개발하여 전 세계에 서비스를 제공하고 있습니다. 이 밖에 지역적인 위성 측위 보완을 위한 시스템으로써 일본의 준 천정 위성시스템(QZSS; Quasi-Zenith Satellite System)과 인도의 위성 항법 시스템인 인도 별자리 네비게이션(NavIC; Navigation with Indian Constellation)이 있습니다.

GPS의 활용시장은 위치기반서비스(LBS, Location Based Service)와 자동차 텔리매틱스(Telematics) 분야입니다. 텔리매틱스는 차량의 위치나 목적지까지의 최소 시간 경로를 자동으로 결정하는 것은 물론, 자동차의 상태를 항상 점검하여 원격으로 진단받을 수 있으며 주변의 유용한 정보를 운전자에게 제공하는 기술입니다. GPS는 토지 측지 및 측량 등 고전적인 위치정보 활용 분야에 일대 혁신을 촉발했을 뿐만 아니라, 현대 경제 및 산업 활동의 근간이 되는 교통, 물류 운송시스템을 비롯하여 건설, 지리정보시스템(GIS; Geographic Information System), 통신 등 산업 전 분야에 걸쳐 그 활용도가 급속히 증가하고 있습니다. 또한 국방, 환경감시, 응급 재난 감시, 지구과학, 기초과학 분야 등에서도 널리 활용되고 있습니다.

정확한 날씨 진단을 위한 날씨 내시경, 기상위성

최초의 기상위성은 미국이 1960년 4월 1일 발사한 저궤도 위성인 타이로스(Tiros: Television Infrared Observation Satellite) 1호입니다. 구름 한 점 없는 맑은 하늘부터 격렬한 폭풍우까지, 지구의 날씨는 역동적이고 예측 불가능합니다. 하지만 이러한 변화무쌍한 날씨를 이해하고 예측하는 데 혁명적인 변화를 불러온 기술이 있습니다. 바로 기상위성입니다. 지구 궤도를 돌며 끊임없이 자료를 수집하는 기상위성은 이제 단순한 날씨 예보를 넘어, 기후변화 연구, 재해 예방, 농업, 항공 등 다양한 분야에 필수적인 도구로 자리매김했습니다. 기상위성이 수집하는 데이터는 다양한 종류의 센서를 통해 얻어집니다. 가시광선 센서는 태양 빛을 반사하는 구름과 지표면의 영상을 얻습니다. 적외선 센서는 물체가 방출하는 적외선을 감지하여 구름 온도와 높이를 측정합니다. 수증기 센서는 대기 중 수증기의 양을 측정하여 강수 발생 가능성을 예측합니다.

기상위성은 크게 정지궤도 위성과 극궤도 위성으로 나뉩니다. 정지궤도 위성은 지구 자전 속도와 같은 속도로 적도 상공 약 36,000km 상공에서 지구를 공전합니다. 마치 하늘에 고정된 것처럼 보이며, 특정 지역을 지속해서 관측할 수 있다는 장점이 있습니다. 이를 통해 동일 지역의 날씨 변화를 실시간으로 모니터링하고, 폭풍의 이동 경로를 추적하며, 구름의 발달 과정을 상세히 관찰할 수 있습니다. 하지만 고도가 높으므로 지상의 세부적인 정보는 얻기 어렵다는 한계가 있습니다.

반면에, 극궤도 위성은 지구의 극 상공을 지나며 지구를 주기적으로 관측합니다. 고도가 정지궤도 위성보다 낮아(약 800km~1,000km) 지상의 더욱 상세한 정보를 얻을 수 있습니다. 지구 전체를 덮는 광범위한 자료를 수집하여 전 지구적인 날씨 패턴을 파악하는 데 유용합니다. 또한, 극궤도 위성은 가시광선과 적외선 외에도 마이크로파를 이용하여 구름 아래 지표면의 온도, 강수량, 해빙 상태 등을 측정할 수 있습니다.

전 지구가 하나가 되어 일제히 기상관측을 하고 전 지구 규모의 데이터를 취득하기 위한 최초의 정지궤도 기상위성 계획에 의해 미국, 일본, 유럽이 각각 정지궤도 기상위성을 발사할 계획을 수립하였습니다. 미국이 1974년 5월 SMS(Synchronous Meteorological Satellite) 정지궤도 기상위성을 발사한 것을 필두로, 일본은 1977년 4월 히마와리라 불리는 정지궤도 기상위성 GMS(Geostationary Meteorological Satellite)-1을, 유럽은 1977년 11월 Meteosat-1을 각각 발사하였습니다. 인도는 1981년 4월에 인도 다목적 정지궤도 위성(INSAT; Indian National Satellite)에 기상 영상 관측 기능을 추가하여 발사했습니다. 중국은 1988년 극궤도기상위성 FY-1A를, 1990년 극궤도기상위성 FY-1B를 발사하였습니다. 중국은 1997년 정지궤도 기상위성 FY-2A를 발사하였으나 안테나에 장애가 발생하여 제한적으로 운영되었고, 2004년 발사한 FY-2C 기상위성을 운영하고 있습니다. 한국은 2010년 6월 정지궤도의 천리안 위성이 발사되기 전까지 기상위성 정보를 일본의 기상위성에 전적으로 의존해 왔습니다. 한국은 천리안 위성을 통해 기상관측 정보의 자립화를 이루게 되었습니다.

미래 기상위성은 4차 산업 혁명 기술인 인공지능 기술의 발전으로 예보의 정확도를 더욱 높이고, 지구 시스템을 이해하여, 기후변화에 대응하는 데 필수적인 임무를 수행할 것으로 예상됩니다.

지구의 온난화와 미세먼지 원인을 밝혀주는 환경 위성

한국의 환경부 국립환경과학원 환경 위성센터는 아시아 전역의 대기오염물질 및 기후변화 유발 물질의 실시간 관측을 위해 한국항공우주연구원(KARI)와 협력하여 정지궤도 위성인 환경 위성(천리안 위성 2B호)을 개발하였습니다. 세계 최초로 20202년 2월 프랑스 영토인 기아나 우주센터에서 발사된 환경 위성은 정지궤도 환경 관측 탑재체(GEMS; Geostationary Environmental Monitoring Spectrometer)를 장착하여 주어진 임무를 수행하고 있습니다. 한국에 이어, 미국은 2023년 4월에 정지궤도 환경 위성(TEMPO)은 발사에 성공하였고, 유럽의 정지궤도 환경 위성(Sentinel-4)은 2026년에 발사될 예정입니다.

GEMS가 탑재된 정지궤도 환경 위성은 장거리 이동 미세 먼지 등 대기 오염 물질의 생성, 이동 등에 대한 상시 감시를 통해 미세 먼지 원인 규명, 아시아, 한반도 지역 기후변화 영향 분석을 위한 장 단기 체류 기후변화 유발 물질의 정량적, 정성적 감시를 수행할 수 있습니다. 또한, 환경위성은 실시간 위성 관측자료의 국내·외 제공 및 활용 기술 개발로 미세 예보의 정확도 향상과 국민건강 보호, 국내 및 아시아 지역의 위성 분석자료 제공을 통한 각국의 대기질 현황분석 및 대응책 마련 지원 등을 할 수 있습니다. 환경과학원은 최근에 전 세계 메탄가스 발생 주범을 찾는 초소형 "메탄 위성" 개발을 추진하고 있습니다.

지구 온난화는 인간이 직면한 가장 심각한 환경 문제 중 하나입니다. 이 문제를 해결하기 위해서는 온실가스 배출량을 줄이는 것이 중요합니다. 온실가스 중 이산화탄소는 그래도 잘 알려졌지만, 메탄가스는 이산화탄소보다 80배 더 강력한 온실 효과를 가진 위험한 기체입니다. 하지만 메탄가스의 배출원을 정확하게 파악하기는 어려운 일입니다. 그동안 위성을 이용하여 대기 중 메탄가스 농도를 측정할 수는 있었지만, 배출원을 정확히 찾는 것은 불가능했습니다. 하지만 이에 대한 해법(Solution)이 있습니다. 바로 4차 산업 혁명 기술과 위성 기술을 융복합한 메탄 위성의 개발입니다. 이러한 초소형 위성개발 동향에 부응하여 환경 위성센터에서는 지구 온난화 주범인 메탄가스 농도를 측정하고 준실시간으로 분석할 수 있는 초소형 메탄가스 위성 개발을 추진하고 있습니다. 환경위성센터, 이동원 연구관은 초소형 메탄 위성 상위 설계에 필요한 "메탄 위성시스템 요구 사항" 작성에 크게 이바지하였습니다.

지구 온난화 퇴치를 위한 도구로써 활용될 초소형 메탄 위성이 발사되어 운용되면 한반도뿐만 아니라 전 세계에 숨겨진 메탄 배출원을 지속해서 밝혀 지속 가능한 미래 지구를 만들 수 있을 것으로 예견됩니다.

해양 공해의 진원지를 찾아주는 해양 위성

해양 위성 관측 정보로 바다의 미래를 예측할 수 있습니다.

인간 최초의 해양 관측용 위성은 '씨샛(Seasat)'입니다. 씨샛은 1978년 미국에서 발사된 해양 관측 위성으로 적외선 마이크로파 센서를 탑재해 해수면 상태를 측정했습니다. 그 이후 지금까지 매우 다양한 센서가 개발되며 더 나은 시 공간해상도의 자료를 수집할 수 있게 되었습니다. 위성의 관측자료를 이해하기 위해서는 시 공간의 해상도와 각 센서가 가지는 특유의 능력을 이해하여야 합니다. 가시영역의 위성은 공간해상도가 다른 위성에 비해 매우 좋지만, 구름이 많으면 구름이 렌즈를 가리는 현상이 발생해 관측이 어려워집니다. 10년 전부터는 가시영역 위성만의 관측을 극복하기 위하여 마이크로파 위성 자료와 합성하는 연구가 진행되고 있습니다. 또한, 위성 관측을 해양 연구에 이용하기 위해 다양한 알고리즘이 개발되고 있습니다.

위성에서 관측되는 다양한 파장별 반사도로 엽록소(Chlorophyil; 클로로필)이나 수온을 산출하기도 하고, 해수면에서 반사되는 레이더의 신호 세기를 분석해 해수면의 거칠기, 즉 해수면에서의 바람이나 파를 연구하기도 합니다. 하지만 지금까지 개발된 많은 알고리즘 중에 최근 많은 이들의 시선을 끄는 것은 단연 인공지능 알고리즘입니다.

기후변화에 중요한 관측자료 중 하나는 대기나 해양의 이산화탄소(CO2) 관측자료입니다. 대기의 이산화탄소는 OCO2라는 위성으로 관측할 수 있으며 해양의 이산화탄소는 아직 위성으로는 관측할 수 없습니다. 하지만 인공지능 알고리즘을 이용하면 위성에서 얻은 수온과 클로로필(엽록소) 자료를 이용하여 이산화탄소 분압을 예측할 수 있습니다. 해양 위성을 통하여 해양과 대기의 이산화탄소 농도를 감시하면 미래의 기후변화를 보다 정확히 진단할 수 있습니다. 한국 해양 위성(천리안 위성 2B호)은 2020년 2월 19일 발사에 성공하여 고도 35,680km, 동경 128.25도의 적도 상공의 정지궤도에 정상 진입하였습니다.

그림 3-17. 천리안 위성 2B호 비행 상상도

[출처: KARI]

그 후, 한국해양과학기술원 해양 위성센터는 세계 최초 세계 유일의 정지궤도 해양 위성인 천리안 위성 1호의 해양탑재체 GOCI-I(Geostationary Ocean Color Imager-I)과 천리안 위성 2B호의 GOCI-II의 관측자료와 인공지능 알고리즘을 활용하여 적조, 저염분, 수질, 해무 등의 해양 환경변화 관련 연구를 진행하고 있습니다.

인공지능 알고리즘을 적용하면 위성 관측만으로는 어려운 다양한 해양 현상들에 관해, 무에서 유를 창출해 낼 수 있습니다. 이렇게 생산된 새로운 자료로 지역적인 환경변화부터 거대한 기후변화까지 연구하며 미래 환경변화를 예측할 수 있습니다. 그러나 인공지능이 모든 현상을 설명해 줄 수는 없으므로 보다 정확한 실측과 이론적인 연구가 병행되어야 합니다. 그러나, 천리안 위성 2B호로부터 얻은 자료를 인공지능 알고리즘으로 분석해 해양환경과 관련한 다양한 과제들을 해결해 낼 수 있습니다. 이렇게 생산된 새로운 자료로 지역적인 환경변화부터 거대한 기후변화까지 연구하여 미래 환경변화를 예측할 수 있습니다. 인공위성 센서의 발달과 인공지능 알고리즘의 정교화는 해양에서의 4차 산업혁명을 이끌 강력한 원동력이 될 수 있습니다. 이를 위해서는 산업적인 측면에서 해양 특유의 현상을 관측하기 위한 센서 개발과 위성 자료를 분석하는 특화된 인공지능 알고리즘 개발이 진행되어야 합니다. 이와 같은 과정을 통해 획득한 자료로 지금까지 풀지 못한 해양의 많은 어려운 문제를 풀 수 있게 될 것입니다.

6장

미래 위성의 혁명은 초소형 위성에서 찾아라!

본 장에서는 미래 위성 혁명의 중심이 되는 초소형에 대해 알아보도록 하겠습니다.

과거에는 개발 비용과 기간이 많이 소요되는 중대형 위성을 통해 지구에서 생활하고 인간에게 도움이 되는 통신, 방송, 지구 관측, 위치정보 등을 제공받았습니다. 하지만 최근에는 적은 비용과 개발기간이 짧은 소형, 초소형 위성을 개발해 대형 위성의 임무를 대체하고 있습니다. 따라서 미래 위성 혁명은 초소형 위성에서 찾을 수 있을까요?

미래 위성 산업의 핵심 변화는 초소형 위성 (SmallSat, CubeSat 등)에서 찾을 수 있습니다. 중대형 위성이 주도하던 시대에서, 작고 저렴하며 빠르게 제작할 수 있는 초소형 위성으로의 혁명이 진행 중입니다. 그러면 이제 초소형 위성 기술 동향과 변화의 흐름을 살펴보겠습니다.

과거는 중대형 위성 시대였습니다.

중대형 위성의 무게는 수백 kg~수 톤 정도였고, 개발 비용은 수천억~수조 원으로 5~10년 정도의 개발기간이 소요되었습니다.

중대형 위성의 임무는 위성통신 및 방송, 기상 및 환경 관측, 정찰, 위치정보 획득 등이었고, 그 특징은 수명이 길고 기능이 복합적이지만, 개빌 비용과 시간이 많이 소요되는 것입니다.

현재 및 미래에는 초소형 위성(SmallSat 등)이 부상하고 있습니다.

초소형 위성의 분류

구분	정의 및 무게	예시
나노 위성 (NanoSat)	1~10kg	주로 스타트업에서 개발
피코 위성 (PicoSat)	0.1~1kg	센서 실험, 군집 비행
큐브 위성 (CubeSat)	1U = 10x10x10cm, 1~3kg	표준화된 형태, 저비용

초소형 위성의 장점

구분	주요 특성
개발 비용	수천~수억 원
개발 기간	수개월
발사 비용 절감	다수 위성을 한꺼번에 발사 가능 (Rideshare 발사)
기술 실증 및 활용 확대	대학, 스타트업 참여 가능
임무 특화	목적에 따라 위성을 임무별로 최적화

기술 동향 및 적용 분야

분야	주요 내용	예시
통신	초소형 통신위성을 군집으로 운용해 저지연 인터넷 제공	스타링크, 원웹 등
지구 관측	다수 위성으로 지구 표면을 고주기, 고해상도로 관측	플레네트 랩 (매일 지구 촬영)
기상/환경 감시	기상 데이터 수집, 미세 먼지/기후변화 추적	스파이어 글로벌 (기상 데이터)
군집위성 (Swarm Satellite)	수십~수백 개 위성 동시 운용	인공 별자리 (Constellation) 구성
양자통신/보안	초소형 위성을 활용한 양자암호통신 실험	중국 '모쯔(Micius)' 위성
AI 위성	온보드 처리(Onboard AI)로 지구 사진 실시간 분석	하이퍼샛, 엑소트레일 등

초소형 위성 주요 기업과 기관

민간 기업으로 플레네트 랩(Planet Labs)은 지구 관측용 초소형 위성 200기 이상 운용하고 있고 스파이어(Spire)는 기상 및 선박, 항공을 모니터링하고 스페이스X는 군집위성을 구성하여 사물인터넷(IoT: Internet of Things) 통신용 피코위성을 운영하고 있습니다.

정부 및 기관으로 NASA, ESA, KAIST, 서울대학교 등에서 큐브 위성을 개발하고 있으며 미 공군/해군은 군사용 CubeSat을 개발하고 있습니다.

초소형 위성의 미래 전망

항목	설명
위성 제조의 상용화	표준화된 모듈형 위성 설계로 누구나 개발 가능
우주 인터넷 확장	지구 어디서나 연결 가능한 통신 인프라 구현
재사용 가능한 플랫폼	소형 위성도 궤도 수정 및 유지 보수 기술 개발 중
우주 교통 관리	소형위성 증가로 '우주 교통관제' 및 충돌 회피 기술 중요성 대두
우주 쓰레기 문제	짧은 수명의 위성 증가로 폐기 및 제거 기술 필요성 증가

이와같이 미래 위성 혁명의 중심에는 초소형 위성이 있습니다.

기술혁신과 발사 비용 절감, AI와 데이터 기술과의 융합이 이루어지면서, 초소형 위성은 단순한 대안이 아니라 새로운 우주산업 생태계의 핵심이 되고 있습니다.

큐브(Cube) 위성이란 무엇인가?

큐브 위성은 부피 1리터(10cm x 10cm x 10cm), 질량 1.33kg을 넘지 않는 초소형 위성(pico sat)을 의미합니다. 1999년 캘리포니아 폴리테크닉 주립대학(California Polytechnic State University)과 스탠퍼드 대학(Stanford

University)이 공동으로 학생들의 교육을 위한 목적으로 개발하였습니다. 교육용 목적으로 개발되었지만, 현재 많은 위성 기업이 큐브샛 개발을 활발히 진행하고 있습니다. 위성을 궤도까지 보내는 비용은 소모성 부스터의 비싼 kg당 발사 가격에 좌우되었습니다. 이 문제에 대한 한 가지 해결책은 위성 무게를 줄여서 위성 발사 가격을 떨어트리는 것입니다.

위성의 소형화는 컴퓨터와 다른 전자 장치 분야에서 큰 진전을 이루었습니다. 컴퓨터를 1,000분의 1 크기로 줄일 수 있다면 위성도 그 크기를 줄일 수 있게 되었습니다. kg당 5,000달러일 때, 1만 kg의 위성은 발사에 5,000만 달러가 들지만, 10kg의 위성이라면 5만 달러밖에 들지 않습니다. 발사 비용을 저렴한 비용으로 우주로 나가고 싶으면, 이것이 가장 쉬운 방법입니다. 큐브샛 발명가인 로버트 트위그는 이러한 방법을 택한 것입니다. 최초의 큐브샛의 목적은 교육용 도구였으나, 큐브샛 설계자들은 큐브샛 특성의 장점을 도입해 두 개, 세 개, 여섯 개, 열두 개의 정육면체로 된 큐브샛을 만들었다. 큐브샛은 2005년 10대가 최초로 발사되었습니다. 그 후, 큐브샛 위성의 성능이 좋아져 공공용 혹은 상업용 원격 탐사용 등으로 사용되고 있습니다. 큐브샛 위성의 대표적인 성과는 큐브샛 위성이 미 항공우주국 NASA의 인사이트(Insight) 화성 착륙선에 편승해 본선의 화성 진입, 하강, 착륙을 실시간으로 전달하는 임무를 성공적으로 수행한 것을 꼽을 수 있습니다. 큐브샛의 특징은 바로 소프트웨어의 소스 프로그램의 공개(Open Source)에 있습니다.

오픈 소스는 웹상에서 누구나 큐브샛 제작 방법을 찾을 수 있다는 것입니다. 학생, 엔지니어, 아마추어 가릴 것 없이 누구나 큐브샛에 관심이 있고, 직접 제작하고자 하는 열정만 있다면 어디서든 설계도를 구해 제작할 수 있습니다. 표준 큐브샛 설계도는 Cubesat.org에서 구할 수 있습니다. 기존의 위성은 위성마다 일대일로 대응되는 발사체가 있어야 했습니다. 이와 다르게 큐브샛은 주 발사체 옆에 붙여서 스프링으로 튕겨내기만 하는 형태이기 때문에, 큐브샛끼리는 모두 같은 발사체를 사용할 수 있고 별도의 발사 비용도 들지 않습니다. 이에 따라 큐브샛 하드웨어 자체의 대량 생산할 수 있었습니다. 발사 자체에도 비용이 적게 들고, 대량 생산으로 인해 제작비용도 저렴하여 큐브샛이 위성 산업에 변화를 주고 있습니다.

큐브샛이 적은 비용으로 우주에서 임무를 수행할 수 있다는 장점이 있지만, 대형 위성이 해오던 임무를 수행하기에는 출력의 크기나, 제어의 어려움 등 아직 미흡한 점이 많습니다. 하지만, 대형 위성이 갖지 못하는 것은 큐브샛만의 장점인 동시성입니다. 대형 위성은 위성에 할당된 지역만을 지향하면서 임무를 수행하여야 하지만, 큐브샛은 동시에 지구 전체를 대상으로 혹은 우주 전체 방향을 대상으로 주어진 특정 임무를 수행할 수 있습니다. 지금까지 동시적으로 지구 전체의 사진을 찍는다거나, 대기를 분석한다는 등의 임무는 수행하는 것이 불가능했지만, 큐브샛의 등장으로 우주를 대상으로 하는 동시다발적 임무 수행이 가능해졌습니다.

소형 위성(SmallSat) 개발의 중요성

소형 위성은 개발기간이 짧고 비용이 적게 들며, 다양한 임무에 활용될 수 있어 우주탐사와 연구에 매우 유용합니다. 특히, CubeSat과 같은 소형 위성은 학생들이 직접 설계하고 제작할 수 있어 교육적인 측면에서도 큰 장점을 가지고 있습니다. 이러한 이유로 NASA는 대학들과 협력하여 소형 위성개발을 적극적으로 지원하고 있습니다. 이러한 프로그램들을 통해 학생들은 실제 우주 프로젝트에 참여하며 실무 경험을 쌓고, NASA는 혁신적인 아이디어와 기술을 확보할 수 있습니다. 또한, 이러한 협력은 우주 개발에 관한 관심을 높이고, 미래의 우주산업을 이끌어갈 인재를 양성하는 데 크게 기여하고 있습니다.

7장

세계 10위권 우주 선진국 수준에 진입한 한국, 우주기술의 성적은?

한국은 최근 몇 년 사이 우주기술 분야에서 괄목할 만한 성과를 이루며 세계 10위권 수준에 진입했습니다. 특히 발사체, 위성개발, 우주탐사 등 다양한 분야에서 독자적인 기술력을 확보하며 '우주 강국'으로서의 입지를 강화하고 있습니다.

이에 대해 본 장에서는 한국의 우주 개발 주요 성과 및 기술 수준에 대해 살펴보도록 하겠습니다.

한국의 우주 개발 중요성과 및 기술 수준은 어떻게 될까?

한국은 2022년 6월, 한국형 발사체 누리호(KSLV-II)가 실용위성을 궤도에 성공적으로 안착시키며, 한국은 자력으로 1톤급 이상의 위성을 발사할 수 있는 세계 7번째 국가가 되었습니다. 이는 발사체, 위성, 발사장을 모두 자국 기술로 구축한 '스페이스 클럽' 기준으로 세계 11위에 해당하는 성과입니다. 한국은 2022년 8월, 한국 최초의 무인 달 탐사선 '다누리호'를 Space X의 발사체 '팰컨 9'를 통해 '다누리호'를 발사하여 달 궤도에 성공적으로 진입시켰습니다. 다누리호는 달 궤도에 진입한 후 6개의 탑재 장치를 이용하여 달의 영구 음영지역, 달 뒷면 관측 등 서로 다른 자료를 수집하고 있습니다. 그러나 달 탐사는 여전히 갈 길이 멀기만 합니다. 이는 한국의 달 탐사 역량을 한 단계 끌어올린 사례로 평가받고 있습니다.

한국은 2024년 발표된 상업용 원격 감지 위성 성능 평가에서, 한국이 개발한 다목적 실용위성-3A (KOMPSAT-3A; Korea Multi-purpose Satellite-3A) 위성이 중파 적외선(Mid-Wave IR) 분야에서 1위를 차지하며 기술적 우수성을 입증했습니다. 한화그룹은 우주산업 먹이사슬(Value Chain) 전반에 걸쳐 기술력을 확보하며, 발사체, 위성, 위성 서비스 등 다양한 분야에서 역량을 강화하고 있습니다. 특히, 한화에어로스페이스는 누리호의 엔진을 개발하고, 한화시스템은 초소형 SAR 위성을 국산화하는 등 민간 주도의 우주산업 발전에 기여하는 등 민간기업의 역할을 확대하고 있습니다. 현재 한국은 우주탐사 역량 세계 순위에서 8위에 있으며, 이는 빠른 기술 발전과 정부 및 민간의 적극적인 투자에 기인합니다. 앞으로도 한국은 지속적인 연구 개발과 국제 협력을 통해 우주기술 분야에서의 입지를 더욱 강화할 것으로 기대됩니다.

한국은 2030년까지 달 착륙선을 개발하여 달에 착륙시키는 것을 목표로 하고 있으며, 이를 위해 발사체 기술 고도화, 위성개발 역량 강화, 우주탐사 기술 확보 등에 주력하고 있습니다. 또한, 민간기업과의 협력을 통해 우주산업 생태계를 활성화하고, 국제 협력을 통해 글로벌 우주산업에서의 경쟁력을 높여 나갈 계획입니다. 이러한 성과와 계획을 통해 한국은 우주기술 분야에서 세계적인 경쟁력을 갖춘 국가로 자리매김하고 있으며, 앞으로의 발전이 더욱 기대됩니다. 하지만, 한국의 우주기술을 자세히 살펴보면 여러 가지 장점도 있지만 문제점과 단점이 있습니다.

우주기술을 미국, 일본, 등 우주 선진국 기술과 비교하기 전에 기술 수준을 단순히 수치나 비율로 비교하는 것은 자칫 오해를 불러일으킬 수 있습니다. 기술 수준은 대등하거나 비교할 수 있는 항목에서 객관적인 기준으로 비교해야 하며, 전체 기술 수준을 '10%', '30%'와 같은 단순 비율로 환산하는 것은 부정확하거나 부적절할 수 있습니다. 그러므로, 표현할 때는 "기술 격차가 크다.", "기술 단계상 초기 수준에 있다.", "고급 기술 요소는 미흡하다." 등 정성적 표현이나 구체적 항목 기준을 사용하는 것이 더 바람직합니다.

한국 우주기술 수준은?

한국 우주기술 수준은 NASA의 기술 지표인 기술성숙도(TRL; Technology Readiness Level)를 고려하여 한국 우주기술 수준을 미국, 중국, 일본과 비교하여 수치(%)로 계량화하였습니다.

1. 우주발사체 개발 기술

한국은 누리호 3단 액체 엔진 독자 개발을 성공적으로 하였지만, 정밀 추력 제어 및 다단분리 기술이 미국 기술에 비해 미흡하여 재래식 액체 로켓 일회용 발사체 기술은 미국 기술의 50~60% 수준입니다. 고 추력 엔진(1 MN; Mega Newton) 이상급) 기술은 미국의 40%, 중국의 60%, 일본의 70% 수준입니다. 미국의 Space X는 수십 회 재사용에 성공하였습니다. 하지만, 한국은 재사용 로켓 기술이 연구·개발 초기 단계이며, 차세대 발사체(KSLV-III)를 위한 재사용 기술 연구가 진행 중입니다. 따라서, 재사용 발사체 기술은 미국의 10% 수준입니다.

2. 위성개발 기술

정지궤도 위성을 포함한 중 대형 위성 기술은 일본의 80%, 미국의 60% 수준입니다. 소형위성 (smallsat, 10~100kg) 기술은 미국의 70%, 일본의 75% 정도입니다.

초소형 위성 (pico sat, 〈1kg) 기술은 미국의 50% 정도로 한국은 큐브 위성 제작이 가능하나, 다기능 통합, 초경량화 기술은 한계가 있습니다.

그럼, 위성 탑재체 기술 수준은 어느 정도일까요? 저궤도 위성의 전자광학 탑재체 기술은 일본의 60%, 미국의 40% 수준입니다. 저궤도 위성의 합성 개구 레이다 (SAR; Synthetic Aperture Radar) 탑재체 기술은 한국이 비록 SAR 독자 기술 확보를 위한 연구 개발을 수행하고 있지만, 일본의 60%, 미국의 30% 수준입니다.

정지궤도 기상위성 탑재체 기술은 미국의 65 ~70%, 중국의 80% 정도입니다. 정지궤도 환경 위성 탑재체 기술은 미국의 70 ~75%, 중국의 90% 수준입니다. 한국은 기상 및 환경용 지구관측 탑재체(SAR 탑재체 포함) 대부분을 미국, 유럽 등에서 수입하거나 공동 개발 형태로 위성 버스체와 종합화하여 지구관측 정지궤도 위성을 개발하는 단점이 있습니다.

3. 지상 장비 제작 기술

지상 장비 제작 기술 수준을 살펴보겠습니다. 추적 관제시스템 기술은 미국의 70% 수준이며 일본의 90% 정도입니다. 안테나 및 전파 수신 기술에서 한국은 장거리 심우주 통신 기술의 결여로 미국의 60% 수준이며 일본의 85% 정도입니다. 민간 위성 지상국 구축 기술은 미국의 10% 수준입니다. 미국은 민간기업인 아마존이 아마존 웹 지상국(AWS; Amazon Web Station) 클라우드 기반 기술로 지상국을 전 세계 전역에 구축하고 있지만, 한국은 민간기업의 위성 지상국 구축 기술과 실적이 저조합니다. 또한, 한국은 "추적 관제시스템"이나 "위성 영상 처리 시스템"을 구성하는 핵심 부품(MODEM, 주파수 변환 장치, 고성능 증폭기 등) 대부분을 미국, 유럽 등에서 수입하여 위성 지상국을 개발하는 약점이 있습니다.

이처럼, 한국에서 위성 탑재체 및 위성 지상국 시스템 개발 단계에서 드러난 약점을 강점으로 바꾸는 전략과 정책이 요구되고 있습니다.

그러면 어떻게 하면 될까요?

한국은 위성개발 및 발사 능력에서는 빠르게 성장하고 있지만, 위성 탑재체 및 지상국 핵심 구성품의 국산화율은 여전히 낮은 수준입니다. 이는 기술 주권 확보, 산업 자립성 강화, 국가안보 및 지속적 산업 육성 측면에서 반드시 해결해야 할 과제입니다.

다음에서는 한국의 우주 개발 분야의 약점을 강점으로 전환하기 위한 전략 및 정책을 기술적, 제도적, 산업 생태계 측면에서 살펴보도록 하겠습니다.

한국의 우주 개발 분야의 주된 약점

분야	주요 내용
위성 탑재체	주요 탑재체 (SAR, 적외선 센서, 초분광 센서 등) 대부분을 수입 또는 국외 공동 개발에 의존
지상국 시스템	MODEM, 주파수변환기, 고성능 증폭기, 영상 처리 알고리즘 등 핵심 부품 국산화 미비
소프트웨어	위성 영상 분석, AI 자동 분류 시스템 등 고급 S/W 자체 기술 부족

우주 개발 분야의 약점을 강점으로 전환하는 전략은?

[전략 1] 국산화 로드맵 수립 및 핵심기술 선정:

위성 탑재체 및 지상국 구성요소를 핵심 기술군으로 분류하고, 단계별 국산화 목표 수립

예: 2025년까지 SAR 탑재체의 수신부 국산화, 2030년까지 전 구성요소 자립 기술 레벨(TRL; Technology Readiness Level; 기술 성숙도 수준) 기반으로 기술 격차를 수치화해 목표를 명확화함

[전략 2] 국가 주도형 핵심기술 개발사업 추진:

"우주 핵심 부품 독립 기술 개발 프로그램" 수행

예: 방산기술과 연계한 SAR, 주파수 변환, 고출력 증폭기 등 이중용도(Dual-use) 기술 개발 지원, KAIST, ADD(Agency for Defence Development; 국방과학연구소), KARI 중심으로 산·학·연 R&D 컨소시엄 체계화

[전략 3] 위성 부품 산업 클러스터 및 공급망 육성:

'우주 부품 제조 기관' 육성 (모듈별 특화기업 지정, 집적 단지 조성)

부품 인증센터 구축: 국제 무기 거래 규제(ITAR; International Traffic in Arms Reguration; 미국 국무부에서 관리), ESA, NASA 인증 통과를 위한 시험 및 평가 지원, 중소기업 대상 기술 세부 이전 및 시제품 제작비 보조 확대

[전략 4] 글로벌 기술협력을 기술 내재화로 전환:

현재 공동 개발 구조에서 벗어나 기술 이전 계약이 포함된 '조건부 국제 협력' 확대

예: "SAR 공동 개발 + 알고리즘 IP(Intellectual Property; 지식재산권) 일부 이전 + 국내 생산 조립 우선권"

정책적 접근 및 제도 개선 방향은?

[정책 1] 우주 산업법 개정에 부품 자립성 확보 조항을 명시

우주개발사업 선정 기준에 국산화율 가중치 부여,

우주 개발 예산의 일정 비율을 국내 부품 구매/기술 개발에 의무 배정

[정책 2] 수요 기반 R&D 지원:

공공 위성 사업 발주 시, 국산 부품 사용을 조건으로 하는 사전 수요 창출형 R&D 수행, "1단계 수입 / 2단계 공동 개발 / 3단계 독자 개발"의 구조화된 기술 흡수 경로 구축

[정책 3] 성과 기반 기술 이전 및 민간 양도

KARI 및 국방과학연구소(ADD)에서 개발된 기술을 민간기업에 라이선스 이전, 우주 분야 창업 및 기술 스핀오프 장려

실현을 위한 실행 방법은?

과제	실현 방안
SAR 탑재체 국산화	국내 연구기관 주도로 고해상도 SAR 수신기, 안테나, 알고리즘 개발 착수
주파수 변환기 국산화	방산·항공용 RF 기술 보유 기업의 우주용 부품 전환 유도
영상처리 S/W 자립	AI 기반 영상 자동 해석 엔진 개발, 민간 위성 영상 분석 스타트업 육성
기술 인증 체계 구축	우주청 주도, 우주 부품 전용 평가 및 검증 센터 설립

한국은 발사체와 위성 플랫폼, 중대형 위성개발에서는 이미 세계적 수준에 근접했지만, 탑재체 및 지상국 부품의 국산화가 미흡한 상황입니다.

이를 극복하려면 단순한 기술 개발을 넘어 정책-제도-산업 생태계 전반을 아우르는 전략적 접근이 필요합니다.

"기술 자립 없는 우주 주권은 없다"는 원칙을 기반으로, 핵심 부품의 국산화는 우주 안보, 경제, 산업적 측면에서 필수입니다.

[지식 더하기+ 창]

GPS 위성과 위성 항법위성은 무엇이 다를까?

GPS 위성과 위성 항법위성은 비슷한 개념처럼 보일 수 있지만, 범위와 명칭 면에서 차이가 있습니다. 간단히 정리하면 다음과 같습니다.

GPS 위성(GPS Satellite)은 미국에서 운영하는 위성항법 시스템(Navigation Satellite System)의 일종인 GPS(Global Positioning System)에 속한 위성입니다. GPS 위성은 지구 전역의 위치, 속도, 시간 정보를 제공하는 위성항법시스템 중 하나일 뿐, 전체를 대표하지 않습니다. 반면에 항법위성(GNSS; Global Navigation Satellite)은 전 세계적으로 사용되는 위치 측정용 위성의 총칭입니다. 즉, 여러 나라에서 운영하는 항법 시스템에 속한 위성들을 통틀어 이르는 말입니다. 위성 항법위성의 종류는 미국 GPS, 러시아 GLONASS, 유럽연합 Galileo, 중국 BeiDou, 일본의 준 천장 위성항법 시스템 QZSS(Quasi-Zenith Satellite System), 인도의 위성 기반 항법 시스템 NavIC(Navigation with Indian Constellation)입니다. 위성 항법위성의 기능은 각 시스템에 따라 다르지만, 대부분 GPS와 비슷하게 위치, 속도, 시간 정보를 제공합니다. 즉, GPS 위성은 위성 항법위성의 한 종류입니다. 모든 GPS 위성은 위성 항법위성이지만, 모든 위성 항법위성이 GPS 위성은 아닙니다.

뉴톤의 작용과 반작용의 법칙은 로켓의 추진 원리의 기반일까?

한국 속담에 "가는 말이 고와야 오는 말이 곱다"가 있습니다. 되로 주고 말로 받는 것도 작용과 반작용의 비유라 할 수 있을까? 뉴톤의 작용과 반작용의 법칙은 "모든 작용에는 크기가 같고 방향이 반대인 반작용이 있다"는 물리 법칙입니다. 이를 사회적 관계나 속담에 비유하는 건 창의적인 사고입니다. 한국 속담인 "가는 말이 고와야 오는 말이 곱다"나 "되로 주고 말로 받는다"는 모두 어떤 행동이나 말에 대한 반응이 따라온다는 의미에서 인과관계나 상호작용을 강조합니다. 그러나 과학적 의미의 작용과 반작용은 동시에 일어나며, 반드시 크기가 같고 방향이 반대입니다. 예를 들어 로켓이 뒤로 연료를 뿜어내면, 같은 힘으로 앞으로 나아갑니다. 반면에 한국 속담 속 반응은 시간상으로 나중에 일어날 수 있고, 정도나 크기가 같지 않으며, 감정이나 의도가 개입됩니다. 그래서 정리하자면, 비유적으로는 맞습니다. 어떤 행동에 대해 대응이 온다는 점에서 "작용-반작용"을 사람 관계에 비유할 수 있습니다. 물리학적으로는 속담은 정확한 작용-반작용 법칙과는 다릅니다. 따라서, 속담을 비유적인 작용과 반작용으로 해석하는 건 좋은 통찰이지만, 물리 법칙과는 다소 차이가 있습니다.

추력 방정식은 어떻게 유도될까?

추력은 공간을 통해 움직이는 힘(Force)입니다. 추력은 로켓의 추진 장치로 생성됩니다. 그러면, 추력은 어떻게 생성될까요? 추력은 뉴톤의 제3 법칙에 따라 생성되는 기계적인 힘입니다. 가스 또는 유체는 후방으로 가속되고, 로켓의 엔진은 반대 방향으로 가속됩니다. 가스를 가속하려면 추진 장치가 필요합니다. 뉴톤의 제2 법칙, 힘(F)은 시간의 변화에 따른 물체의 운동량 변화로 정의할 수 있습니다.

$$F = \frac{d}{dt}(mv) = ma$$

운동량은 물체의 질량 m 곱하기 속도 v 입니다. 따라서, 두 시간 t_1과 t_2사이에 힘은 다음과 같이 표시할 수 있습니다.

$$F = \frac{((mv)2 - (mv)1}{(t_2 - t_1)}$$

또한, 뉴톤의 제2 법칙은 다음과 같이 표현할 수 있습니다.

$F = \frac{d(mv)}{dt}$ 또는 $F = \dot{m}v$ 여기에서 $\dot{m}$ 은 단순히 유체의 질량이 아니라 질량 유량입니다. 유량은 단위 시간당 질량입니다. 추진 장치의 운동량 변화는 질량 유량의 변화에 속도를 곱한 것으로 표현됩니다.

추진장치

$F = (\dot{m}v)_e - (\dot{m}v)_o$ 여기에서, 출구 쪽 exit를 아래 첨자 e로 표시하고 입구 쪽은 시작이란 의미로 아래 첨자 o로 표시합니다. 그림에서, 출구 압력과 입구 압력이 다를 경우, 추가적인 운동량 변화가 일어나지 않습니다. 압력(P)에 단면적(A)을 곱하면 힘이 되며, 압력 항을 구할 수 있습니다. 따라서, 추력 방정식은 다음 식과 같이 모멘텀 항과 압력 항의 합으로 구해집니다.

$$F = (\dot{m}v)_e - (\dot{m}v)_o + (p_e - p_o)A_e$$

모멘텀 항 압력 항

일반적으로 압력 항은 모멘텀 항에 비해 작습니다. 추력 방정식을 통해 추력을 키우는 방법에는 2가지가 있습니다. 질량 유량을 키우든지 출구 속도(v_e)를 키우면 추력은 커집니다. 터빈 엔진의 노즐은 일반적으로 출구 압력과 입력 압력이 같아지도록 설계합니다. 즉, $p_e = p_o$ 일 때, 추력 방정식의 압력 항은 영(0)이 됩니다. 그러나, 노즐 출구 압력은 변화시키기 어렵기 때문에 특정 고도가 아니면 추력 방정식의 압력 항은 존재합니다. 추력에 크게 영향을 미치는 것은 모멘텀 항(질량 유량, 배기속도)입니다. 노즐은 주어진 압력과 온도에 대한 출구 속도를 결정합니다.

비추력(Specific Impulse, *Isp*)은 무엇일까?

비추력은 로켓 엔진이 단위 무게의 연료를 얼마나 효율적으로 사용하는지를 나타내는 지표입니다. 즉, 1kg의 연료로 얼마나 오랫동안 추력을 낼 수 있는지를 나타냅니다. 비추력은 다음과 같이 정의됩니다.

$$I_{sp} = \frac{F}{\dot{m} \times g}$$

여기에서, I_{sp}: 비추력 (초, s), F: 추력 (N), $\dot{m}$: 연료 유량 (kg/s),

g: 지구 중력가속도 (9.81 m/s²)

또는, 진공 상태에서 압력 차를 무시할 수 있다면,

$$I_{sp} = \frac{v_e}{g}$$

즉, 비추력은 연료 배출 속도와 비례하고 중력가속도로 나눈 값이에요.

치올코프스키 로켓 방정식은 어떻게 유도되는가?

치올코프스키의 로켓 방정식(Tsiolkovsky rocket equation)은 인간이 왜 우주로 나가는 게 그렇게 어렵고 연료가 많이 필요한지를 수학적으로 설명해 주는 아주 중요한 방정식입니다. 이제 그 공식을 이해하기 쉽게, 단계적으로 유도하겠습니다.

0 단계: 개념 정리

로켓이 우주로 나아가려면 연료를 태워서 질량을 줄이면서 앞으로 나아갑니다. 이때 운동량 보존 법칙을 사용해 수식을 만들 수 있습니다.

1 단계: 운동량 보존법칙 기반

로켓이 우주로 나아간다고 할 때:

초기 질량: m (연료 포함한 전체 질량)

속도: v

작은 시간 동안, 연료 질량 Δm이 떨어져 나가면서

로켓 속도는 Δv 만큼 증가합니다.

운동량 보존에 따라, $mv = (m - \Delta v) + \Delta m(v - v_e)$

여기서 v_e는 배기속도(연료가 로켓에서 분리될 때의 속도)입니다.

양변에서 $v \cdot m$ 을 빼고, $\Delta m \to 0$ 극한으로 보냅니다 → 미분 사용!

2 단계: 미분하여 로켓 속도 변화 식

로켓의 속도 변화 dv 는 질량 변화 dm 와 관련:

$$dv = -v_e \frac{dm}{m}$$

→ 로켓은 질량이 줄어들수록 속도가 증가합니다.

음수인 이유는

dm 〈0 (질량이 감소하기 때문)

3 단계: 적분하기

양변을 적분하여 전체 속도 증가량 Δv 를 구해봅니다.

$$\int_{v_o}^{v_f} dv = v_e \int_{m_o}^{m_f} \frac{dm}{m}$$

$$v_f - v_o = \Delta v = v_e \ln \frac{m}{m_f}$$

4 단계: 치올코프스키의 로켓 방정식

최종 속도 변화 (delta-v) 식:

$$\Delta v = v_e \ln\left(\frac{m}{m_f}\right)$$

Δv : 총 속도 변화량 (우주에 나가는 데 필요한 속도)

v_e : 배기속도

m_o: 초기 질량 (연료 포함)

m_f: 연료 다 쓰고 남은 질량 (건조 질량)

5 단계: 왜 어려운가?

로그 함수는 느리게 증가합니다.

우주로 나가려면 수 km/s의 Δv가 필요합니다.

Δv 를 키우려면 $\frac{m_o}{m_f}$를 지수적으로 키워야 합니다.

→ 즉, 연료를 폭발적으로 많이 써야 합니다.

예시:

v_e=3000 m/s, Δv=9000 m/s일 때,

$$\frac{m_o}{m_f} = \exp\left(\frac{\Delta v}{v_e}\right)$$

$$= e^{\left(\frac{\Delta v}{v_e}\right)} = e^{\left(\frac{9000}{3000}\right)}$$

$$\approx 20.1$$

→ 건조 질량의 20배가 연료여야 이론상 초속 9,000m 속도를 얻을 수 있습니다!

SAR 위성은 무엇인가?

SAR 위성은 지상과 해양을 관측하기 위해 합성 개구 레이다(Synthetic Aperture Radar)를 탑재한 위성입니다. SAR 위성의 특징은 위성에서 레이다를 순차적으로 쏘아 굴곡 면에 반사되어 돌아오는 신호를 처리하여 지형도를 만들거나 지표를 관측합니다. SAR 위성은 레이다를 사용하므로 악천후에도 관측할 수 있고 주간, 야간을 가리지 않고 지속해서 감시할 수 있습니다. SAR 위성은 군사적 목적이나 국경 감시, 태풍, 가뭄 등 재해 감시, 지구환경 변화 및 해양 오염 상태 감시, 교통 관측 및 농작물 작황 상태 관측 등에 활용됩니다.

인도 ISRO가 개발한 3종류의 우주발사체는?

1) 증강 위성 발사체(ASLV; Augmented Satellite Launch Vehicle) : ASLV는 150kg급 위성을 저궤도에 진입시킬 수 있는 우주발사체입니다.
2) 극궤도 위성 발사체(PSLV; Polar Satellite Launch Vehicle) : PSLV는 1,000kg급 지구 관측 위성 등을 극궤도에 진입시킬 수 있는 우주발사체입니다.
3) 정지궤도 위성 발사체(GSLV; Geosynchronous Satellite Launch Vehicle) : GSLV는 2,500kg급 위성을 지구 정지궤도에 진입시킬 수 있는 우주발사체입니다.

미국 앨라바마주 헌스빌이 로켓 도시(rocket city)라 불리는 이유는?

앨라배마주 헌스빌(Huntsville)이 "로켓 도시(Rocket City)"라 불리는 이유는 이 도시가 미국의 우주 개발과 로켓 공학의 중심지 중 하나이기 때문입니다. 그 배경에는 다음과 같은 역사적, 과학적 이유가 있습니다:

제2차 세계대전 이후, 미국은 독일의 로켓 과학자들을 "페이퍼 클립 작전(Operation Paperclip)"을 통해 미국으로 데려왔습니다.

이 중 핵심 인물은 베르너 폰 브라운(Wernher von Braun)으로, 그는 나치 독일에서 V-2 로켓을 개발한 로켓 과학자입니다.

폰 브라운과 그의 팀은 헌스빌로 보내졌고, 미국의 로켓 개발을 주도하게 됩니다.

헌스빌에는 레드스톤 아스널(Redstone Arsenal)이라는 미 육군 군사 기지가 있습니다. 여기서 레드스톤 로켓과 이후의 다양한 탄도 미사일, 우주 로켓이 개발되었습니다. 레드스톤 로켓은 미국 최초의 우주비행사 앨런 셰퍼드(Alan Shepard)를 우주로 보낸 머큐리 계획의 핵심 로켓이기도 합니다.

1960년에 NASA는 헌스빌에 NASA 마셜 우주비행센터(MSFC; Marshall Space Flight Center)를 설립했습니다. 이곳에서 새턴 V 로켓이 설계되고 개발되었으며, 이 로켓은 아폴로 계획에서 인간을 달에 보내는 데 사용되었습니다. 지금도 MSFC는 국제우주정거장(ISS) 관련 연구, 우주 발사 시스템(SLS; Space Launch System) 등 다양한 우주 프로젝트를 수행 중입니다.

헌스빌은 지금도 미국 내에서 우주, 방위산업, 항공 관련 기업과 연구소가 밀집해 있는 우주 및 국방 산업의 중심지입니다. 보잉, 록히드 마틴, 블루오리진 등 여러 민간 기업 이 이 지역에 연구 개발 시설을 두고 있습니다. 이러한 역사와 과학적 기여 덕분에 헌스빌은 "Rocket City USA"라는 별명을 얻었고, 현재도 미국 우주 개발의 상징적인 도시로 자리 잡고 있습니다.

텔리매틱스(Telematics)는 무엇인가?

텔리매틱스(Telematics)는 무선통신과 GPS 기술이 결합되어 자동차에서 위치정보, 안전 운전, 오락, 금융서비스, 예약 및 상품 구매 등의 다양한 이동통신 서비스 제공을 의미합니다. 좀 더 넓은 의미에서 텔리매틱스(Telematics)는 원격진료(Telemedicine) 및 원격 검진(Telemetry)을 포함합니다.

치킨게임이 무엇인가? 왜 치킨게임이 일어나는가? 우주산업에서 치킨게임이 있는지 그 사례는?

"치킨게임(Chicken Game)"은 경제·정치·전략적 분야에서 자주 등장하는 개념으로, 우주산업에서도 실제 사례가 관측되고 있습니다. 이제 치킨게임의 개념과 원인, 그리고 우주산업에서 야기된 구체적 사례까지 체계적으로 살펴보겠습니다.

치킨게임이란?

치킨게임은 게임 이론의 전략적 상황 중 하나로, 서로 양보하지 않으면 모두 파국을 맞게 되는 경쟁 상태를 말합니다. 대표적인 비유는 자동차 두 대가 마주 달리는 상황입니다. 양쪽 다 멈추면 체면은 구기지만 사고는 피할 수 있습니다.

한쪽만 멈추면 멈춘 쪽이 패배하게 되며, 둘 다 멈추지 않으면 정면충돌로 공멸하게 됩니다.

왜 치킨게임이 발생하는가?

1. 시장 선점을 위해 경쟁자가 먼저 철수하길 바라며 버티는 구조 때문입니다.
2. 과잉 투자 및 과잉 공급으로 손해를 감수하면서도 점유율을 빼앗기지 않으려는 싸움 때문입니다.
3. 손실을 감수해도 정부가 보조금 및 정책지원을 해주기 때문입니다.
4. 기술적 우위 확보 경쟁으로 경쟁자가 포기할 때까지 기술개발과 비용 소모를 감수하기 때문입니다.

우주산업에서의 치킨게임의 사례는?

사례 1: LEO(저궤도) 위성통신 시장 경쟁

치킨게임의 경쟁 주체는 Space X의 스타링크, Amazon의 프로젝트 카이퍼(Project Kuiper), 원웹(OneWeb), 중국 궤도 인터넷 기업 등입니다. 이들의 공통 목표는 전 세계에 위성 인터넷을 제공하는 것입니다. 치킨 게임 요소는 수익성 낮고 투자 비용 막대(수십조 원)하고 위성 수천 기 발사가 필요하며 지속적인 적자가 예견되지만, 먼저 손을 들면 시장 점유율을 모두 잃게되는 구조이므로 결국 버티기 싸움이 지속되는 등 치킨게임은 전개됩니다.

특히 미국과 중국은 정부 보조, 국방 및 정치적 목적까지 얽혀 있습니다.

사례 2: 초소형 위성, 지구 관측 기업 경쟁

치킨게임의 경쟁 주체는 플레네트 랩(Planet Labs), 블랙스카이(BlackSky), 새텔로직(Satellogic) 등입니다.

위성 영상 데이터 수요는 제한적이고 초소형 위성 수백 기 운영으로 영상 데이터 가격 하락 유도로 경쟁자가 철수하길 기다리며 낮은 단가로 버티는 구조입니다.

따라서, 일부 기업 파산 혹은 에스트로 디지털(Astro Digital), 아이시아이(ICEYE)은 재정 압박을 받고 있어 인수합병 상태입니다.

사례 3: 우주발사체 시장 경쟁

치킨게임의 경쟁 주체는 Space X, 블루오리진, 중국 CASC/Expace, Rocket Lab 등입니다.

Space X가 회수형 재사용 로켓 기반으로 발사 단가를 대폭 인하하면 다른 기업도 단가 맞추기 위해 적자를 감수하지만 상업 위성 발사 수요는 한정적입니다.

결국 일부 기업이 시장에서 퇴출되거나 기술적 돌파구 없이는 지속 성장은 불가능합니다.

사례 4: 국가 간 우주탐사 경쟁

치킨게임의 경쟁 국가는 미국, 중국, 인도, 일본, 러시아 등입니다.

이들 국가들은 달, 화성, 소행성 탐사에서 과시적으로 경쟁하고 있으며, 경제성보다는 국격 및 정치적 상징성을 강조하며 기술, 예산 부담을 감수하면서 경쟁을 지속하고 있습니다.

치킨게임적 요소는 어느 국가도 먼저 중단하지 않으려는 외교적 계산이 있고, 특히 미중 간의 달 유인 탐사에서 치킨게임의 양상이 뚜렷이 나타나고 있습니다.

치킨게임의 핵심 문제는 시장은 작고 경쟁자는 많아 '버티는 자만 살아남는' 상황입니다.

치킨게임의 위험 요소는 기술 발전은 있지만 적자 누적, 우주 쓰레기 증가 등 부작용도 크게 나타나고 있습니다.

따라서, 정부 간의 전략적 조율, 산업 표준화, 국제 협력이 필요하며, "지속 가능한 우주 생태계" 확보가 관건이 되고 있습니다.

[참고 문헌]

박진성, 반도체 산업, TWIG, 2023.

KT 경영연구소, 한국을 바꾸는 10가지 ICT 트랜드, 한스미디어, 2016.

장영근, 이동호, 인공위성 시스템, 경문사, 1999.

은종원, 조황희, 위성통신 융합 기술, 도서 출판 영, 2014.

은종원, 최명진, 이동진, 위성 지상국 융합 기술, 도서 출판 영, 2016.

은종원, 헬로 스마트 드론, 가람, 2023.

이해선, 위성통신 이론 및 시스템, 백두출판사, 2006.

고다이 도미후리, 니카노 후지오 저, 로켓 개발 그성공의 조건, ㈜ 엔북, 2010.

김경중, 수학이 쉬워지는 인도베다 수학, 가나북스, 2022.

정지궤도 환경 위성 수신시스템 성능 개선 및 고도화 방안연구(III), 국립환경과학원, 2023.

이동원, "정지궤도 환경 위성과 온실가스 관측 위성개발 및 활용 사례", 국립환경과학원, 환경 위성센터, 2025.

우주 개발 백서, 과학기술부, 2006.

나로호 12년, 우주로의 대장정, 한국항공우주연구원, 2017.

윤동호, 조현택, 윤영빈, "재사용 발사체 개발 동향", Journal of the Korean Society of Propulsion Engineers, Vol. 27, 2023.

Tomanek, R. and Hospodka, J. "Reusable Launch Space Systems," MAD-Magazine of Aviation Development, Vol. 6, 2018.

Ragab, M. and Cheatwood, F.M. "Launch Vehicle Recovery and Reuse," AIAA Space 2015 Conference and Exposition. Pasadena,

California, Aug. 2015.

Freeman Jr, D.C., Talay, T.A. and Austin, R.E. “Reusable launch vehicle technology program,” Acta Astronautica Vol. 41, 1997.

GHSAT microsatellite constellation on eoPortal., Global Mobile Satellite Communications Applications, 2018.

Innovations in Satellite Communication and Satellite Technology.

제 4 부

우주를 향한 기나긴 여정, 우주탐사

제4부

우주를 향한 기나긴 여정, 우주탐사

"인간이 앞으로 100년 이내에 또 다른 행성에
식민지를 건설하지 못하면 지구에서 멸종할 것이다."
-스티븐 호킹(1942~2018)-

"인간에게 오늘만큼 황홀한 꿈과 계획이 있었던 적이 없었다."
-페터 슈나이더-

어렸을 때 어느 여름밤 아버님께서 별자리를 가르쳐 주면서 북극을 가리키는 별자리가 북두칠성이고, 그 별 중 가장 크고 밝은 별이 북극성(polaris)이라고 말씀해 주었던 기억이 여전히 머릿속에 남아있습니다. 북쪽을 가리키는 별은 북극성입니다. 그러면 남쪽을 가리키는 별의 이름은 무엇인가요? 남쪽을 가리키는 별은 없고, 남쪽을 가리키는 그것은 십자성(Crux)이라고 하는 남반구 하늘에서 쉽게 볼 수 있는 작은 별자리입니다. 저는 아버님께 불었습니다. 그러면 북극성에 사람이 살고 있나요? 아버님께서는 현대 과학기술로 사람이 북극성에 살고 있는지 모른다고 했습니다. 그 이유는 당시 과학기술이 그 문제를 풀 수 없고 해결할 수 없다는 것이었습니다.

이처럼, 우리는 별을 보고 꿈을 꾸고, 우주탐사에 대한 공상의 날개를 폈다고 생각합니다. 그래서 쥘 베른 같은 공상과학 소설가도 나오지 않았을까? 생각해 봅니다. 4부에서는 "우주탐사는 왜 필요한가?"부터 달 탐사, 화성 탐사, 소행성 탐사, 그리고 미래 우주탐사의 청사진을 차례로 살펴보겠습니다.

1장

우주탐사는 왜 필요한가?

인간은 더 나은 미래를 꿈꾸고, 그 꿈을 실현하기 위해서 우주탐사를 지향하고 있습니다. 우주는 과거에는 인간에게 어떤 역사적인 사건을 일으키지 않았습니다. 하지만, 이제는 그 반대로 인간은 우주탐사 기술이 발전하면서 새로운 자연법칙과 원리를 발견할 다양한 가능성과 기회가 우리 앞에 있습니다.

우주탐사가 중요한 이유는 다음 흐름과 같습니다.

1. 과학 지식 탐구 ➡ 2. 종의 생존 ➡ 3. 기술혁신 ➡ 4. 경제 성장 ➡ 5. 글로벌 협업

1. 과학 지식 탐구

우주탐사를 통해 지구에서 수집할 수 없는 우주에 대한 자료를 수집할 수 있습니다. 여기에는 다른 행성, 별, 은하 및 우주 자체의 과학 지식에 대한 정보가 포함됩니다. 우리가 얻은 지식은 우주에서 우리의 위치에 대한 이해를 혁신적으로 변화시키고 우주가 어떻게 시작되었는지, 생명체가 다른 곳에 존재하는지 같은 근본적인 질문을 이해하는 데 도움이 될 수 있습니다.

2. 종의 생존

장기적으로 인간의 생존은 다른 행성을 식민지화할 수 있는 능력에 달려 있을 수 있습니다. 지구는 소행성 충돌이나 초 화산과 같은 자연재해와 핵전쟁이나 격변적인 기후변화와 같은 인위적인 재해 등 많은 잠재적 재난에 취약합니다. 다중 행성 종이 되는 것은 인간의 생존을 위한 일종의 보험이 될 수 있습니다.

3. 기술혁신

우주는 기술혁신의 요람이자 실험장입니다. 우주산업은 다양한 과학기술 분야에서 연구와 개발을 촉진하며, 최첨단 기술을 발굴하고 다양한 산업 분야에 활용할 기회를 제공합니다. 우주는 극한 환경으로, 기존 기술의 한계를 뛰어넘는 혁신적인 해결책을 요구합니다. 이 과정에서 개발된 기술은 지구에서의 다양한 문제를 해결하는 데 활용됩니다. 우주여행의 도전적인 요구는 지구에서 실용적으로 적용할 수 있는 새로운 기술과 혁신의 개발로 이어졌습니다. 예를 들어, 우주에서 사용된 로봇 공학 및 소형화의 발전은 지구의 많은 산업에서 활용되고 있습니다. 위성과 우주정거장은 지구에 대한 독특한 관점을 제공하여 기후변화를 모니터링하고, 날씨 패턴을 추적하고, 환경변화를 관찰하고, 자연재해에 대비할 수 있게 해줍니다. 위성을 통한 정보 수집과 선진화된 미사일 방어 시스템 등은 국가 안보를 강화하는 데 필수적입니다.

4. 경제 성장

우주산업은 고부가가치 산업으로서, 기존 경제 분야에 새로운 성장 동력을 제공할 수 있습니다. 우주산업 발전을 통해 하이테크 분야의 기술력을 제고하고, 전반적인 산업경쟁력을 강화할 수 있습니다. 우주산업은 경제 성장에 이바지하여 첨단 기술 산업에 일자리를 제공하고 우주 관광이나 소행성 채굴과 같은 완전히 새로운 산업을 창출할 수 있습니다. 우주탐사는 비용이 많이 들고 많은 위험을 수반하지만, 이러한 잠재적 이점으로 인해 많은 사람은 우주탐사는 가치 있는 노력이라고 결론 내리고 있습니다.

5. 글로벌 협업

국제우주정거장에서 볼 수 있듯이 우주탐사는 종종 국제적인 협력을 수반합니다. 이러한 글로벌 노력은 국가 간의 평화로운 관계와 협력을 촉진할 수 있습니다. 활발한 우주산업 활동을 통해 국제 협력을 강화할 수 있습니다. 국제 우주 프로젝트에 참여하면서 협력 체제를 넓히고, 대외 영향력을 높일 수 있습니다.

2장

달에 가고 싶으면 달에 머물러야 한다.

달에도 대기권이 있기는 하나, 기압이 지구의 10조분의 3밖에 되지 않아 실질적으로 진공 상태와 같으며 기상 현상도 없습니다. 구성 물질은 헬륨, 네온, 수소, 아르곤이 대부분을 차지합니다. 예를 들어, 달의 경우는 달의 크기는 지구의 4분의 1, 질량은 지구의 약 100분의 1이므로, 달의 중력은 지구의 6분의 1에 해당합니다. 그래서 달의 탈출속도는 초속 2.38 Km으로 작아서 달은 대기를 붙들어 둘 중력을 가지고 있지 못합니다. 달은 아프리카 크기만 한 표면적을 가진 세계입니다. 우주 정착지라는 선택지로서 달은 천체 중에서 우리에게 가장 가깝고, 현존하는 화학 추진제로 사흘간의 비행으로 도착할 수 있습니다.

달 표면에는 대량의 산소, 실리콘, 철, 티타늄, 마그네슘, 칼슘, 알루미늄이 존재합니다. 이들은 산화물 형태로 바위에 단단히 부착되어 있습니다. 이물질들은 로켓 추진제, 전력 시스템, 달 정착지 관련 활동을 지원할 건설 재료나 차폐막 등을 만드는 데 사용할 수 있습니다. 달에는 또한 작지만, 이론상 입수할 수 있는 헬륨-3(He^3)가 있습니다. 헬륨-3(He^3)는 핵융합 반응기의 연료로서 중대한 이점을 가지고 있고, 미래의 달 정착지에 돈을 벌어오는 원자재가 될 수 있습니다. 달에는 진공 환경이 있고 지구의 6분의 1되는 중력을 가졌기 때문에 지구보다 우주비행선을 발사하기 수월합니다. 게다가 달의 무 공기 환경은 다양한 원자재들을 대규모 진공 처리하는 데 필요한 근지구 장소가 될 수 있습니다.

달이 천문학 관측에 있어서 대단히 훌륭한 장소로 알려져 있습니다. 주된 원인의 하나는 시야를 가리는 대기가 없기 때문입니다. 두 번째는 달이 약 28일에 한 번씩만 자전하기 때문에 멀리 있는 천체로부터 오는 빛을 지구에서보다 망원경이 28배 더 오랫동안 모을 수 있습니다. 또는, 지구 궤도보다 400배 더 멀리서 오는 빛을 모을 수 있습니다. 달에는 지진이 없으므로 망원경을 설치하기 위한 안정적인 받침대가 됩니다. 이것은 망원경 여러 대를 전부 하나의 천체에 초점을 맞추고, 거기서 받은 신호를 컴퓨터로 전달하는 광학적 집합체를 만드는 데 필요한 핵심적 특성입니다. 또한 달에는 전리층이 없으므로 지구에서 전혀 수신할 수 없는 저주파를 달 표면에 설치한 전파 망원경으로 수신할 수 있습니다.

허블 망원경의 지름이 2.4 m인 반면에, 달 표면의 단체 망원경은 3,400km인 달의 지름에 촘촘히 설치할 수 있습니다. 망원경의 분석 능력은 지름에 비례하므로 달 표면의 단체망원경은 허블보다 백만 배쯤 높은 해상도를 얻을 수 있습니다.

달 탐사의 과거와 현재 그리고 미래는?

달 탐사는 인간의 우주 개발의 상징이자 미래 우주 경제의 핵심 전초기지로 여겨지고 있습니다. 달 탐사의 과거, 현재, 그리고 미래 전망에 대해서 살펴보겠습니다.

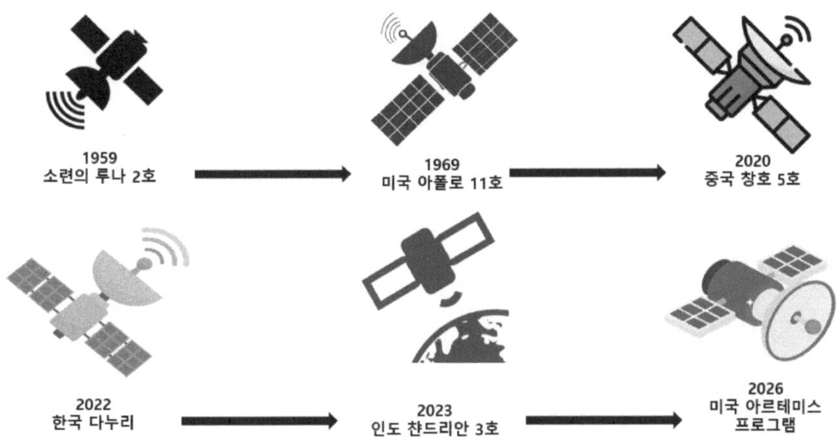

그림 4-1. 달 탐사 역사의 흐름

1. 과거 (1959년~1976년)

1959년 소련의 루나 2호는 달에 충돌한 최초의 인공 물체입니다. 1969년 미국의 아폴로 11호의 우주비행사였던 닐 암스트롱과 버즈 올드린이 인간 최초로 달에 착륙하여 세상을 놀라게 했습니다. 그 후 총 인간은 6차례의 유인 달 착륙과 300kg 이상의 월석을 지구로 반출하는 성과를 거두었습니다.

2. 현재 (2020년대~)

미국 NASA는 아르테미스 프로그램을 통해 2026년 이후 유인 달 착륙 추진 중입니다. 2020년 중국 국가항천국(CNSA; China National Space Administration)은 창어 5호를 통해 달 토양 표본을 성공적으로 채취하여 지구에 귀환하였으며, 달 뒷면 탐사를 진행하고 있습니다. 2023년 인도 ISRO는 찬드라얀 3호로 달 남극 착륙에 성공했습니다. 2022년 8월 한국 KARI는 다누리 발사하여 그해 12월 달 궤도에 진입하여 다양한 달 자료를 수집 중이며, 현재는 달 착륙선 개발에 전념하고 있습니다. 미국 민간 우주 기업 스페이스 X, 블루오리진은 NASA와 협력하여, 그리고 일본 민간 우주 기업 아이스페이스는 JAXA와 공동으로 상업 목적의 달 탐사를 추진하고 있습니다.

3. 미래 전망 : 2030년대

유인 달 기지 건설을 위해 미국, 중국 등은 경쟁 중으로 특히 물 얼음을 찾기 위해 달 남극 자원 탐사를 수행하고 있고, 달에서의 자원 채굴 및 현지 자원 활용(ISRU; In Situ Resource Utilization) 기술 현실화에 도전할 것입니다. 미국은 달 궤도 정거장(Gateway)을 통해 화성 탐사의 전초기지로 사용할 예정입니다. 달 탐사는 과학적 호기심에서 시작되었지만, 현재는 자원 확보, 우주 경제, 화성 탐사 준비라는 실용적인 목표로 확장되고 있습니다. 미래의 달 기지는 단순한 탐사 거점이 아니라, 우주에서의 자립 생활과 지속 가능한 탐사를 실현하는 핵심 인프라가 될 것입니다.

우주 선진국이 달 탐사하는 이유는 무엇일까?

미국, 중국, 유럽, 일본 등 우주 선진국이 달 탐사에 집중하는 이유는 단순한 과학적 호기심을 넘어, 정치, 경제, 전략, 기술적 가치 때문입니다. 달 탐사를 수행하는 주요 동기를 차례로 알아보겠습니다.

달 탐사를 수행하는 이유는 달이 과학적 가치가 있기 때문입니다.

달 탐사를 통해 달의 기원과 지구-달 형성의 비밀을 밝힐 수 있습니다. 달에는 수십억 년 전 지질학적 흔적이 그대로 보존되어 있습니다. 이는 태양계 초창기로 이해됩니다. 달의 극지방에 존재하는 물 얼음은 태양계 생명 탐사 및 자원 연구의 단서를 제공합니다.

달 탐사를 수행하는 이유는 달은 우주 경제의 확대가 가능하기 때문입니다.

달에는 헬륨-3(He^3)가 풍부합니다. He^3 1g은 석탄 40,000kg과 같은 에너지를 제공할 수 있으며, 향후 핵융합 에너지원이 될 수 있어 우주 선진국들은 헬륨-3 채굴과 활용에 주목하고 있습니다. 달의 극지방에 존재하는 얼음(H_2O)을 녹여 전기분해 하면 생존을 산소로, 로켓 연료(수소/산소)로 활용할 수 있습니다. 우라늄, 백금, 희토류와 티타늄 등 고부가가치 광물이 자원 매장되어 있어 달은 미래 우주 채굴 거점으로서 가치가 있습니다.

달 탐사를 수행하는 이유는 달은 전략적 우주기지이기 때문입니다.

달은 지구에서 가장 가까운 천체(거리, 약 384,000km)로, 제2의 지구를 건설하거나 우주작전의 교두보 역할이 가능하고, 달의 중력은 지구의 6분의 1 정도로 약합니다. 따라서, 달은 우주비행선의 연료 절감으로 화물 발사 거점으로 적합합니다. 달 기지를 통해 화성, 소행성 등 심우주 탐사 허브로 발전할 가능성이 매우 높습니다.

달 탐사를 수행하는 이유는 달이 우주 강대국 간의 우주 패권 경쟁 핵심 무대이기 때문입니다.

달은 미국, 중국 등 강대국 간 우주 주도권 경쟁의 핵심 무대가 될 것입니다. 달을 먼저 점유하거나 기술을 확보하면 우주 국제질서에서 우위에 서게 되며, 달 표면의 전략적 위치(예: 달 남극의 '영구 음영 지대') 선점 경쟁에 유리하게 됩니다.

달 탐사를 수행하는 이유는 달은 민간 우주 경제를 창출하기 때문입니다.

NASA는 Artemis 계획을 통해 Space X, Blue Origin 등 민간 우주기업과 협력하여 달 상업화(예: 운송, 탐사, 자원, 통신 등) 기반을 마련할 것이며, 우주 관광, 우주통신, 연구기지 등 민간 비즈니스 창출 기회를 제공할 것입니다.

달 탐사를 수행하는 이유는 최첨단 우주기술 확보 및 국가 이미지 제고가 가능하기 때문입니다.

달 탐사에 이용되는 기술은 로봇 기술, 인공지능, 에너지, 생명공학, 원격제어 기술 등 첨단기술 융복합을 통해 우주산업 경쟁력 강화와 민간 우주기술 고도화가 가능합니다. 달 탐사는 국가의 과학기술 수준과 국력 과시 수단으로 문화적 영향력(Soft Power) 강화가 일어납니다.

NASA와 협력을 통한 한국의 달 탐사 성과는?

한국 최초의 달 궤도 탐사선 '다누리(KPLO, Korea Pathfinder Lunar Orbiter)'가 2022년 8월 8일 발사되어 2022년 12월 성공적으로 달 궤도에 진입 함으로써 한국의 우주탐사는 현실로 다가왔습니다. 2023년 1월부터 본격적으로 달 주위를 공전하는 다누리호는 한국에서 개발한 5종류의 탑재체(고해상도 카메라, 광시야 편광 카메라, 자기장 측정기, 감마선 분광기, 우주 인터넷)와 미국 NASA에서 개발한 섀도 캠(Shadow Camera) 탑재체를 이용해 달의 자원을 탐사하고 있습니다.

표 4-1. 다누리호 탑재체 종류 및 목표

탑재체 종류	목표	개발 기관
고해상도 카메라 	• 달 착륙선 착륙 후보지 탐색을 위해 달 표면 주요 지역 정밀지형 관측	한국항공우주연구원 (KARI)
광시야 편광 카메라 	• 달 전력에 대한 다파장 편광 영상 및 티타늄 지도 작성	천문연구원
자기장 측정기 	• ±1000 nT 범위 내의 달 우주 공간 자기장 측정	경희대학교
감마선 분광기 	• 감마선 측정자료 수집을 통해 달 원소 지도 5종 이상 제작	지질자원연구원
우주 인터넷 	• 심우주 탐사용 우주 인터넷(DTN) 시험 지구와 달 궤도선 간 우주 인터넷 시험	한국전자통신연구원 (ETRI)
섀도캠 	• 해상도 1.7m급의 달 영구 음영지역 관측 영상 산출, 영구 음영지역 정밀 지형도 작성	미국 NASA

그림 4-2. 한국 최초 달 궤도선, 다누리호 형상

다누리호는 기획부터 발사까지 총 15년이 소요되었습니다. 2007년 한국 정부의 '우주 개발 진흥 기본계획'에서 시작된 다누리호 사업은 2016년부터 순차적으로 수행되었습니다. 하지만, 2019년에 사업에 대한 점검이 이뤄지며 사업 기간이 60개월에서 79개월로 연장되었습니다. 사업 점검을 통해 설계 변경으로 다누리호는 예정 임무 기간을 줄이거나 궤적을 변경해야 했습니다. 이에 2020년 KARI는 달로 향하는 타원 궤도인 전이 궤도를 탄도형 달 궤적(BLT; Ballistic Lunar Transfer)으로 변경했습니다.

지구에서 38만㎞ 떨어진 달은 지구에서 직선으로 이동하면 현존하는 우주비행선 속도로도 4~5일이면 도착합니다. 하지만 이렇게 이동하면 연료 소모가 심합니다. 반면에, 탄도형 달 궤적을 이용한 다누리호는 태양과 지구, 달의 중력을 최대한 이용했기 때문에 월면 도착은 늦어져도 연료는 기존 대비 약 25%의 연료를 절감할 수 있었습니다.

다누리호 6개 탑재체 활용 성과는 다음과 같습니다. KARI가 개발한 고해상도 카메라는 달 표면 지형을 관측할 수 있어 미래의 달 착륙 후보지를 미리 탐색하는 데 도움이 됩니다. 천문연구원이 개발한 광시야 편광 카메라를 통해 달 전역에 대한 다파장 편광 영상 및 티타늄 지도를 작성할 수 있었습니다. 경희대가 개발한 자기장 측정기를 통해 ±1000 nT 범위 내의 달 우주 공간의 자기장 측정을 하였습니다. 한국지질자원연구원이 개발한 감마선 분광기(GRS; Gamma-Ray

Spectrometer)를 통해 달 극지방의 물 분포 지도를 제작하는 데 성공했습니다. 한국전자통신연구원이 개발한 우주 인터넷은 다누리호에서 지구로 메시지, 파일, 실시간 동영상을 전송할 수 있어 이에 대한 성능 검증 시험이 세계 최초로 수행되었습니다. 또한, KARI는 다누리호 운용을 위해 심우주 지상 시스템을 개발하여 달 궤도선과의 통신, 데이터 수신 등을 제어할 수 있는 기반을 마련하였습니다. NASA의 섀도캠(Shadow Cam)은 달 극지방 영구 음영 지역 관측을 통해 물을 포함한 다양한 물질의 존재 여부도 확인할 수 있습니다.

달 탐사 활용 : 달 탐사의 활용 목적

1. 과학적 탐사입니다.

달은 매우 오래된 지질 구조를 보존하고 있어 지구 초기 역사와 태양계 형성 연구를 수행할 수 있는 토대가 됩니다. 또한, 달은 월석, 토양(레골리스) 분석을 통한 행성 지질학 연구를 수행할 수 있는 실험실이고, 태양 활동, 우주 방사선 측정이 가능합니다.

2. 자원 확보합니다.

달 남극에 존재하는 얼음을 녹여 전기분해 방법으로 산소와 수소를 만들어 호흡 기체 및 로켓 연료로 사용할 수 있습니다. 지구에 거의 없는 헬륨-3을 채굴하여 핵융합 발전 연료로 사용할 수 있으며, 또한, 달에는 규소, 철, 티타늄, 백금, 우라늄, 희토류 등 다양한 금속 천연 광물이 있습니다.

3. 우주 개발 거점입니다.

향후, 인간이 건설할 달 기지는 화성 탐사의 중간 기지로 사용할 수 있습니다. 달에서의 중력(지구의 6분의 1)은 지구 중력권보다 벗어나기 때문에 우주 로켓 연료의 사용량을 절감할 수 있습니다. 달에서는 장기 우주 체류 기술 검증과 화성으로 향하는 우주 로켓 발사 시험 및 우주 건축물 제작 등이 가능합니다.

4. 우주통신 및 감시입니다.

달의 뒷면은 지구 전파 간섭이 없으므로 심우주 통신 기지 건설과 전파 망원경 설치 장소로 적합합니다.

5. 다양한 과학기술 프로젝트를 수행합니다.

달 기지에서 할 수 있는 미래 활동은 과학 실험을 비롯해 우주 방사선 차폐 기술 연구 등 매우 다양한 과학기술 프로젝트를 수행할 수 있을 것으로 예견됩니다.

표 4-2. 달 기지에서 수행할 수 있는 예상 활동

예상 활동	설명
과학 실험	• 달 토양, 월석, 태양풍, 우주 방사선 등 분석
자원 채굴 및 처리	• 물 얼음 추출, 산소 생성, 헬륨-3 확보 등
에너지 생산	• 태양광 패널, 미래에는 핵융합 발전 가능성
거주 실험	• 우주인의 장기 체류 실험 및 생존 시스템 실험
식량 재배	• 폐쇄 생태계 실험인 수경재배, 광합성 실험 등
3D 프린팅 건축	• 달 토양을 활용한 구조물 제작 기술 실험
우주비행선 정비 및 연료 보급	• 화성 탐사선 정비, 연료 충전 등
우주 방사선 차폐 기술 연구	• 달 기지 구조물과 방호 소재 개발
원격 탐사 및 로봇 운영	• 로버, 드론, AI 로봇을 이용한 자동 탐사
장기적 교육, 홍보, 관광	• 우주 관광, 국제 우주 협력 체험 행사 가능

달 탐사는 과학적 호기심에서 시작되었지만, 현재는 자원 확보, 우주 경제, 화성 탐사 준비라는 실용적인 목표로 확장되고 있습니다. 미래의 달 기지는 단순한 탐사 거점이 아니라, 우주에서의 자립 생활과 지속 가능한 탐사를 실현하는 핵심 인프라가 될 것입니다.

3장

화성에 우주 식민지 건설한다.

화성은 장기적인 인간 탐사의 궁극적인 목적지로 남아있습니다. 생명이 정말 지구에서 기원했을까요? 좀 미심스럽습니다. 과학자들이 수백 년 동안 찾았음에도 불구하고 세균보다 더 단순한 미생물은 지구에서 발견된 적이 없기 때문입니다. 세균이 다른 복합 유기체들과 비교하면 단순할지 모르지만, 절대적인 관점에서 그리 단순하지 않습니다. 세균이 화학물질 속에서 나타난 최초의 생명체 형태라고 믿는 것은 컴퓨터가 인간이 만든 최초의 기계 장치라고 생각하는 것과 비슷합니다. 이것은 말이 안 됩니다. 컴퓨터 개발에 앞서 수많은 기술적 진화가 이루어져야 했던 것과 마찬가지로, 최초의 세균이 만들어지려면 그에 앞서 많은 생물학적 진화가 진행되었어야 했습니다. 하지만, 인간은 그런 역사적 증거를 찾을 수 없습니다. 그래서 지구의 생명체가 이주자들이라는 추측을 갖게 되었습니다. 미생물은 우주 성 간에서 왔을까요? 아니면 생명이 우리의 이웃 행성인 화성에서 오게 된 것일까요?

우리는 어디에서 왔는지? 인간은 왜 이런 모습으로 살게 된 것인지? 이러한 질문은 우주의 근원을 찾는 것과도 거의 유사합니다. 만약 저 넓은 우주 공간에 인간을 제외한 다른 생명체가 있다면, 만약 그들이 문명을 가지고 있다면, 그것은 인간의 과거 혹은 미래, 아니면 또 다른 인간의 현재일 수도 있기 때문입니다. 이러한 이유로 인간은 화성을 탐사의 목표로 삼았을지도 모릅니다.

현재까지의 화성 탐사 결과로 보면, 화성에는 살아 있는 것이 없습니다. 머지않아 인간은 화성에 사람을 보낼 것이고, 머지않은 미래에 달 혹은 화성으로 사람들이 이주를 시작하게 될지도 모릅니다. 그리고 인간은 달이나 화성을 우주 전진기지로 삼아 더 멀고 깊은 우주로 탐사를 떠나게 될 것입니다.

우주는 대단히 넓고, 우리는 아직 우주에 대해 너무 모르는 것이 많아, 우리는 여전히 궁금하고 그 궁금증을 풀기 위한 노력을 멈추지 않는 이상, 저 멀리 있는 화성의 비밀들은 하나둘씩 그 베일이 벗겨질 것입니다.

화성의 물리적 특성은 다음과 같습니다.

표 4-3. 화성의 물리적 특성

구분	물리량	비고
지구와 화성 간의 평균 거리	2억 2천5백만 Km	
근지점일 때의 거리	5,500 Km	
화성의 질량	$6.4X10^{23}kg$	지구 질량의 10분의 1
화성의 반지름	3,400Km	
화성의 공전주기	678일	
화성의 화성대기	co_2 95%, N_2 3%, Ar: 1.6%	
화성의 최고 온도	35도 C	
화성의 최저 온도	-143도~176도 C	

그럼, 이제 화성의 중력이 얼마인지 알아볼까요?

만유인력 구하는 공식을 이용하여 화성의 중력을 구할 수 있습니다.

화성의 질량(M) = 6.4 x 10Kg, m=1kg

화성의 반지름(r) = 3,400km = $3.4X10^6m$

G(만유인력 상수) = $6.67X10^{-11}\frac{Nm^2}{kg^2}$

상기 값을 만유인력의 공식에 대입하여 계산하면, $F = G\frac{Mm}{r^2}$

화성의 중력은 3.72 $(\frac{m}{s^2})$ 이며, 지구중력의 38% 정도입니다.

따라서, 여러분의 몸무게는 화성에서 38%로 줄어들게 됩니다.

화성 탐사는 인간의 우주탐사 역사에서 긴 여정 중 하나이며, 단순한 행성 연구를 넘어 생명의 기원, 우주 식민 가능성, 기술혁신 등의 의미를 담고 있습니다. 다음은 화성 탐사의 역사적 흐름과 의미를 체계적으로 살펴보겠습니다.

화성 탐사의 여정

화성 탐사의 역사적 흐름은 1964년 미국 마리너 4호가 화성 궤도에 안착하여 사진 촬영을 성공한 이후로, 지금까지 50차례 가까이 미국, 러시아, 중국, 인도 등 각국의 탐사선은 화성을 향해 날아갔습니다. 인간의 화성 탐사는 인간이 화성을 제2의 지구로 건설할 때까지 계속될 것입니다.

그림 4-3. 화성 탐사의 역사

1. 초기 화성 관측기는 17세기부터 1960년대까지다.

초기 화성 관측기에 갈릴레오 갈릴레이 등 천문학자들은 망원경으로 화성 관측을 시작하여 화성의 계절 변화, 극관의 얼음, 붉은 표면 등으로 생명 가능성을 제기하였습니다.

2. 미국과 소련의 우주 경쟁의 냉전기는 1960년대부터 시작하였다.

소련은 1960년부터 1973년까지 Mars 시리즈 탐사선을 이용하여 최초로 Mars 3 등이 화성 궤도 진입을 시도했으나 대부분 실패하였습니다. 미국은 1964년 11월 매리너 4호가 화성 궤도 근처까지 근접하여 사진 촬영을 성공한 이후로, 지금까지 50차례 가까이 미국, 러시아, 중국, 인도 등 각국의 탐사선은 화성을 향해 날아갔습니다. 인간을 화성 어딘가로 내보내기 위해서는 많은 준비가 필요합니다. 인간이 그곳 화성에 가서 안전하게 살아 돌아올 수 있는지가 우리의 관심사입니다. 당연히 화성 탐사 준비 단계는 쉬운 것부터 차근차근 한 단계씩 오르게 됩니다. 무엇보다도 제일 먼저 화성 궤도선을 보냅니다. 궤도선은 목적지 주변을 공전하면서 사진 촬영 등의 임무(missions)를 수행합니다. 그다음 단계는 궤도선이 화성 표면 가까이 갈 수 있다는 것은 확인하고 난 후, 화성 표면에 충돌해서 산산조각이 날 충돌선(Impactor)을 보낼 준비를 합니다. 충돌선은 표면에 충돌해 부서지기 전까지 표면 근처의 모든 정보를 모아서 지구로 송출합니다. 그다음 마지막 단계는 화성 목표 지점에 '연착륙(Soft Landing)'을 목표로 하는 착륙선(Lander)입니다. 인간을 실은 우주비행선을 표면에 충돌시킬 수 없으므로 착륙선의 연착륙은 사람을 화성에 보내는 데 필요한 단계입니다. 일련의 과정이 문제없이 진행되어 사람을 화성 목표 지점에 보내도 문제가 없다고 판단될 때 화성 유인 탐사를 수행하게 됩니다.

화성 탐사는 달 탐사에 비하면 차근차근 진행되고 있었습니다. 인간이 화성 표면으로 우주 탐사선을 처음 보낸 것은 1975년 '바이킹 계획(Viking Program)'입니다. 처음엔 화성 착륙선 바이킹호를 탑재한 궤도 진입용 우주탐사선을 화성 궤도선에 붙여 화성 근처로 보냈습니다. 이 궤도선은 화성 주변 궤도를 공전하다가 바이킹호를 탑재한 착륙선을 궤도선으로부터 분리합니다. 이렇게 분리된 궤도 진입용 착륙선은 화성의 중력에 의해 화성 표면을 향해 엄청난 속도로 자유낙하를 하게 됩니다. 얼마나 빠르냐 하면, 대략 시속 7,500km 정도의 속도입니다. 게다가 빠르게 진입하는 착륙선이 화성의 대기를 만나게 됩니다. 착륙선이 화성 대기를 뚫고 들어가게 되면, 착륙선의 표면과 주변 대기와의 마찰이 급격하게 올라가고 우주선 표면의 온도 역시 급상승하게 됩니다. 어찌 되었든 이러한 극한 우주 환경에서 바이킹이 녹지 않게 하려면 세밀한 열 보호 설계가 필요했습니다. 그렇게 착륙선이 화성의 대기를 무사히 통과하면 착륙선은 화성 표면 근처에서 역 분사 로켓 발사를 통해 화성의 표면에 내려앉게 됩니다. 이렇게 화성 표면에 무사히 앉은 바이킹은 움직이지 못하고 그 자리에 그대로 앉아 화성 표면의 사진을 찍어 지구로 전송했습니다.

3. 화성 탐사의 도전과 기술 진보는 1990년대부터 2000년대 초까지 이루어졌다.

1997년 미국은 길잡이, 패스파인더(Pathfinder) 화성 탐사선에 소조너(Sojourner) 로버(Rover)를 장착하여 최초로 로버 탐사를 성공적으로 수행했습니다. 소조너(Sojourner) 로버는 화성 로봇 탐사의 시초입니다. 2001년 미국은 마스 오디세이(Mars Odyssey)를 화성에 보내 화성 지하에서 수소를 발견하고 얼음의 존재 가능성을 제시했습니다. 2003년 유럽은 유럽 최초 궤도선 마스 엑스프레스(Mars Express)를 통해 화성 지형, 지질 정밀 분석을 수행했습니다. 2004년 미국은 스피릿(Spirit; 정신) & 오퍼튜너티(Opportunity; 기회) 쌍둥이 화성 탐사 로버를 통해 고대 화성에 물이 존재했다는 증거를 확보했습니다.

4. 2010년대부터 현재까지는 화성에 관한 과학적 탐사와 생명 탐사가 강화되었다.

2012년 미국 NASA는 화성 탐사 로버 큐리오시티(Curiosity; 호기심)를 통해 화성의 고대 생명체 거주 가능성 입증하고 관련 표본을 분석하였습니다. 2013년 인도 ISRO는 망갈리안 1호를 통해 화성 대기 성분을 관측했습니다. 2016년 유럽 ESA와 러시아는 엑소마스(ExoMars)를 통해 화성의 메탄가스를 탐지하는 데 실패하였습니다. 반면에, 미국 NASA는 2020년 화성 탐사 로버 퍼서비어런스(Perseverance; 인내)를 통해 화성의 고대 미생물 흔적을 탐사하고 관련 표본을 채취했습니다. 아울러, Perseverance와 함께 화성에 착륙한 인제뉴어티(Ingenuity; 독창성)는 드론 로버로 화성에서 최초로 비행했습니다. 2021년 중국은 화성 궤도선 톈원 1호(Tianwen-1)에 착륙선과 탐사 로버 주룽(Zhurong)을 동시에 운용하는 데 성공했습니다. 또한, 2021년 아랍에미리트(UAE; United Arab Emirates)는 아랍권 최초의 화성 궤도선 '아말'을 통해 화성 대기를 분석했습니다.

화성 탐사의 의미 : 화성 개척은 이렇게!

달을 넘어가면 인간이 우주로 나아가는 데 있어서 중요한 단계인 화성이 있습니다.

화성은 달보다 수백 배 더 멀리 있지만, 훨씬 더 많은 성과를 가져올 것입니다. 화성은 독특하게 생명체뿐만 아니라 기술문명의 진보를 뒷받침하는 데 필요한 모든 자원을 보유하고 있습니다. 지구의 달이 가진 사막 같은 환경을 가진 데 비해 화성은 땅속에 영구 동결 상태로 얼어붙은 바다와 대량의 산소, 질소, 수소, 산소를 보유하고 있습니다. 게다가 화성에는 화산 활동 및 물의 순환이 일어나고 있습니다. 산업계에서 큰 흥미를 갖고 있는 모든 원소가 이 붉은 행성에 존재한다고 알려졌습니다.

24시간 밤/낮 사이클과 태양 표면의 폭발로부터 지표를 지켜줄 정도로 두꺼운 대기 덕분에 화성은 햇빛을 통해 대규모 온실 효과를 얼마든지 일으킬 수 있을 만한 유일한 외계 행성입니다. 화성을 탐험하면 현재로서는 미스터리인 생명의 기원을 이해하는 핵심을 제공해 줄 수 있습니다. 화성 개척자들이 새로운 기술을 추구해야 하는 주된 예는 화성 현지의 노동력 부족과 기술의 다양성이 부족하므로 로봇 공학과 인공지능, 화성에서 온실 농업을 하는 제한된 토지 때문에 생산성 높은 농업, 특히 에너지 생산 분야에서 찾아볼 수 있을 것입니다. 풍부한 에너지의 공급

이 화성 정착지의 성공에 필수적일 것입니다. 화성에서는 에너지 주된 자원이 있는데 그것은 중수소입니다. 이제 화성 탐사의 의미를 찾아보겠습니다.

1. 생명체 탐사입니다.

화성은 지구 이외 생명 존재 가능성이 가장 높은 천체로 과거의 물 흐름, 호수, 지질 흔적 등을 통해 고대 미생물 존재 가능성을 타진할 수 있습니다.

2. 인간의 화성 이주와 식민지 가능성을 구상하게 합니다.

NASA는 민간 우주기업 Space X 등과 서로 협력하여 2020년부터 2030년대까지 유인 화성 탐사를 목표로 인간의 화성 거주 가능성을 검토하고 있으며, 인간이 화성에서 생존할 수 있는 기술(산소·식수·거주지·에너지 등)을 시험하고 준비 과정에 있습니다.

3. 기술혁신과 산업 발전을 도모합니다.

미국을 비롯한 선진 우주국들은 화성 탐사를 통해 고성능 로봇, 자율주행, 원격 AI, 고체 추진체, 우주통신 등 다양한 기술의 융복합을 통해 우주기술을 혁신하고 있습니다. 또한, 우주기술의 민군 겸용화 및 상업화를 통해 우주산업 발전을 도모하고 있습니다.

4. 국제 협력과 우주 외교를 통해 화성 탐사는 이루어집니다.

미국, 유럽, 일본, 중국, 아랍국가 등이 화성 탐사에 참여하여 국제 협력을 하고 있고, 우주 거버넌스(Space Goverance)와 국제 우주 규범 협력의 시험대 역할을 하고 있습니다.

화성에서 활약 중인 자율주행 탐사 로봇은?

화성에서 활동하고 활동했던 로버는 대부분 미국 NASA에서 개발한 걸작품들이었습니다. 그 가운데 인간이 최초로 1997년 화성에 착륙시킨 탐사 로버는 소저너(Sojourner)입니다. 소저너(Sojourner)는 화성의 대기 압력, 온도, 풍속 등의 정보를 측정하여 지구로 송출했습니다.

표 4-4. 화성에서 활동하는 탐사 로버

화성에 쏘아 올려진 탐사 로버		
	미국 NASA	• 소저너(Sojourner) : 1997년 인간이 최초로 화성에 착륙시킨 탐사 로버로 화성의 대기 압력, 온도, 풍속 등의 정보를 측정함.
	미국 NASA	• 쌍둥이 로버 스피릿(Spirit), 오퍼튜너티(Opportunity) : 2004년 화성 착륙 후 고대 화성에 물 존재 증거를 확보함.
	미국 NASA	• 큐리오시티(Curiosity) : 2012년 화성 착륙 후 화성의 고대 생명체 거주 가능성 입증 및 표본을 분석함.
	미국 NASA	• 퍼서비어런스(Perseverance) : 2021년 2월 화성 착륙 후 화성의 고대 미생물 흔적 탐사, 표본을 채취함.
	미국 NASA	• 인사이트(Insight) : 2021년 2월 화성 착륙 후 화성 내부 구조 및 화성 지질 활동과 열 방출 등을 측정함.
	중국 CASC	• 주룽(Zhurong) : 2021년 유토피아 평원 착륙 후 물과 얼음 흔적 검사 후 수십억 년 전 화성의 바다 흔적을 발견함.

우리는 사람을 화성에 보낼지 말지를 결정하기에 화성을 너무 모르고 있었습니다. 1997년 화성 길잡이 "패스파인더(Mars Pathfinder)" 착륙선에 화성 표면 위를 움직일 수 있도록 바퀴를 단 인간 최초의 로버 소저너(Sojourner)를 탑재하였습니다. 소저너는 화성의 대기 압력, 온도, 풍속 등 화성을 누비지 않으면 알 수 없는 관측 데이터를 송출했습니다. 이를 계기로, 우리가 전혀 알 수 없었던 화성 표면의 정보를 알 수 있게 되었습니다.

그다음 화성 탐사 로버는 2003년 화성 탐사 로버(MER; Mars Exploration Rover) '오퍼튜너티(Opportunity)'와 '스피릿(Spirit)' 쌍둥이 로버입니다. 이들 쌍둥이 로버의 임무 목적은 화성 표면의 돌멩이나 모래 등을 조사하여 과거에 물이 화성에 존재했는지를 확인하는 것이었습니다. 이 두 로버에게 주어진 임무 기간은 90일이었습니다. 스피릿 로버는 2010년까지 총 2, 623일 동안 임무를 수행한 후 사망했고, 오퍼튜너티는 물이 있어야만 생성될 수 있는 미네랄 물질을 발견했습니다.

그다음 로버는 2011년 화상 과학 실험실인 MSL(Mars Science Laboratory) 탐사선의 '큐리오시티(Curiosity)'입니다. 이전까지의 로버들 크기는 강아지만 했습니다. 그러나 이 로버는 소형차만 한 크기이었습니다. '큐리오시티'가 커지자 더 많은 과학 장비를 장착할 수 있었습니다.

2021년 2월 19일, 화성에 착륙한 '퍼서비어런스(Perseverance)' 로버에는 '인제뉴어티(Ingenuity)'라 불리는 드론이 장착되어 있었습니다. 이는 인간이 최초로 다른 행성에 날린 동력 비행체입니다. '인제뉴어티' 드론은 로버의 또 다른 눈이 되어 로버의 주행을 돕도록 설계되었습니다. 또한, '퍼서비어런스' 로버에는 화성의 토양을 지구로 가져오는 일종의 '귀환 탐사선'입니다. '퍼서비어런스' 로버 앞에는 포크 레인(Fork Crane)처럼 드릴(Drill)이 달려 있고, 이 드릴로 화성의 흙을 파서 미리 준비된 튜브(Tube)에 저장합니다. 이 튜브를 로버의 중앙에 있는 저장소로 옮겨 밀봉 작업을 합니다. 튜브에 담긴 표본(Sample)이 그 어떤 것에도 오염되어선

안 되기 때문입니다. 퍼서비어런스는 이 튜브를 저장소에 저장하고 주어진 다른 임무를 수행하다가, 적당한 시간과 장소를 지구에서 지정하면 그곳에 가져다 놓게 됩니다.

NASA와 유럽우주국(European Space Agency)이 함께 이 표본을 가지러 가는 미션을 준비 중입니다. 목표는 2030년입니다. 2030년에 계획대로 이 표본이 지구로 배달되어 온다면, 우리는 화성의 토양과 화성의 과거에 대해 더 많은 정보를 얻게 될 것입니다.

그림 4-4. 인도의 화성 탐사 궤도선 '망갈리안-1'

화성의 상공에는 미국 궤도선 외에도 유럽의 탐사선, 2014년 9월 궤도에 안착한 인도의 망갈리안-1 탐사선 등은 수백㎞에서 수십만㎞ 고도의 궤도를 공전하고 있었습니다. 망갈리안-1 발사 비용은 780억 원으로, 9,400억 원이 개발 비용으로 소요된 NASA의 메이븐 탐사선에 비해 매우 경제적입니다.

그림 4-5. UAE의 화성 탐사 궤도선 '아말'

미국의 퍼서비어런스와 함께 같은 해 2020년 7월 지구를 출발한 중국의 궤도선 톈원 1호와 UAE의 아말 궤도선은 2021년 2월 10일 화성 상공에 연이어 도착했습니다. 중국의 화성 궤도선 톈원 1호 착륙선에는 탐사 로버 주롱이 장착되었습니다.

지금은 왜 화성일까?

2021년 2월 화성의 하늘에 지구 우주선이 몰려드는 이유는 지구에서 화성으로 갈 수 있는 지름길이 언제나 열려 있는 게 아니기 때문입니다. 태양을 중심으로 지구 바깥쪽에 있는 화성의 공전주기는 지구의 공전주기의 2배에 가까운 687일입니다. 각자의 공전궤도에서 지구와 화성이 가장 가까이 만나는 시점이 지구~화성 간 지름길이 열리는 '황금 시간'입니다. 이때, 화성으로 가야 6~7개월 이내에 화성에 도착할 수 있습니다. 화성은 무인 탐사라도 최소 수조 원이 소요됩니다. 그런데도 세계 주요 우주 강국들이 화성 탐사 경쟁을 벌이는 이유는 뭘까요?

화성은 달 다음으로 인간이 탐사를 추진하고 있는 행성 중 가장 현실성 있는 행성이기 때문입니다. 세계 주요 우주 선진국들이 화성 탐사에 적극적으로 참여하는 이유는 화성에 생명체 존재에 대한 과학적 호기심과 자국의 국력 과시 등입니다.

화성 탐사의 문제점은?

미국 NASA는 공식적으로 2030년대 유인 탐사를 목표로 하고 있습니다. 우주기업 스페이스 X의 최고경영자(CEO) 앨론 머스크는 2026년 이전에 유인 우주선을 화성에 보내고, 2050년까지 화성에 100만 명을 보낼 계획이라고 밝힌 바 있습니다. 화성 유인 탐사에는 무인 탐사와 차원이 다른 비용과 기술이 필요합니다. NASA가 30여 년 전인 1989년에 계산한 화성 유인 탐사 연구비용만 해도 5,000억 달러(약 600조 원)에 달합니다. 퍼서비어런스처럼 무인 탐사는 일단 화성에 도착하면 성공이지만, 유인 탐사는 화성에 갔다가 지구로 귀환해야 합니다. 문제는 유인 탐사에는 최소 2년 이상 걸린다는 점입니다. 우주 지름길로 단순히 가고 오는 데만 13개월 이상 소요됩니다. 그러나 이렇게 빨리 돌아오는 건 불가능합니다. 우주비행선이 6~7개월을 항진하여 화성에 도착하면, 이후 지구와 화성 간 거리는 점점 더 멀어지게 됩니다. 따라서, 지구와 화성이 다시 가까워지는 시점까지 1년여를 기다리다 출발해야 합니다. 무인 우주비행선과 로봇은 연료 에너지만 있으면 되지만, 인간은 화성을 향해 가는 동안 물과 식량, 그리고 산소가 필요합니다. 화성에 체류할 때도, 지구에 돌아올 때도 그만큼의 물과 식량, 그리고 산소가 필요합니다. 지구에서부터 그만큼의 화물을 싣고 가거나, 아니면 화성 현지에서 자원을 조달할 수밖에 없습니다.

화성의 지구화, 테라포밍은 우리의 신세계인가?

화성 테라포밍은 화성의 극한 환경을 지구와 유사한 조건으로 바꿔 인간이 거주할 수 있는 행성으로 만드는 과정입니다. 얇은 대기, 영하 140°C까지 떨어지는 기온, 강한 우주 방사선으로 생존할 수 없는 화성에서, 테라포밍은 대기를 두껍게 하고, 온도를 높이며, 액체 상태의 물과 산소를 확보해 생명체가 살아갈 수 있는 환경을 조성해야 합니다. 이 과정은 수백 년이 걸릴 수 있지만, 앨론 머스크는 이를 인간의 생존을 위한 필수 과제로 보고 있습니다.

"화성은 인간의 백업 행성입니다. 우리는 불가능을 가능으로 만들 것"이라고 머스크는 2025년 스페이스 X 컨퍼런스에서 밝혔습니다. 그의 목표는 2050년까지 화성에 100만 명을 이주시키는 것입니다. 이 비전을 실현하기 위해 스페이스 X의 스타십(Starship) 우주선과 테슬라의 옵티머스 로봇이 핵심 역할을 맡습니다. 하지만, 화성은 파라다이스가 아닙니다. 인간이 화성 땅에 맨몸으로 노출되면 단 5분도 살 수 없습니다. 화성의 대기는 대부분 이산화탄소로 이뤄져 있습니다. 산소는 0.1%에 불과합니다. 기온은 적도 근처에서만 낮에 영상 20도가 되고, 밤에는 영하 85도까지 떨어집니다. 지구와 달리 자기장이 없어, 태양에서 쏟아지는 우주 방사선에 노출됩니다. 유일한 희망이 얼음 형태의 물이 있다는 점인데, 이마저도 지구 이주민이 지속해서 쓸 수 있을 정도는 아닙니다.

화성 이주를 말하는 사람은 화성의 환경을 지구처럼 바꾸는 '테라포밍(Terraforming)'을 얘기하기도 하지만, 만약할 수 있다고 해도 수천, 수만 년이 걸릴 것이란 게 우주과학자의 우울한 판단입니다.

과연, 화성의 지구화, 테라포밍은 우리의 신세계일까?

"화성의 지구화, 테라포밍은 우리의 신세계일까?"라는 단순한 과학 기술적 문제를 넘어 인간의 미래, 윤리, 철학, 환경 문제까지 다루는 복잡한 주제입니다. 따라서, 이 복잡한 주제를 여러 각도에서 살펴보겠습니다.

1. 화성 테라포밍의 기술적 가능성입니다.

현재 기술 수준에서 화성 테라포밍은 매우 장기적인 목표입니다. 대기 조성, 온도 상승, 자기장 생성 등의 과제가 있습니다. 수백 년 이상의 시간이 걸릴 것으로 보이며, 이 과정에서 엄청난 자원과 에너지가 필요합니다. Space X는 현재 우주인의 생존을 보장하기 위한 자동화 기술을 테스트하고 있습니다. 여기에는 공기와 물 재활용 시스템, 우주인이 화성 표면에서 이동할 수 있는 해결 방법(solutions)은 물론, 우주 방사선의 "폭격"으로부터 우주인을 보호하는 시스템도 포함됩니다.

2. 인간 생존의 대안 문제입니다.

지구의 환경 위기(기후변화, 자원 고갈 등)로 인해 "제2의 지구"를 찾는 노력을 향상하고 있습니다. 이 관점에서 화성은 인간 생존을 위한 보험처럼 여겨지기도 합니다.

3. 윤리적 질문을 대답해야 합니다.

화성에 생명체가 존재한다면, 우리가 개입해도 될까? 인간 중심의 사고로 다른 행성을 바꾸는 것이 정당할까? 이러한 질문은 우주 식민주의에 대한 윤리적 고찰을 요구합니다.

4. 철학적 관점에서 화성의 신세계를 생각해야 합니다.

우리가 지구에서 해결하지 못한 문제를 안고 다른 행성에 간다면, 그것이 진정한 "신세계"일까? "신세계"란 단순한 새로운 장소가 아니라, 새로운 가치와 책임 의식이 동반되어야 진정한 의미가 있을 수 있습니다.

결론적으로, 화성의 지구화는 기술적 도전이자 인간의 철학적·윤리적 시험대입니다.

그곳이 진정한 신세계가 되기 위해선, 인간이 '어떻게 살아야 하는가?'에 대한 깊은 성찰이 선행되어야 합니다.

인간이 화성에서 장기간 살고 일할 수 있을까?

과거에는 인간을 다른 행성으로 보내어 살게 한다는 아이디어는 공상과학 소설에서만 볼 수 있었습니다. 붉은 사막, 오아시스 위에 지어진 돔형 건물, 두 개의 태양이 보이는 천체 위의 인간 "식민지"…. 하지만, 21세기는 모든 것을 바꾸어 놓았습니다. 오늘은 "우리는 화성에서 살 수 있을까?"라는 질문을 던졌습니다. 더 이상 순수하게 철학적 회의에서 제기된 질문처럼 들리지 않고, 해결해야 할 기술적 문제처럼 들립니다. 그렇다면 꿈과 현실의 경계는 어디일까요?

왜 화성이 첫 번째 행성으로 선택되었으며, 화성 '식민지화'는 어떤 문제점이 있을까?

사실, 태양계의 모든 행성 중에서 화성은 인간이 지구 다음으로 '두 번째 집'을 짓기에 가장 적합한 후보입니다. 화성의 생활 환경은 지구와 비슷합니다. 화성의 날씨도 계절에 따라 바뀌고, 하루는 24시간 39분이며, 지구의 하루는 24시간 3분입니다. 화성은 단단한 표면을 가지고 있으며, 심지어 얼음 블록 형태의 물도 있습니다.

우선, 화성에서 살기 위해 이주하는 것은 몽고리아 대초원에 텐트를 치고 사는 것만큼 간단하지 않습니다. 우리는 일련의 기술적, 생물학적, 심리적 과제를 극복하고 극복해야 합니다. 현대 과학은 거의 모든 것을 통제하고 있는 것 같습니다. 하지만 다른 행성으로 이주하기 전에 모든 위험을 평가해야 합니다. 하지만 화성에는 많은 위험이 있습니다. 과학자들은 대기, 온도, 방사선 문제를 포함한 여러 가지 기술적, 생물학적, 심리적 과제를 해결해야 할 것입니다. 화성의 대기는 거의 전부 이산화탄소로 이루어져 있습니다. 지구의 인간은 그 대기에서는 정상적으로 호흡할 수 없을 것입니다. 화성 표면의 평균 기온은 섭씨 영하 60도에 이르고, 겨울에는 섭씨 영하 125도까지 떨어질 수 있습니다. 이런 상황에서는 아무리 최고급의 우주 보호복을 입어도 인체는 오래 버틸 수 없습니다.

과학자들은 화성을 연구하면서 이 행성에는 자기장이 없다는 사실을 발견했습니다. 즉, 화성 표면은 해로운 우주 방사선으로부터 보호받지 못한다는 뜻입니다. 이러한 방사선은 인체 조직을 빠르게 파괴합니다. 게다가 화성의 중력은 지구의 38%에 불과합니다. 과학자들은 그러한 환경에 장기간 노출되면 인간의 건강에 어떤 영향을 미칠지 아직 확신하지 못하고 있습니다. 하지만, 지금 당장 우리가 확실히 알 수 있는 것은 그러한 생활 환경은 신체에 많은 스트레스(Stress)를 가하고, 이는 사람의 신체적, 정신적 상태에 부정적인 영향을 미칠 수 있다는 것입니다.

우주인이 인간 사회에서 장기간 고립되어 살아야 하는 데 따른 부정적인 심리적 결과 역시 무시할 수 없습니다. 우주인, 즉 "미래의 화성 정착민"은 지구와의 통신이 최소 20분 지연되는 밀폐된 공간에서 살아야 할 것입니다. 이 모든 요소가 그들의 마음에 큰 영향을 미칩니다.

4장

생명체 기원 연구는 소행성 탐사로

왜 소행성을 탐사하는가? 소행성 탐사 의미는?

소행성 탐사는 단순한 과학적 호기심을 넘어 자원 확보, 지구 방어, 우주 개발 기반 마련이라는 다층적인 의미를 지니고 있으며, 미래 우주 경제에서 매우 핵심적인 분야로 떠오르고 있습니다. 소행성 탐사를 하는 이유를 알아보기 전에, 먼저 소행성 탐사 의미를 살펴보겠습니다.

1. 소행성 탐사를 통해 태양계의 기원과 구성을 이해할 수 있습니다.

소행성은 태양계 형성 초기의 물질이 거의 변형되지 않은 채 보존되어 있습니다. 이를 분석하면 46억 년 전 태양계와 지구 생성의 단서를 찾을 수 있습니다.

2. 소행성 탐사를 통해 생명 기원의 연구를 할 수 있습니다.

일부 탄소질 소행성에는 유기물, 물이 포함되어 있어 지구 생명의 기원이 외부 천체에서 왔다는 이론을 검증할 수 있습니다.

탄소질 소행성은 탄소를 풍부하게 함유하고 있는 소행성을 말하며, 전체 소행성 중 75%를 차지할 정도로 흔합니다.

3. 소행성 탐사를 통해 천연자원 확보가 가능합니다.

소행성에는 백금족 금속, 니켈, 철, 물, 헬륨-3 등 고부가가치 자원이 풍부하여 우주 자원 채굴(mining)의 주요 대상이 됩니다.

4. 소행성 탐사를 통해 소행성을 방어(Planetary Defense)할 수 있습니다.

지구 충돌 위험이 있는 근지구 소행성(NEA; Near Earth Asteroid)을 조기 탐지하여 궤도를 변경하는 기술을 개발할 필요가 있습니다.

5. 소행성 탐사를 통해 미래 우주 거점을 확보할 수 있습니다.

소행성은 중력이 약해 착륙과 이륙이 용이하고, 연료, 자원을 공급받을 수 있는 기지로 활용할 수 있습니다.

왜 소행성 탐사를 해야 하는가?

소행성은 "우주 역사서이자, 미래 경제의 광산이며, 지구의 안전띠"입니다. 과학적 가치는 우주 기원의 퍼즐(puzzle; 수수께끼) 조각입니다. 경제적 가치는 우주 자원의 금맥입니다. 기술적 가치는 차세대 우주탐사의 훈련장입니다. 전략적 가치는 지구 생존을 위한 방패입니다.

소행성 탐사가 흥미로운 이유는?

소행성을 만나서 태양계 생성의 비밀을 가장 먼저 밝히고 싶기 때문일까? 태양계에 존재하는 소행성들은 과학자들에게 있어 흥미로운 연구 대상입니다. 태양계가 생성되었던 비슷한 시기에 태어난 만큼, 소행성을 연구하면 태양계의 초기 모습을 그려볼 수 있기 때문입니다. 소행성을 탐사하기 위한 우주 선진국들의 연구 활동이 확장되고 있습니다. 일본의 탐사선인 하야부사2가 2018년 6월 소행성 '류구(Ryugu)'에 접근하여 탐사작업을 벌이고 있는 가운데, 미 항공우주국(NASA)이 2020년 '소행성 탐사선인 오시리스-렉스(OSIRIS-REx)가 소행성 베뉴(Bennu)에 도착했습니다. 약 45억 년 전에 생겨난 것으로 추정되는 소행성 '베누'(Bennu)에서는 다양한 아미노산과 DNA를 구성하는 염기 성분 등이 발견되었습니다.

소행성에서 물질을 채취하려는 이유는 소행성이 태양계가 형성되었던 초기 물질들로 이루어져 있을 것이라는 예측 때문입니다. 하지만, 소행성에서는 물질 채취는 매우 신중한 작업을 요구합니다. 정확하게 물질을 채취하려면 소행성 표면에 착륙해서 작업하는 것이 가장 좋지만, 중력이 미약한 소행성에서는 착륙이 어렵기 때문에 다른 방법이 필요합니다. 이에, NASA는 탐사선을 소행성에 직접 착륙시키는 것이 아니라, 가까이 접근시킨 다음 긴 로봇팔을 사용하여 표본을 채취하는 방법을 연구하고 있습니다.

그림 4-6. 2023년 9월 미국 유타주 사막에 귀환한 오시리스-렉스를

회수하고 있는 NASA의 과학자들. (출처: 로이터)

소행성 탐사의 역사는 언제부터인가?

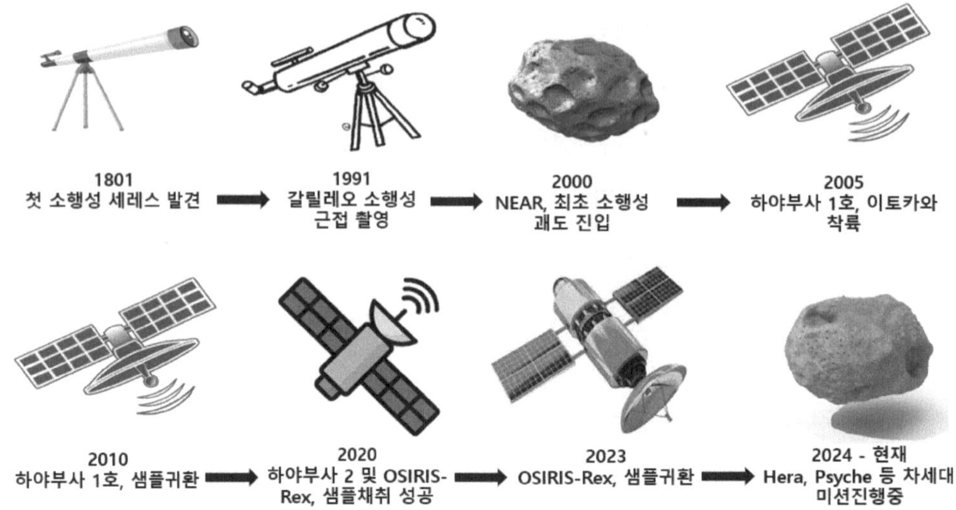

그림 4-7. 소행성 탐사의 역사는 현재 진행형

소행성 탐사는 언제부터 시작되었을까?

소행성 탐사의 역사는 비교적 짧지만 빠르게 발전하고 있는 우주탐사의 한 분야입니다. 이 분야는 천문학적 관측에서 시작해, 무인 우주선을 이용한 직접 탐사까지 진화해 왔습니다. 소행성 탐사의 주요 역사적 흐름을 시기별로 체계적으로 살펴보겠습니다. 소행성의 발견은 인간이 우주를 탐험하며 이해하는 과정에서 중요한 이정표로 자리를 잡았습니다. 소행성은 태양계의 작은 천체로, 행성과의 의미 있는 관계를 지니고 있습니다. 소행성들이 발견된 시기는 18세기로 거슬러 올라갑니다. 고대 인간은 하늘을 바라보며 별을 관찰했고, 이러한 관찰이 점차 과학적으로 접근하는 기반이 되었습니다. 주세페 피아치가 1801년 처음으로 소행성 세레스(Ceres)를 발견하면서 소행성 연구는 점진적으로 수행되었습니다. 그 후 소행성 발견은 계속되었으며 그 과정에서 인간은 우주의 구조와 형성을 탐구하는 계기가 되었던 것입니다.

1. 1801부터 1950년대까지는 초기 관측 시대입니다.

1801년 이탈리아 천문학자 주세페 피아치(Giuseppe Piazzi)가 최초의 소행성인 세레스(Ceres)를 발견하였습니다. 그 이후, 천문학자들에 의해 베스타, 팔라스, 유노 등 주요 소행성이 잇달아 발견되었습니다. 19세기부터 20세기 초반까지는 광학 망원경을 이용한 지상 관측 중심으로 수천 개의 소행성이 식별되었지만, 모두 지구에서의 간접 관측에 의존해야만 했습니다.

2. 1950년대부터 1990년대까지는 우주 시대의 시작과 관심 증대 시기입니다.

1957년 소련의 스푸트니크 1호 발사로 위성 시대가 열리며, 실제 우주탐사의 가능성이 열리게 되었습니다. 1983년 NASA의 적외선 천문위성(IRAS; Infrared Astronomy Satellite)은 수천 개의 소행성을 적외선으로 관측했습니다. 1991년 갈릴레오 우주비행선은 소행성 가스프라(Gaspra)를 최초로 근접하여 촬영했습니다. 1993년 갈릴레오 우주비행선은 소행성 이다(Ida)와 그의 위성인 다크틸(Dactyl)를 촬영했습니다.

3. 2000년대부터 본격적인 소행성 탐사가 시작되었습니다.

2001년 NASA의 최초 소행성 궤도선(NEAR Shoemaker)은 소행성 에로스(Eros)에 최초로 도착하여 1년 이상 관측했습니다. 2003년 5월 일본 JAXA의 하야부사 1호는 발사되어 2005년 9월 이토카와에 도착했습니다. 하지만 이토카와의 표면은 예상보다 훨씬 거칠었고, 착륙에 많은 기술적 문제에도 불구하고, 하야부사 1호는 2010년 6월 표본을 채취한 후 귀환에 성공했습니다.

4. 2010년대부터 현재까지는 소행성 탐사 기술의 발전과 소행성 표본 귀환 시대입니다.

2020년 발사된 NASA의 오시리스-렉스(OSIRIS;Origines Spectral Identification, Resource Identification, Security - REx; Regolith Explorer)

소행성 탐사선은 소행성 베누(Bennu)에서 표본 채취에 성공한 후 2023년 지구로 귀환했습니다. 소행성 탐사선 '오시리스-렉스'(OSIRIS-REx)가 베누 표면에서 채취해 온 돌과 먼지 등을 분석한 결과 33종의 아미노산을 비롯한 수천 개의 유기 분자 화합물이 나왔습니다. 하야부사-2(Hayabusa-2)는 2014년에 발사되어 2018년 소행성 류구(Ryugu) 도착하여 표본을 채취한 후 2020년 지구 귀환에 성공했습니다.

5. 2020년대 후반부터 향후 계획 및 미래 전망을 알아보겠습니다.

유럽우주국(ESA)은 2024년부터 헤라(Hera) 소행성 탐사선을 준비하고 있습니다. NASA는 이중 소행성 방향 전환 시험(DART; Double Astroid Redirection Test) 임무로 충돌 실험한 소행성 디모르포스(Dimorphos)에 대한 후속 탐사를 수행하고 있습니다. 또한, NASA는 2023년 발사한 프시케(Psyche) 소행성 탐사 미션을 통해 금속 성분이 많은 프시케(Psyche) 소행성을 탐사할 예정입니다.

일본 소행성 탐사의 성공 비결은?

일본 소생성 탐사는 일본의 300개 기업의 협력'으로 이루어졌습니다. 하야부사-2 캡슐의 성공적 귀환으로 일본 우주산업에 초미의 관심이 쏠리고 있습니다. 일본은 미국보다 국방 관련 지출이 10분의 1 미만임에도 새로운 시도를 했다는 것입니다. 그 배경에 300개의 일본 민간기업과 협력이 있었다고 합니다. 하야부사-2에 든 비용은 288억 엔으로 일반적인 행성 탐사선 비용보다 훨씬 적습니다. 한정된 예산이지만 하야부사2는 세계 최초로 소행성에 금속폭탄을 충돌시켜 인공적인 분화구를 만들고, 우주선 영향을 받지 않은 류구 땅속의 토양을 채취하는 등 다양한 도전을 성공으로 이끌었습니다.

소행성 폭격으로 지구를 지키는 방어 전략은 있는가?

소행성이 지구를 폭격한다! 소행성은 직접적인 충돌 경로가 있는 것은 아닙니다. 충돌하기 전에 소행성은 태양 주위를 공전할 것입니다. 하지만 그 경로가 아무리 복잡하다 해도, 뭔가 하지 않으면 중력의 법칙과 천체역학에 따라 미리 정해진 소행성의 경로로 수동적으로 기다리는 우리에게 죽음을 가져올 것입니다. 우리는 우주의 사격장에서 소행성의 목표물입니다. 이런 상황을 바꾸는 조치를 신중하게 취하여야 할 것입니다. 그러면, 이제 소행성 충돌의 역사적인 예를 알아볼까요?

약 6,600만 년 전, 유카탄반도에 충돌한 소행성은 공룡을 포함한 생명체의 75%를 멸종시켰습니다. 1908년 시베리아 퉁구스카에서 발생한 소행성 폭발 사건은 대규모의 산림을 파괴하며 인명 피해를 초래했습니다. 미국 애리조나주의 1km 너비에 200m 깊이의 충돌구는 지름 150m의 소행성이 5 만 년 전에 약 840메가톤의 힘으로 지구와 충돌해서 남긴 상처입니다. 이 충돌은 미국 남서부에서 생명체 대부분을 거의 다 없애 버렸을 것이고, 전 세계를 몇 년 동안 얼어붙게 만드는 핵겨울에 빠트릴 만큼의 먼지가 생겼을 것입니다. 애리조나에 충돌한 150m 크기의 바위는 작은 소행성입니다. 수천 배, 심지어 수백만 배 더 큰 질량의 소행성들이 우주에 많이 있습니다. 그러면, 소행성의 지구와 충돌은 어떤 과정을 통해 일어나며 그 영향은 어떠한지 알아보겠습니다.

우선 소행성이 지구 대기를 뚫고 들어올 때 발생한 극초음속 충격이 공기를 뜨거운 플라스마로 바꾸게 됩니다. 그 후 소행성이 지구 자체에 충돌하면서 대량의 산란물이 우주로 뛰어나갔다가 초음속으로 다시 돌아와 대기 전체를 고온으로 발광할 만큼 뜨겁게 만듭니다. 타오르는 하늘은 사방의 숲을 태웁니다. 지하나 물속의 숨을 곳을 찾지 못한 생명체는 모두 죽게 됩니다. 충돌로 만들어진 먼지와 연기가 내뿜는 불길이 지구 전체를 치명적인 산성비를 내리게 만들어 지구는 수년 동안 먼지로 덮인 핵겨울의 한가운데로 들어가게 됩니다. 충돌과 불길은 이산화탄소를 대량 반출해 지구에는 강력한 온실 효과가 일어나 지구를 온실로 만들고, 이는 몇 세게 동안 지속될 것입니다.

소행성을 방어하는 방법을 찾아보자!

지구의 미래는 다양한 위험 요소들에 의해 위협받고 있습니다. 그중에서도 소행성의 충돌은 인간에게 큰 위협 가운데 하나로 여겨집니다. 과거에도 지구는 소행성과의 충돌로 인해 큰 변화가 있었고, 현재에도 여전히 이러한 위험은 존재합니다. 소행성을 방어하기 위한 다양한 방법들을 살펴보겠습니다.

지구를 파괴할 만한 소행성이 지구 쪽으로 오는 것이 탐지되었다면 우리는 어떻게 해야 할까?

가능한 방법에는 몇 가지 종류가 있습니다. 그것들은 다음과 같은 것입니다.

1. 전통적인 방법으로, 가만히 앉아 죽기만을 기다립시다.
2. 지구로부터 탈출합시다. 이것은 기술적으로 불가능할 것으로 생각됩니다.
3. 지구를 옆으로 옮깁시다. 이것은 역시 기술적으로 불가능할 것으로 생각됩니다.
4. 충돌하기 전에 소행성을 파괴합시다. 그러면, 지구에 충돌한 소행성의 조각들이 소행성을 하나로 있을 때만큼 큰 피해를 가져올 것입니다.
5. 마지막으로 소행성이 지구를 비켜 가도록 방향을 바꿉시다. 이것은 어렵지만 이론상으로는 가능합니다.

소행성의 충돌을 방지하기 위한 전략은 크게 두 가지로 나눌 수 있습니다: 충돌 회피 기술과 충돌 완화 기술입니다. 이러한 기술들은 소행성이 지구에 접근하기 전에 그 궤도를 변화시키거나 충돌을 피하는 방법을 포함합니다. 우주비행선을 소행성 근처에 보내 중력의 영향을 통해 소행성의 궤도를 서서히 변화시키는 충돌 회피 기술입니다. 다가오는 소행성을 방공포나 공대공 미사일 또는 우주 전쟁(Star Wars) 방어 시스템으로 쏘아 버릴 수는 없습니다. 소행성 충돌을 막으려면 소행성이 지구로부터 수억km 떨어져 있을 때 이런 소행성의 진행 방향을 변경해야만 합니다. 우주비행선을 소행성에 충돌시켜 그 궤도를 바꾸는 기법입니다. 실례로, NASA는 2022년 9월 이중 소행성 궤도 수정 시험(DART; Double Astroid Rendezvous Test) 우주비행선을 통해 소행성 디모르포스의 궤도를 성공적으로 변경하는 데 성공했습니다.

소행성 충돌이 지구에 미치는 영향은 무엇인가?

소행성이 지구와 충돌하면 대규모 재난을 초래할 수 있습니다. 이는 생태계의 파괴나 대량 멸종과 같은 심각한 결과로 이어질 수 있습니다.

지구와 가장 가까운 소행성이 지구를 향해 다가와 지구 지표면에 충돌하면 지구에 어떤 영향을 주게 되나?

만약 소행성이 지구에 큰 피해를 주게 된 경우, 일본 히로시마, 나가사끼에 떨어진 핵폭탄의 몇 배의 위력이 생길까요? 지구는 태양을 향해 타원 궤도로 공전 운동을 하고, 소행성은 태양 혹은 은하를 중심으로 타원 궤도 운동을 할 경우, 언젠가는 각각의 운행 궤도가 매우 근접하여 지구는 소행성을 잡아당기게 되어 서로 충돌할 수 있습니다. 실제로, NASA의 이중 소행성 궤도 수정 시험(DART; Double Astroid Redirection Test) 우주비행선 등도 이러한 문제에 대응하기 위해 진행되고 있습니다. 다음은 이러한 가능성을 물리적으로 설명하고, 히로시마/나가사끼 원폭과 비교해 얼마나 큰 위력이 있는지 계산해 보겠습니다.

1. 지구에 충돌하는 소행성의 영향 분석

예시: 소행성의 전제 조건을 설정합니다.

소행성 지름: 100 m (소형), 1km (중형), 10km (대형)

소행성 밀도(ρ)약 3,000kg/m^3 (암석질 기준)

속도: 초속 20 km (소행성 충돌 평균 속도)

소행성의 부피(v)

질량(m) 계산: $m = \rho v$

$$m = \frac{4\pi r^3 \rho}{3}$$

예: 소행성 지름이 1km 일 때

반지름, r =500 m, 이므로

질량 $m \approx 1.57\times10^{12}\,kg$ 입니다.

충돌 시 방출되는 운동 에너지를 계산하면

$$E = \frac{1mv^2}{2}$$

$$\approx \frac{1.57X10^{12}X(2X10^4)^2}{2}$$

= $3.14X10^{20}J$ 됩니다.

2. 히로시마 원폭과의 비교

히로시마 원폭 에너지는 약 15kt TNT = 6.3 × 10^{13} J

나가사끼 원폭은 약 21kt TNT = 8.8 × 10^{13} J

TNT는 폭약의 단위로, 1톤 $TNT = 4.18X10^9J$

이는 1톤의 TNT가 완전히 폭발할 때 방출되는 화학 에너지양에 해당합니다.

예시: 히로시마 원폭은 약 15kT =$6.3 X 10^{13} J$ 입니다.

비교 비율 (1km 소행성)

$$\frac{3.14 X 10^{20}}{6.3 X 10^{13}}$$

$\approx 5 X 10^{6}$ → 이값은 히로시마 원폭 약 500만 배입니다.

만약, 공룡 멸종 급인 10km 소행성인 경우:

질량 약 $1.57 X 10^{15} kg$

에너지 약 $3.14 X 10^{23} J$

$$\Rightarrow \frac{3.14 X 10^{23}}{6.3 X 10^{13}}$$

$\approx 5 X 10^{9}$ → 이값은 히로시마 원폭 약 50억 배에 해당합니다.

3. 충돌 시 지구에 미치는 영향

- 지름이 100m인 경우, 히로시마의 폭탄 수천 배로 국지적 도시 파괴, 쓰나미 발생 가능성이 있습니다.
- 지름이 1km인 경우, 히로시마 폭탄의 수백만 배로 대륙 규모 피해 및 기후변화가 가능합니다.
- 지름이 10km인 경우, 히로시마 폭탄의 수십억 배로 전 지구적 대재앙이 일어납니다.

4. 충돌 가능성의 천문학적 배경

지구는 태양을 중심으로 타원 궤도로 공전합니다. 소행성도 대부분 태양계 내에서 자신만의 타원 궤도로 때에 따라 궤도가 교차할 수 있습니다. 근지구 소행성

(NEO; Near Earth Object)은 지구 공전궤도와 매우 가깝습니다. 근지구 소행성은 지구 궤도와 교차하는 궤도를 가진 소행성으로, 지구와 출동할 위험이 있는 천체입니다. 이들은 태양과 거리가 1.3 천문학 단위(AU; Astronomical Unit, 1AU는 1억 5천만 Km) 보다 가까운 전체를 말하며, 주로 소행성이지만 혜성도 포함될 수 있습니다.

이러한 소행성의 궤도들은 태양과 다른 행성들의 중력 영향으로 천천히 궤도가 변경되어, 어느 순간 교차점에 동시에 도달하게 되면 충돌 가능성이 높아집니다. 또한, 지구의 중력이 가까운 소행성을 잡아당기며 궤도를 바꿔 충돌 가능성을 높일 수도 있습니다.

5. 실제 사례

2013년 러시아 우랄 지역의 첼랴빈스크 일대를 강타한 소행성(지름, 약 20m)은 히로시마의 30배(44만~50만 TNT 규모) 정도의 에너지가 방출되어 1,000명의 사상자를 낳았습니다. 6,600만 년 전 공룡 멸종 소행성(지름, 약 10km)은 멕시코 유카탄반도와 충돌하여 전 지구적 멸종을 가져왔습니다. 지구 궤도와 소행성 궤도는 매우 천천히 가까워지며, 충돌 가능성은 있지만 낮습니다. 실제로 소행성이 지구와 충돌하면 기후변화, 대규모 멸종 등의 재앙이 발생할 수 있습니다. 지난 20년간 지구에 충돌한 소행성은 556개에 이르는 것으로 조사되었습니다. 2주에 한 번씩 소행성이 지구와 충돌한 꼴인 셈입니다. 하지만, 러시아 우랄 지역의 첼랴빈스크 일대를 강타한 유성을 제외하고는 큰 해를 끼치지 않은 것으로 드러났습니다.

NASA는 지구에 해를 끼칠 수 있는 우주 물체를 관찰, 추적해 온 근지구(NEO) 프로그램을 통해 분석한 결과, 1994년부터 2013년까지 소행성 최소 556개가 지구를 향해 돌진해 왔지만, 대기에 부딪혀 불덩이 유성(Bolide)이 되는 바람에 큰 해를 끼치지 않았다고 밝혔습니다. 또한, NASA는 이 기간에 불덩이 유성이 관찰된 지역을 표시한 지도를 공개했습니다.

유성 충돌 현황 1994-2013

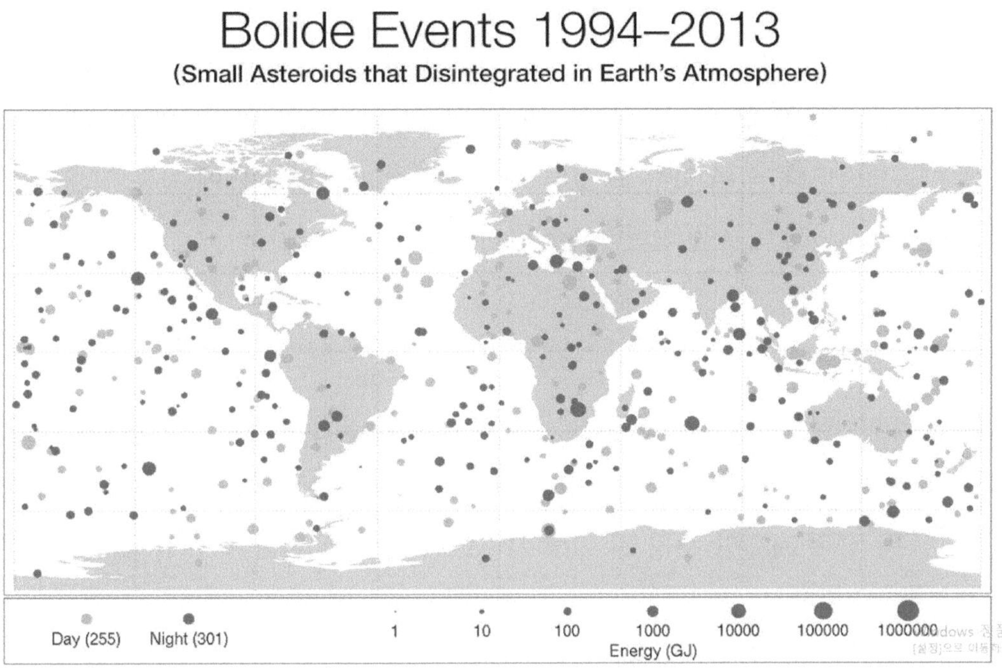

그림 4-8. NASA가 지난 20년 동안 소행성이 지구 대기에 부딪혀 분해돼 나타나는 불덩이 유성 위치 지도.

소행성 탐사 효과는?

소행성 탐사의 효과를 기술적, 경제적, 과학적, 안보적 측면에서 살펴보겠습니다.

1. 기술적 효과

정밀 궤도 추적 기술을 통해 수억 km 떨어진 천체를 목표로 정밀하게 추적합니다. 자율 항법, 탐사 로봇 기술은 GPS가 없는 우주에서 AI 기반 자율 운용을 가능하게 만들었습니다. 우주 착륙 및 표본 채취 기술은 비정형 천체에 착륙 및 표본 채취, 귀환 등 고난도 기술을 실현하고 있습니다.

2. 경제적 효과

우주 자원 채굴 시장 개척을 통해 일부 소행성은 수십조 원에서 수천조 원 정도의 가치가 있는 금속을 함유하고 있습니다. 예시: 소행성 '16 Psyche(프시케)'는 철, 니켈 등 금속 자원만 수경 원 이상 가치로 추정되고, 미래 우주 공항/연료 기지 역할을 할 것입니다.

3. 과학적 성과

소행성 표본 분석을 통한 태양계 시료를 확보할 수 있습니다. 일본 '하야부사-2'와 NASA '오시리스-렉스' 등은 지구로 소행성 물질을 귀환시키는 데 성공했습니다.

4. 안보 및 방어적 효과

소행성으로부터 지구 충돌 위협을 사전 대응하기 위해 NASA는 DART 미션을 통해 2022년 실제로 소행성 '디모르포스(Dimorphos)'에 충돌해 궤도 변경을 성공적으로 수행했습니다.

주요 국가의 우주탐사 사례는?

일본은 하야부사 1 탐사선을 통해 소행성 표본을 지구로 귀환한 최초 국가가 되었습니다. 미국은 2023년 OSIRIS-REx(오시리스-렉스) 탐사선을 통해 소행성 베누(Bennu)의 표본을 지구로 가져오는 데 성공했습니다. 유럽 ESA는 Hera(해라) 소행성 궤도 분석 임무를 수행하였고 2026년에 Hera 소행성을 탐사할 예정입니다. 중국은 톈원-2를 통해 탄소질 소행성 표본 채취와 혜성 탐사를 병행할 예정입니다. 한국은 한국형 소행성 탐사선 개발을 위한 기초 기술을 확보하고 있습니다.

표 4-5. 한국을 비롯한 주요 국가의 우주탐사 사례 및 계획

국가	우주 탐사선 이름	특징
일본	• 하야부사-1, 2	• 일본은 이토카와, 류구의 소행성 표본을 지구로 귀환한 최초 국가
미국 (NASA)	• OSIRIS-REx	• 2023년 소행성 베누(Bennu)의 표본을 지구로 귀환하는 데 성공
유럽 (ESA)	• Hera (2026년 예정)	• DART 후속 탐사선으로 디모르포스 소행성 충돌 결과 분석
중국	• 톈원-2 (계획 중)	• 탄소 질 소행성 표본 채취 및 혜성 탐사를 병행할 예정
한국	• 기획 단계	• 한국형 소행성 탐사선 개발을 위한 기초 기술 확보 중

5장

미래 우주탐사의 청사진이 궁금하다.

우리는 미래 우주탐사의 청사진이 궁금하기만 합니다. 따라서, 구체적인 계획과 사례를 근거로 미래 우주탐사의 청사진을 알아보겠습니다. 미래 우주탐사의 청사진은 단순한 행성 탐사를 넘어 인간의 다 행성 거주, 우주 경제 실현, 심우주 진출이라는 거대한 비전을 담고 있습니다. 미래 우주탐사의 청사진을 살펴보기 전에 미래 우주탐사의 핵심 가치가 무엇인지 궁금하지 않으세요?

미래 우주탐사의 핵심 가치는?

생존적 가치는 지구 외 기후변화, 핵, 재앙 등으로부터 인간의 생존 가능성을 확보하는 것입니다. 경제적 가치는 우주 자원, 관광, 우주 공장, 우주통신 등으로 수천조 원 규모의 신산업을 창출하는 것입니다. 기술적 가치는 첨단 로봇, AI, 생명공학, 에너지, 반도체, 소재 기술 등 융합 발전을 도모하는 것입니다. 문화적 가치는 인간의 지평을 넓히는 상징적인 도전입니다.

미래 우주탐사의 핵심 목표 청사진을 소개합니다.

달 탐사의 목표는 달에 유인기지 건설, 달 자원 채굴, 그리고 화성 탐사의 전초기지를 건설하는 것입니다. 화성 탐사의 목표는 인간이 화성에 안전하게 착륙하여 화성에서 인간이 생존할 수 있는 거주 방법을 실험하는 것입니다. 소행성 탐사의 목표는 소행성 천연자원 확보, 소행성으로부터 지구 방어 기술 확보, 그리고 소행성 천연자원 채굴의 산업화를 도모하는 것입니다. 심우주 탐사의 목적은 지구, 달, 화성을 넘어 목성, 토성 위성, 그리고 더 먼 우주의 외계 행성을 탐사하는 것입니다. 지구-우주 인프라 확보의 주된 목표는 우주정거장, 궤도 공장, 그리고 우주 관광을 위한 기반 시설을 구축하는 것입니다.

표 4-6. 미래 우주탐사의 핵심 목표와 비전

분야	목표	비전
달 탐사	• 유인기지 건설, 자원 채굴, 화성 탐사의 전초기지	• 인간의 첫 외행성 정착 실험
화성 탐사	• 유인 착륙, 거주 실험,	• 생명체 탐색 및 인간의 제2 거주지
소행성 탐사	• 자원 확보, 지구 방어 기술, 소행성 채굴 산업화	• 우주 자원 기반 경제 탄생
심우주 탐사	• 목성·토성 위성, 외계 행성 탐사	• 태양계 밖 생명체 및 우주 기원 연구
지구-우주 인프라 확보	• 우주정거장, 궤도 공장, 우주 관광	• 지속 가능한 우주 활동 기반 마련

전 세계 우주 선진국의 우주탐사 추진 사례 및 계획은 아래와 같습니다.

1. 미국

미국은 NASA는 스페이스 X, 블루오리진 등과 같은 민간기업과 협력을 통해 아르테미스 프로젝트와 화성 이주 계획을 일정에 맞게 성공적으로 수행하고 있습니다.

표 4-7. 미국의 우주탐사 추진 사례 및 계획

구분	추진 계획	추진 사례
NASA 아르테미스 프로그램	• 2022년 Artemis-I 프로그램	• 무인 시험비행 성공
Space X 프로그램	• 2025년 Artemis-II 프로그램 예정	• 유인 궤도 비행 성공
	• 2026년부터 Artemis- III 프로그램 추진	• 2030년대 달 기지 건설 및 화성 유인 탐사 전초기지 확보
	• Starship	• 재사용 대형 우주선으로 100인 탑승 가능
	• 화성 이주 계획	• 2030년대 초 화성에 화물선 먼저 보내고 이후 유인 탐사 및 정착
	• Lunar Starship	• NASA 아르테미스의 착륙선으로 선정됨

2. 중국

중국은 CNSA를 중심으로 독자적인 장기 체류형 우주정거장 '톈궁과 2030년까지 달 남극에 로봇기지 건설과 화성 탐사 및 소행성 탐사 프로그램을 수행하고 있습니다.

표 4-8. 중국의 우주탐사 추진 사례 및 계획

구분	추진 계획	추진 사례
CNSA 프로그램	• 달 기지 건설	• 2030년까지 달 남극에 로봇 기지를 설치하고 유인기지 확장 중
	• 창어 후속 달 탐사선 개발	• 창어 5호 월석 귀환 성공, 2024년 창어 6호달 뒷면 표본 채취
	• 화성 탐사	• 2021년 톈원-1 탐사선 화성 착륙 성공, 톈원-2는 소행성 탐사 및 표본 귀환 예정
	• 우주정거장 '톈궁' 개발 추진	• 독자적인 장기 체류형 정거장 완성

3. 유럽연합

유럽은 ESA를 중심으로 Gateway 프로그램에 참여하고 있으며, 달 착륙선 개발, Hera(헤라) 소행성 탐사 계획을 추진하고 있습니다.

표 4-9. 유럽연합의 우주탐사 추진 사례 및 계획

구분	추진 계획	추진 사례
ESA	• Gateway 개발 프로그램 참여	• 달 착륙선 개발, Hera 소행성 궤도 분석 임무 수행

4. 일본

일본은 JAXA 주도하에 2024년 달 착륙선 SLIM은 달 착륙에 성공했으며, 하야부사 1, 2를 통해 소행성 표본 귀환 프로젝트를 성공적으로 수행했습니다.

표 4-10. 일본의 우주탐사 추진 사례 및 계획

구분	추진 계획	추진 사례
JAXA	• 차세대 소행성 탐사선 개발 계획 수립	• 2024년 달 착륙선 SLIM 달 착륙 성공 하야부사-1, 2로 소행성 표본 채취 및 귀환 성공

5. 인도

인도의 ISRO는 2023년 찬드라얀 3호로 달 남극 착륙에 성공했으며, 2025년부터 유인 우주탐사선 '가가니얀' 계획을 추진하고 있습니다.

표 4-11. 인도의 우주탐사 추진 사례 및 계획

구분	추진 계획	추진 사례
ISRO	• 2025년 유인 우주탐사선 '가가니얀' 계획 수립 중	• 2023년 찬드라얀 3호 달 남극 착륙 성공

6. 한국

한국의 KARI는 2032년 달 탐사, 2035년 소행성 탐사, 그리고 유인 화성 탐사를 목표로 누리호 및 차세대 발사체 시스템을 고도화하고 있습니다.

표 4-12. 한국의 우주탐사 추진 사례 및 계획

구분	추진 계획	추진 사례
KASA	• 달 탐사	• 2032년 달 착륙선 및 달 탐사 로버 개발 추진
	• 소행성 탐사	• 2035년 목표로 소행선 착륙 및 표본 채취 예정 귀환
	• 화성 탐사	• 장기적으로 유인 탐사를 위한 기술 개발 단계
	• 우주비행선, 위성기술 독자 개발 및 자립	• 누리호 및 차세대 발사체 고도화 추진 중

민간기업과 우주산업 혁명의 연계성은?

영국의 민간기업 Virgin Galactic(버진 갤럭틱)은 고도화된 우주기술을 활용하여 2023년부터 우주 관광 사업을 개시하고 있습니다. 미국의 스페이스 X는 재사용 로켓을 개발하여 우주산업 혁명을 주관하며 NASA와 협력하여 우주비행선 Starship(스타쉽) 개발, 화성 식민지화 계획 사업을 추진하고 있으며, 저궤도 우주 통신망인 스타링크를 구축하여 우주 인터넷 사업을 수행하고 있습니다. 미국의 블루오리진 역시 NASA와 협력하여 달 착륙선 Blue Moon(블루문) 개발과 달 탐사 궤도(LEO; Lunar Exploration Orbit) 인프라를 구축하고 있으며, 우주 관광 사업을 추진하고 있습니다.

미국의 Axiom Space(엑시엄 스페이스)는 NASA와 협력하여 ISS(국제우주정거장) 모듈 제작을 수행하고 있으며, 상업용 우주정거장 건설을 추진하고 있습니다. 미국의 AstroForge(에스트로포지)는 행성 자원(Planetary Resources) 탐사 및 소행성 천연자원 채굴 기술을 개발하고 있습니다.

표 4-13. 미국 민간기업의 우주기술 개발 및 계획

기업	기술 및 계획
Space X	우주비행선 Starship 개발, 위성망 Starlink, 화성 식민지화 계획
Blue Origin	달 착륙선 Blue Moon 개발, 우주 관광, 달 탐사 궤도 (LEO; Lunar Exploration Orbit) 인프라 구축
Axiom Space	상업용 우주정거장 건설, NASA 협력하여 ISS 모듈 제작
AstroForge	행성 자원(Planetary Resources) 탐사 및 소행성 자원 채굴 기술 개발 중
Virgin Galactic	2023년 우주 관광 사업 개시

인간의 미래 우주탐사 단계별 청사진은?

미래 우주탐사는 단순한 과학 활동이 아니라, 인간 문명의 확장, 새로운 우주 경제 창출, 지구의 지속 가능성을 담보하는 전략적 과업입니다. 국가와 민간, 과학과 산업이 함께 설계하는 이 탐사의 청사진은 이미 현실로 다가오고 있습니다.

그림 4-9. 인간의 미래 우주탐사 단계별 청사진

우주탐사 기술 발전으로 기대되는 미래는?

우주탐사는 인간의 오랜 꿈이었습니다. 또한, 우주탐사는 우주기술 발전의 상징으로 여겨졌습니다. 과거 수백 년간, 인간은 별과 행성을 탐구하기 위해 끊임없이 노력했으며, 그러한 노력이 지금까지 이어지고 있습니다. 특히, 최근 수십 년간의 우주기술 발전은 우주탐사의 지형을 크게 변화시켰습니다. 우주탐사의 기술혁신은 우주에 대한 새로운 가능성을 열어주며, 인간이 우주를 이해하고 우주에서 거주할 수 있도록 만들어 주고 있습니다. 그럼, 우주탐사 기술 발전이 가져올 미래의 변화를 살펴볼까요?

우주탐사의 시작은 인간의 오래된 꿈 중 하나로, 고대부터 별과 행성을 관찰해 온 인간의 역사와 밀접히 연결되어 있습니다. 20세기 중반, 인간의 우주비행이 가능해지면서 우주탐사 기술은 급속도로 발전하기 시작했습니다. 1969년 최초로 인간이 달에 착륙한 것은 인간의 잠재력을 보여주는 놀라운 사건이었습니다. 그 이후, 각국의 우주 기관과 민간기업들은 지속적인 연구개발을 통해 다양한 우주탐사 임무를 수행했습니다. 그로 인해, 로켓 발사체 기술, 인공지능, 그리고 자율 비행 시스템 등의 기술이 비약적으로 발전하는 계기가 되었습니다. 그러한 기술들은 오늘날 우주정거장과 같은 혁신적인 연구 시설을 가능하게 하였고, 인간은 우주를 더 깊이 이해할 수 있는 계기가 되었습니다.

우주탐사 기술이 발전함에 따라, 자원 이용 가능성이 더욱 커지고 있습니다. 특히, 소행성 탐사와 행성 간 자원 개발은 인간이 직면한 자원 고갈 문제를 해결할 수 있는 중요한 대안으로 떠오르고 있습니다. 예를 들어, 소행성에서 채굴할 수 있는 금속 및 광물들은 지구에서의 자원 감소 문제를 해결할 뿐만 아니라, 우주탐사 자체를 더 효율적이고 지속 가능하게 만들 수 있습니다. NASA와 여러 민간기업은 이러한 가능성을 연구하고 있으며, 향후 몇십 년 이내에 실제 우주 자원 채굴이 이루어질 것으로 예견되고 있습니다.

우주 관광 산업 또한 빠르게 성장하고 있습니다. 최근 몇 년 동안 영국의 버진 갤럭틱(Virgin Galactic), 미국의 블루오리진 등 여러 민간기업은 우주 관광을 위한 우주비행선을 개발하여 많은 사람에게 새로운 경험을 제공하고 있습니다. 특히, 인공지능(AI) 기술은 우주여행을 대중화하는 데 중요한 역할을 할 것입니다. AI 기반 우주선은 자동 항해 시스템, 자율 비행 시스템, 위험 요소 감지 시스템 등을 갖추어 우주여행의 안전성과 편의성을 높일 수 있습니다.

우주탐사가 계속됨에 따라, 지구와 우주 간의 효율적인 우주통신 기술은 필수적입니다. 고속 데이터 전송을 위한 레이저 통신 시스템은 이러한 요구에 부응하고 있으며, 데이터 전송 속도를 대폭 개선하고 있습니다. 100 Gbps(Giga bit per second)의 속도로 데이터를 전송할 수 있는 이 기술은 지구와 우주 간의 통신 지연 시간을 최소화하여, 실시간으로 데이터를 주고받을 수 있는 기반을 마련하고 있습니다. 우주탐사에서 수집된 데이터는 다양한 연구와 탐사에 중요한 역할을 합니다. 따라서, 정확하고 철저한 데이터 전송 시스템이 필요합니다. 우주통신 기술의 발전은 이러한 요구를 충족시키며, 우주탐사에서의 데이터 분석의 신뢰성을 높이고 있습니다.

현재, 국제우주정거장(ISS)은 다양한 실험과 연구의 중심이 되고 있습니다. 이와 같은 연구들은 우주탐사의 미래를 위한 중요한 기반이 되며, 우주 생물학, 물리학, 지구과학, 천문학 등 다양한 분야에서 혁신적인 연구가 진행되고 있습니다. 이러한 연구들은 궁극적으로 인간이 우주 외 생명체를 탐사하고, 인간이 거주할 수 있는 식민지를 구축하는 데 초석이 될 것입니다.

우주탐사의 궁극적인 목표 중 하나는 인간이 다른 행성에서 거주할 수 있는 공간을 찾는 것입니다. 많은 우주과학자는 화성을 인간의 새로운 거주지로 생각하고 있으며, 이를 위해 다양한 기술들이 개발되고 있습니다. 앞으로의 우주탐사는 단순한 탐사를 넘어 인간이 다른 행성에서 거주할 가능성을 타진하는 데 중점을 두고 진행될 것입니다. 우주탐사는 이제 한 국가의 힘만으로는 이루어질 수 없는 시대가 되었습니다. 다양한 국가와 기업들이 협력하여 우주탐사의 한계를 뚫고 있는 만큼, 국제적 협력은 필수적입니다. 서로 다른 기술과 지식이 융복합될 때, 진정한 우주기술혁신이 이루어질 수 있으며, 이는 인간이 우주를 이해하는 데 큰 도움이 될 것입니다.

[지식 더하기+ 창]

쥘 베른은 예언가인가 아니면 과학자인가?

프랑스 공상 과학소설 작가인 쥘 베른은 우주비행선은 커녕 비행기조차 발명되기 전에 달 여행을 그린 '지구에서 달까지' 공상 과학 소설(SF; Science Fiction)을 저술했습니다. 쥘 베른은' 지구에서 달까지'에서 달 탐사 대원은 미국 사람 세 명으로 이루어졌고, 그들은 달에 도착할 것이고, 플로리다에서 출발하여 우주캡슐(capsule)을 타고 달 궤도로 올라간 다음 달에 도착하여 우여곡절을 경험한 후 다시 지구로 귀환하여 태평양 바다에 도착하면 미국 해군 함정이 그들을 태우고 갈 것을 예측했습니다. 이러한 모든 것이 104년 후 아폴로 11호에 의해 실제로 일어났습니다. 하지만, 쥘 베른이 사용한 추진 시스템은 로켓이 아닌 큰 대포였습니다. 그 시대에는 대포가 가장 강력한 발사 장치였기 때문입니다. 쥘 베른은 예언가가 아니라 20세기의 우주 문제를 이해하려고 노력했던 19세기 공상 과학소설의 지성인(知性人)이 아니었을까요?

엘론 머스크는 누구이며, 그의 경영 철학은 무엇인가?

엘론 머스크(Elon Musk)는 현대 기술혁신을 선도하는 대표적인 기업가 중 한 명입니다. 엘론은 1971년 6월 28일, 남아프리카공화국 프리토리아에서 태어나 캐나다 퀸즈 대학교 2년 재학 중 미국 펜실베이니아 대학교에 편입하여 와튼스쿨에서 물리학과 경제학을 전공하여 학사학위를 취득하였습니다. 그 후 엘론은 많은 사람이 불가능하다고 생각하는 일 다섯 가지(우주, 청정에너지, 인터넷, 인공지능, 유전자 조작)를 선정하고 주어진 일들을 추진하고 있습니다. 그는 2002년에 우주탐사 기업인 Space X 창업하여 팰컨 로켓, 스타쉽, 드래곤 캡슐 등을 개발하였습니다. 엘론은 2004년 Tesla 자동차를 인수한 후 Tesla 사이버트럭(Cybertruck), 전지팩(Battery Pack), 솔라루프(Solar roof) 등을 전기 자동차 부품을 개발하였습니다. 2016년에 설립된 뉴럴링크(Neuralink)는 뇌와 컴퓨터를 연결하는 뇌-컴퓨터 연동 칩(BMI; Brain-Machine Interface chip)을 인간 뇌에 이식시켰습니다. 엘론은 2022년에 투이터(Twitter)를 인수한 후 X로 개명하고, "모든 것을 아우르는 앱(All-in-one app)"을 개발하고 있습니다. 또한, 그는 사업을 영위하고 있는 분야는 아니지만 인간이 질병으로부터 극복하기 위해 유전자 조작 사업을 본격 추진 중입니다.

머스크의 경영 철학은 불가능을 가능하게 하는 것인가요? 그의 경영 철학은 무엇인가요?

엘론의 철학은 요약하자면 "불가능을 가능하게 만든다"는 신념에 기반을 두고 있습니다. 하지만 그것만으로는 부족합니다. 그의 경영 철학은 다음과 같은 핵심 원칙들로 구성되어 있습니다.

1. 제1원리 사고(First Principles Thinking)

"비유가 아닌 물리학처럼 생각하라." 문제를 해결할 때 기존 관습이나 비교가 아닌, 물리학처럼 본질로부터 사고합니다. 예시: "로켓을 구매하면 너무 비싸다. 그러면 직접 만들면 얼마일까?"로부터 Space X는 탄생하였고, 생산 원가를 원자 단위로 분해하여 가장 근본적인 수준에서 비용, 구조, 설계를 재구성합니다.

2. 실패를 두려워하지 말 것

“실패는 선택지 중 하나일 뿐이다. 실패하지 않는다면 충분히 혁신하지 않고 있는 것이다.” 실패를 회피하지 않고 학습의 기회로 삼았습니다. 예시: Space X는 로켓을 여러 번 폭발시켰지만, 결국 재사용에 성공했습니다. Tesla 생산설비는 수많은 시행착오를 거쳐 자동화의 한계를 극복했습니다.

3. 거대한 목표(Massive Vision), 미친 실행력

“나는 세상을 바꾸기 위해 창업한다.” 머스크는 단순한 수익이나 시장 점유율보다 인간 전체에 긍정적인 영향을 주는 비전을 목표로 합니다. 예시: Tesla의 목표는 탄소 없는 지구, Space X의 목표는 인간의 다행성 생존, 뉴럴링크(Neuralink)의 목표는 인간과 AI의 공존, X(Twitter)의 목표는 정보의 자유 흐름과 거대한 디지털 광장입니다. 엘론은 말뿐이 아니라 기술 중심 경영과 극단적인 몰입으로 실행합니다.

4. 극단적인 몰입과 통솔력

“나는 내 회사를 운영할 뿐 아니라, 그 기술을 직접 이해하고 설계에 개입한다.” 그는 단순히 최고경영자(CEO)가 아닌 “엔지니어 최고경영자(CEO)”로서 직원처럼 밤샘 근무, 공장 바닥에서 자면서 문제를 해결합니다. 경영진이 아닌 현장 중심의 사고는 기술 문제 해결에 직접 참여하게 합니다.

5. 수직 통합과 독자 생태계 지향

“남에게 의존하지 않으면 더 빠르게 혁신할 수 있다.” 대부분의 제조업은 부품을 외주로 조달하지만, 머스크는 이를 내부화하려 했습니다. 예시: Space X는 로켓 시스템의 80% 이상을 자체 제작합니다. Tesla는 자체 배터리 공장(Gigafactory) 건설과 자체 반도체를 개발합니다. 이에 따라, 품질, 속도, 비용을 동시에 통제할 수 있습니다.

6. 속도 중독: 빠르게 움직이고 문제를 해결하라("Move Fast and Fix Things")

"보통 사람보다 5배 빨리 시도하면, 실패해도 앞서갈 수 있다." 예시: 테슬라는 신제품을 기존 자동차 산업보다 훨씬 빠르게 출시합니다. Space X는 6개월 단위로 새로운 로켓 시제품을 제작합니다. 초기 실패를 감수하고 빠른 반복을 통해 진보합니다.

엘론 머스크의 경영 철학은 아래와 같이 요약됩니다.

"불가능은 아무것도 아니다." 기존 한계를 도전과제로 여깁니다. "최악의 시나리오에서 출발하라" 낙관이 아닌 현실을 기반으로 실행합니다. "기술은 인간 진보의 열쇠다"라고 하는 기술 중심의 미래 비전을 제시합니다. "생산이야말로 진짜 혁신이다." 실리콘밸리의 소프트웨어보다 '하드웨어 생산 혁신'에 집중합니다. 엘론 머스크의 경영 철학은 기술의 본질에 대한 깊은 이해, 실행력, 위험 감수, 그리고 인간 전체를 위한 목적 지향성에 기반합니다. 그는 기술자가 경영을 주도할 수 있다는 가능성을 증명하며, 혁신의 패러다임을 바꿔놓았습니다.

우주탐사에 필요한 Rover와 Lander의 차이점은 뭐야?

우주탐사에서 자율 주행 로봇(rover)과 착륙선(lander)은 둘 다 행성, 달, 또는 소행성 표면에 도달하여 과학탐사를 수행하는 장비지만, 역할과 기능에서 뚜렷한 차이점이 있습니다.

Lander (랜더)는 착륙선입니다.

랜더는 우주비행선이 특정 천체의 표면에 착륙하여 정해진 위치에서 자료를 수집하는 탐사 장비입니다. 움직이지 않고, 착륙한 그 자리에 머무릅니다.

특징	• 고정된 위치에서 장기 관측 수행 • 지면의 화학적, 기상적, 지질학적 특성 측정 • 탐사용 기기(예: 드릴, 카메라, 기압계, 온도 센서 등)를 갖춤 • 주로 태양열 또는 원자력 전지로 전력 공급
예시	• 화성 내부 구조 탐사 착륙선 NASA의 InSight(인사이트) • 화성 탐사선 Viking-1, 2 착륙선 • 달 뒷면에 착륙한 중국의 Chang-4 착륙선

반면에, Rover(로버)는 탐사차입니다.

로버는 천체 표면을 이동하면서 탐사할 수 있는 이동형 탐사 차량입니다.

특징	• 다양한 지형을 주행하며 넓은 지역 탐사 • 바위 표본 수집, 영상 촬영, 흙 분석, 지표면 시추 등 수행 • 지형 회피 알고리즘과 자율주행 기능 탑재 • 일반적으로 랜더를 통해 천체 표면에 도착함
예시	• NASA의 화성 로버 Curiosity, Perseverance • 중국의 화성 탐사 로버 Zhurong • NASA의 화성 로버 Spirit, Opportunity

달 탐사에 필요한 NASA 월면차(LTV, Lunar Terrain Vehicle) 개발 프로젝트에 참여한 민간기업의 승자는 누가될까?

NASA는 아르테미스 프로그램을 통하여 반세기 만에 유인 달 탐사를 재추진하고 있습니다. NASA는 척박한 달 표면에서 우주인들의 발이 될 유인 로버 월면차(LTV, Lunar Terrain Vehicle)의 개발을 본격적으로 추진하고 있습니다. NASA는 2030년으로 예정된 아르테미스 5호의 우주인들을 위한 유인 로버 월면차 제작을 주도할 후보 기업으로 인투이티브 머신스(Intuitive Machines), 루나 아웃 포스트(Lunar Outpost), 벤투리 아스트로 랩(Venturi Astrol ab)을 선정했습니다. 또한, NASA는 2024년 4월부터 이들 세 개의 주도 기업들과 컨소시엄을 형성하여 LTV 개발을 추진하고 있습니다.

1972년 12월 11일, 달 위의 아폴로 17호의 월면차
(출처: NASA)

NASA 아르테미스 달 탐사 로버 개발에 참여한 주요 민간기업은?

주도 기업	참여 기업	비고
• Intuitive Machines (Moon RACER 팀)	• Intuitive Machines, Boeing, Northrop Grumman, Michelin, AVL, Sidus Space	
• Lunar Outpost (Lunar Dawn 팀)	• Lunar Outpost, General Motors, Goodyear, Leidos, MDA Space	
• Venturi Astrolab (FLEX 로버)	• Venturi Astrolab, Axiom Space, Odyssey Space Research	

1. 인튜이티브 머신스(Intuitive Machines) 주도 – Moon RACER 팀 특징

- Intuitive Machines는 도바-D(Nova-D) 착륙선을 개발하여 로버를 달 표면에 운반할 예정입니다. 인튜이티브 머신스는 월면차의 '재사용' 능력을 차별화 기술로 내세웠습니다. 우주발사체 업계의 재사용 로켓처럼 월면차도 회수 후 재사용할 수만 있다면 수조 원의 예산 절감이 가능할 것입니다. 아울러, 인튜이티브 머신스는 이미 자체 달 착륙선을 보유하고 있습니다. 인튜이티브 머신스는 보잉, 미쉐린, 노스롭 그루먼, 에이부이엘(AVL), 시더스 스페이스(Sidus Space)와 연합전선을 구축했습니다. 특히 바퀴 개발을 맡은 미쉐린은 모든 역량을 집중해 100℃~-240℃의 온도와 우주 방사선, 푸석거리는 토양에서 최대 견인력을 보장하는 에어리스(공기 없는) 타이어를 개발할 예정입니다.
- 보잉(Boeing)은 로버 시스템의 설계를 주도하며, 제작 및 테스트를 지원합니다.
- 미쉘린(Michelin)은 극한 온도와 거친 지형에서도 견딜 수 있는 무공기 타이어를 개발합니다.
- 노스롭 그루먼(Northrop Grumman)은 전력 시스템과 임무 계획에 대한 전문 지식을 제공합니다.
- 시더스 스페이스(Sidus Space)는 통신 및 자율 주행 기술을 지원합니다.

2. Lunar Outpost 주도 – Lunar Dawn 팀 특징

루나 아웃 포스트(Lunar Outpost)는 달 탐사용 로버인 이동형 자율 탐사 플랫폼(MAPP; Mobile Autonomous Prospecting Platform) 개발 경험을 바탕으로 LTV를 설계합니다. 루나 아웃포스트는 이번 결선 무대에서 우승하기 위해 록히드 마틴, 제너럴모터스, 굿이어타이어, 엠디에이 스페이스(MDA Space)라는 걸출한 기업들과 컨소시엄을 구성했습니다. 루나 아웃포스트는 영하 200℃까지 떨어지는 달의 혹독한 밤을 견디면서 다량의 짐을 싣고 안전하게 이동하는 강력한 내구성을 지니도록 루나 돈(Lunar Dawn)을 설계할 계획입니다.

- 제너럴 모타스와 굿이어(General Motors & Goodyear)는 자동차 산업의 기술력을 활용하여 로버의 주행 성능을 향상합니다.
- 라이도스(Leidos)는 시스템 통합과 임무 운영을 지원합니다.
- 엠디에이 스페이스(MDA Space)는 로봇 공학 및 우주시스템 분야에서 협력합니다.

3. Venturi Astrolab 주도 – FLEX 로버

벤투리 아스트로랩(Venturi Astrolab)은 FLEX(Flexible Logistics and Exploration; 유연한 물류 및 탐사) 로버를 개발하여 유연한 탐사 및 물류 지원을 목표로 합니다. FLEX 로버는 긴 시간 동안 신뢰성 있게 작동해야 하며, 달의 남극에서 -90°C에서 -230°C의 온도를 견딜 뿐만 아니라 방사선에도 내성이 있어야 합니다. FLEX 로버는 달 남극의 어두운 곳에서 2주 동안 자율주행이 가능하며, 우주비행사들이 우주선 안에서 조종할 수 있어야 하며, 달 궤도 혹은 지구에서의 원격조종할 수 있어야 합니다. 이를 위해 FLEX 로버에는 신축성이 뛰어난 고감도 안테나가 장착되었습니다. 더불어 FLEX는 태양광 발전을 통해 차량의 동력을 충전합니다. 이를 위해 차체 양쪽에 큼직한 태양광 발전 패널을 부착했습니다. 한편 FLEX의 동체 측면에는 토양 표본을 채취할 장치를 갖췄고, 암석이나 대기 표본을 밀봉해 운반할 캡슐 수납공간이 마련되었습니다.

- 엑시엄 스페이스(Axiom Space)는 우주 임무 운영 경험을 제공합니다.
- 오디세이 스페이스 리서치(Odyssey Space Research)는 소프트웨어 및 시스템 엔지니어링을 지원합니다.

향후 일정 및 전망

NASA는 이들 세 팀과의 협력을 통해 2025년까지 LTV의 설계 및 프로토타입 개발을 완료할 계획입니다. 최종적으로 선정된 로버는 아르테미스 V 임무(예정 발사일: 2029년 이후)부터 달 표면에서 사용될 예정입니다. 이러한 민간 기업들과의 협력을 통해 NASA는 달 탐사의 지속 가능성과 효율성을 높이고, 향후 화성 탐사 등 심우주 탐사의 기반을 마련하고자 합니다.

달로 가는 민간 기업들은?

민간 기업들도 달로 가고 있습니다. 지금까지 달 표면에 우주비행선을 착륙시키는 데 성공한 국가는 미국, 러시아(구 소련), 일본, 중국, 인도 5개국뿐입니다. 이전에 달에 착륙한 우주비행선 프로그램은 모두 각국 정부의 주도로 이루어졌습니다. 하지만, 근래에 일본 민간 우주기업인 아이스페이스(ispace)를 비롯한 다수의 민간기업이 달 착륙을 시도하고 있습니다. 조만간, 달에서 사용할 수 있는 획기적인 제품이나 서비스가 개발되어 제공되면, 달의 우주 경제는 크게 성장할 것으로 예견됩니다.

달 탐사 주요 민간 기업들		
일본	아이스페이스 (ispace)	• 2023년 4월 달 착륙 실패, 2025년 6월 일레질리엔스(Resilience) 달 착륙 실패
미국	인튜이티브 머신스 (Intuitive Machines)	• 2024년 2월 22일 달 착륙선 '오디세우스' 달 착륙 성공. 달 착륙 최초 민간기업
미국	에스트로보틱 (Astrobotic)	• 2023년 11월 발사된 달 무인 탐사선 페레그린은 2024년 1월 달 착륙 시도 실패
미국	론스타 데이터 홀딩스 (Lone Star Data Holdings)	• 2025년 4월 인튜이티브 달 착륙선을 통해 소형 달 데이터 센터 구축 시험 수행
미국	벤추리에스트로랩 (Venturi AstroLab)	• 화물 적재용 로버를 개발하여 달 택배 사업 추진 계획 발표
미국	록히드 마틴 (Lockheed Martin)	• 2025년부터 달 주변에 위성 네트워크 구축 계획 발표
미국	파이어플라이 에스트로스페이스 (Firefly Astrospace)	• 2025년 3월 2일 달 착륙선 '블루 고스트'달 표면 착륙 성공, 달 착륙 두 번째 민간기업
이스라엘	스페이스일 (Space IL)	• 2019년 민간 처음으로 달 착륙 시도 실패
한국	현대자동차그룹	• 2027년 목표로 달 표면 탐사 로버 제작기획 중
중국	오리진 스페이스 (Origin Space)	• 자원 탐사를 목표로 민간 달 로버 M2 개발 중

우주 거버넌스(Space Governance)는 무엇인가?

국제 사회가 우주 공간의 이용과 활동을 어떻게 규율하고 관리할 것인지에 대한 제도적 체계와 규범을 말합니다. 즉, 인류가 우주를 평화롭고 지속 가능하게 사용하기 위한 '규칙과 협력의 틀이라고 할 수 있습니다.

우주 거버넌스란?

우주 활동에 관련된 국제법, 조약, 규범, 정책, 협력체계 등을 포함한 국제적 질서
공공재인 우주를 어떻게 사용할지 결정하는 규칙
국가, 민간기업, 국제기구들이 따라야 할 법과 규범
군사적 이용, 자원 채굴, 우주 쓰레기 처리 등 민감한 이슈를 조정

우주 거버넌스는 왜 필요한가?

1. 우주는 국경이 없고 모두의 공간이므로 국제적 합의가 필요합니다.
2. 스페이스 X 등 민간기업의 우주 진출이 활발해지며 새로운 규율이 필요하게 되었습니다.
3. 달, 소행성 자원 채굴 경쟁에 대한 공정한 규칙이 필요합니다.
4. 위성 무기화 및 안보 문제 등 군사적 갈등을 예방할 필요가 있습니다.
5. 우주 쓰레기 등 궤도 환경 보호를 위한 공동 대응이 필요합니다.

우주 거버넌스 주요 구성 요소는?

우주 조약 체계의 대표는 1967년 체결된 '우주 조약' (Outer Space Treaty)입니다.
'우주 조약'의 내용은 우주는 모든 인류의 것이며, 군사기지 설치 금지, 국가 주권 없음 등을 골자로 합니다.

우주 거버넌스의 국제기구는?

1. UN COPUOS (유엔 우주평화이용위원회)

   UN COPUOS는 가장 중심적인 국제 우주 거버넌스 기구입니다.

2. ITU (국제전기통신연합)

   ITU는 궤도 및 주파수 배분을 담당합니다.

3. 비구속적 규범 (Soft Law):

   비구속적 규범에 유엔 결의, 행동강령, 가이드라인 등이 속합니다.

   (예: 우주 파편 방지 가이드 라인, 장기 지속 가능성 지침 등)

4. 국가 및 지역별 우주법:

   국가 및 지역별 우주법은 미국, EU, 중국, 한국 등 각국의 우주법과 정책입니다.

5. 민간기업의 활동 규제 및 윤리 기준: 민간 참여:

   민간이 참여하여 민간기업의 활동 규제 및 윤리 기준을 마련합니다.

우주 거버넌스의 주요 이슈와 논쟁

데이터 소유권 문제　위성 이미지 및 통신데이터의 소유권과 프라이버시

이슈	주요 내용
우주 군비 경쟁	반위성무기(ASAT) 등 무기화 문제
자원 채굴 권리	달·소행성 채굴이 '합법'인지 논쟁
우주 쓰레기 책임	우주 파편 유발 시 누가 책임지는가?
우주 교통 관리	충돌 방지 위한 우주 교통 규제 필요
데이터 소유권 문제	위성 이미지 및 통신데이터의 소유권과 프라이버시

우주 거버넌스의 미래 전망은?

기존의 국가 중심 거버넌스에서 민간과 국제 협력 중심으로 확대될 전망입니다.

우주 개발의 지속 가능성(Space Sustainability)이 핵심 키워드가 될 것입니다.

'우주의 룰을 누가 만들 것인가'라는 지구적 경쟁이 심화될 것으로 예상됩니다.

달의 탈출속도는 얼마인가?

달(Moon)의 탈출속도(escape velocity)는 약 초속 2.38 km입니다.

이 값을 직접 계산해보면 다음과 같습니다.

탈출속도(v_e)는 달의 중력을 벗어 나기 위해 필요한 최소 속도입니다.

탈출속도 계산 공식:

탈출속도는 물체의 운동에너지가 행성 등의 중력 위치에너지를 넘는 속도를 의미합니다.

$$\frac{mv^2}{2} = \frac{GMm}{R}$$

여기에서, M은 달의 질량($7.36\ X\,10^{22}\,kg$) , v_e는 달의 탈출속도, G는 만유인력 상수($6.6\,X\,10^{-11}\,\frac{Nm^2}{kg^2}$)

R은 달의 반경($1.7\ X10^6\ m$)입니다.

$v_e = \frac{2\,GM}{R}$ 따라서, $v_e = 2.38\,\frac{km}{s}$ 입니다.

참고로, 지구의 탈출속도는 초속 약 11.2 km입니다. 달에서는 달의 중력이 약하므로 지구의 탈출속도보다 훨씬 더 적은 속도로 우주를 "탈출"할 수 있습니다.

달에서는 지구 궤도 보다 400배 더 멀리서 오는 빛을 모을 수 있다고 하는데 그 이유가 무엇인가요? 왜 400배?

달에서는 지구보다 약 400배 더 멀리서 오는 빛을 모을 수 있다는 주장은 주로 천문학 관측 조건의 차이에서 비롯된 것입니다. 이 "400배"는 단순히 거리 개념이 아니라, 관측 가능한 우주의 깊이(관측 한계 거리) 또는 감지 가능한 신호의 약함(민감도)에서 오는 상대적 표현입니다.

달이 지구보다 400배 더 멀리서 오는 빛을 포착할 수 있는 이유

1. 달에는 대기가 없으므로 산란과 흡수가 없습니다.
   지구에서는 대기가 별빛을 산란시키고 흡수하여 희미한 천체의 빛을 감지하기 어렵습니다.
   달은 대기가 거의 없어 외부 천체에서 오는 빛이 감쇠되지 않고 그대로 수신됩니다. 특히 적외선, 자외선, 감마선 등 대기에서 차단되는 파장대의 관측이 달에서는 훨씬 유리합니다.
2. 달에는 광공해(light pollution)가 없습니다.
   지구의 도시 불빛, 인공위성 반사, 전자기 간섭 등은 천문 관측의 큰 장애입니다. 특히 전파 망원경이나 암흑우주 관측에서 지구는 매우 불리합니다. 달의 뒷면(backside)은 지구에서 발생하는 전파 간섭이 완전히 차단되어 가장 조용한 우주 관측소가 될 수 있습니다.
3. 달의 자전 주기가 느리므로 긴 노출 시간을 확보할 수 있습니다.
   달의 자전 주기는 약 28일(달의 하루)로 매우 길어, 망원경을 장시간 고정한 채로 관측할 수 있습니다. 이는 장시간 노출 촬영(long exposure)에 매우 유리하여, 아주 희미한 천체도 감지 가능해집니다.

"400배"라는 숫자의 의미는?

이 수치는 어떤 특정 공식에서 딱 떨어지는 숫자는 아니며, 천문학 관측에서 신호 대 잡음비(SNR), 감지 한계 등을 기준으로 한 추정 또는 비유적인 표현입니다. 예를 들어, 허블 우주망원경은 지구 궤도에 있지만, 대기 간섭이 없어 지상망원경보다 수십~수백 배 더 깊은 우주를 볼 수 있습니다. 달 기반 망원경은 허블보다도 더 깊은 우주를 볼 수 있는 환경이기 때문에, 지상에서보다 400배 더 멀리서 오는 신호(빛)를 수신할 수 있다는 평가가 나옵니다. 이 수치는 빛의 거리(수광 거리), 감지 가능한 광자의 에너지, 관측 신호 대 잡음비 향상 정도 등을 통합적으로 고려한 표현입니다.

[참고 문헌]

L. Haskin and P. Warren, "lunar Chemistry," in Lunar Sourcebook, ed. G heiken, D Vaniman, and B. French(cambridge: cambridge University Press, 1991.

S. Arrhenius, Worlds in the making: the Evolution of the Universe [New York and London: Harper Brothers, 1908.

Robert Zubrin, The case for Space: How the Revolution in Spacecraft opens up Future of Limitless Possibility, Prometheus, may 14, 2019.

Mike Carr, the Surface of Mars (New Haven, CT: Yale University press, 1981.

S. Arrhenius, Worlds in the making: the Evolution of the Universe [New York and London: Harper Brothers, 1908.

Robert Zubrin, The case for Space: How the Revolution in Spacecraft opens up Future of Limitless Possibility, Prometheus, may 14, 2019.

https://www.vietnamplus.vn/
theguardian.com
businesswire.com
nasa.gov
sidusspace.com
businesswire.com
en.wikipedia.org
investors.intuitivemachines.com

로버트 주브린, "우주산업 혁명", ㈜예문 아카이브, 2021.7.
은종원, "달에 가는 이유", (사)지능형스마트기술정책원, 2022.10.
은종원, "화성이 기다린다", (사)지능형스마트기술정책원, 2022.10.

제 5 부

우주 패권 시대의 주도권 전쟁, 누가 승자?

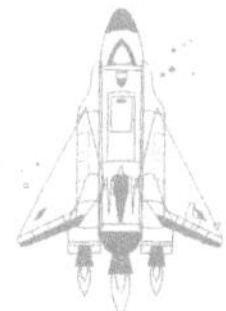

제 5 부

우주 패권 시대의 주도권 전쟁, 누가 승자?

실수하지 않는 사람은 새로운 것을 아무것도 시도하지 않은 사람이다.
어제로부터 배우고, 오늘을 살아라. 그리고 내일을 희망하라. 가장 중요한 것은 지속적으로 의문을 던지는 것이다.
-Albert Einstein-

탄도 미사일은 지상에서 발사 후 대기권 밖까지 올라간 뒤, 중력에 의해 포물선을 그리며 목표 지점을 타격합니다. 최근 미국은 적의 탄도 미사일을 방어하기 위한 '골든 돔(Golden Dome)' 프로젝트를 추진하겠다고 발표했습니다. 골든 돔의 최종 목표는 미국 전역을 방어하기 위한 미사일 요격 체계로, 우주에 무기를 배치해서 세계 어디서 탄도 미사일을 발사하더라도 완벽하게 방어하는 데 있습니다. '골든 돔' 프로젝트는 새로운 미국의 우주 방어 계획은 아닙니다. 지난 1985년 이미 40년 레이건 미국 대통령이 소련의 탄도 미사일을 방어하겠다고 발표한 '전략방위구상(SDI; Strategic Defence Initiative)'과 유사합니다. SDI는 '스타워즈(Star wars)'라는 이름으로 불린 이 계획은 우주에 위성을 배치해 소련의 탄도 미사일을 우주에서 요격하는 것이었습니다. 하지만, '스타워즈'는 막대한 예산과 기술적 한계가 있었고, 정치적으로 미국과 소련의 관계가 개선되면서 무산되었습니다.

이제 소련은 없어졌지만, 중국과 러시아, 북한 등의 군사력은 여전히 미국을 위협하고 있습니다. 러시아나 중국은 이미 '극초음속 미사일'을 이미 실전에 배치하였으며, 북한 역시 대륙간탄도미사일(ICBM)을 고도화하여 미국 본토를 겨냥하고 있습니다. 미국이 새로운 미사일 요격 체계인 골든 돔을 구성하려고 하는 것은 이러한 적들의 위협에 대응하기 위함입니다. 골든 돔의 핵심은 적외선 탐지 장비와 전파 센서를 결합해 적의 미사일 열 신호를 탐지하는 적외선 센서를 갖추는 것입니다. 위성에 장착된 적외선 센서가 적국의 미사일을 탐지하면, 요격 위성에 탑재된 요격 미사일을 발사해 적국의 미사일을 격추하는 것입니다. 이러한 골든 돔이 우주에서 작동하기 위해서는 다양한 핵심 기술이 필요합니다. 우선 지구와 우주를 통합 제어하는 우주 통신망 기술이 필요합니다. 지금부터 40년 전에는 이런 우주통신 통신망 구축이 불가능하였지만, 지금은 스페이스 X의 스타링크 같은 대규모 우주 통신망이 등장으로 가능해졌습니다.

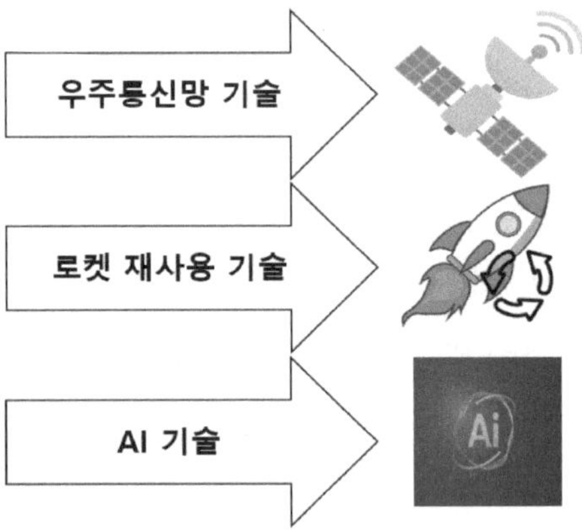

그림 5-1. 골든 돔의 핵심 기술

로켓 재사용 기술은 매우 중요합니다. 위성과 미사일 등 요격체를 실어 나르려면 수많은 로켓이 필요합니다. 한번 발사한 로켓을 재사용할 수 없다면 수많은 로켓 마련에 막대한 돈이 필요합니다. 하지만, 지금은 스페이스 X와 블루오리진 같은 우주 발사체 기업이 재사용 발사체를 개발하면서 상황은 크게 변화했습니다.

인공지능(AI) 기술은 더욱더 중요합니다. 발사된 적군의 미사일의 비행 궤적을 실시간으로 추적, 분석하고, 정확한 요격 시점을 결정하려면 수많은 물리 역학적 시뮬레이션이 필요합니다. 요즈음 인공지능과 기계학습(Machine running) 기술의 발전은 실시간 미사일 궤적 예측 알고리즘을 이용할 수 있게 만들었습니다.

우주 패권 전쟁은 이미 시작되었습니다.

우주 패권 경쟁이 본격화되면서 미국, 중국, 러시아 외에도 일본, EU, 한국 등 주요 국가 및 지역도 자국 안보와 산업 경쟁력 강화를 위해 다양한 기술 개발과 정책을 추진하고 있습니다. 우주 강국들은 현재 저마다 다양한 우주 전투 능력을 개발한 상태입니다. 2024년 안전 세계 재단(SWF; Secure World Foundation)에 따르면, 미국과 러시아, 중국, 인도 등은 지상에서 공격용 무기를 쏘아 올려 위성을 파괴하는 기술을 보유했다고 합니다. 이 분야에서 중국이 선두 주자입니다. 2007년 중국은 탄도 미사일을 활용해 '운동에너지 살상 무기(KKV; Kinetic Kill Vehicle)'를 우주로 발사하여 자국의 기상위성인 펑윈 1호를 파괴했습니다. KKV는 폭발력은 없지만, KKV는 빠른 속도로 충돌해 표적 위성을 파괴합니다. 공격용 위성으로 같은 궤도의 위성을 공격하는 분야에서는 러시아가 최고입니다. 공격용 위성은 표적 위성을 은밀히 따라다니다가 직접 충돌해 자폭하거나 로봇팔 등을 뻗어 손상을 입히는 등의 공격이 가능합니다. 또한, 우주 선진국들은 지상의 시설이나 위성에서 전자기파나 레이저를 방사해 위성을 마비시키는 '직접 에너지 공격(Direct Energy Attack)'과 위성의 특정 기능을 교란하는 전자 해킹을 통해 위성의 통제권을 빼앗는 등 '사이버 공격(Cyber Attack)'에 대한 기초 연구나 시험을 시행하고 있습니다. 호주 등 일부 국가는 우주 쓰레기를 만들어 내지 않고 상대 위성을 공격하는 '소프트 킬(soft kill)' 기술 개발에 집중하고 있습니다. 2021년 11월 러시아는 지상에서 미사일을 발사해 코스모스 1408 위성을 파괴했습니다. 이에 따라 발생한 1,500개의 우주 쓰레기는 국제우주정거장이나 다른 위성의 안전을 위협하기도 했습니다.

국가 안보나 우주산업 보호를 위해서는 '요주의' 위성을 찾아내는 기술이 필요합니다. 미국 우주 기업 슬링 샷 에어로스페이스는 수많은 군집위성 속에서 이상한 행동을 하는 스파이 위성이나 무기를 탑재한 공격용 위성만을 찾아내는 인공지능 기술을 개발했습니다.

5부에서는 미·러 우주개발 전쟁, 미국의 아르테미스 계획과 중국의 우주 굴기 대결 양상을 비롯하여, 일본, 인도, 유럽연합, 그리고 한국의 우주 전쟁에 대비한 준비 사항을 집중적으로 살펴보기로 하겠습니다.

1장

미·러 우주개발 전쟁

소련과 미국은 우주 패권을 놓고 경쟁했습니다. 또한 소련 붕괴 후 미국과 러시아는 보이지 않는 우주 전쟁을 준비하고 수행 중입니다. 이러한 미·러가 진행하고 있는 우주 패권 경쟁에 대해 살펴보겠습니다. 미국과 소련(현 러시아)의 우주 패권 경쟁은 냉전 시대의 대표적인 첨단 우주 기술의 경쟁이었으며, 현재까지도 이어지고 있는 전략적 경쟁입니다.

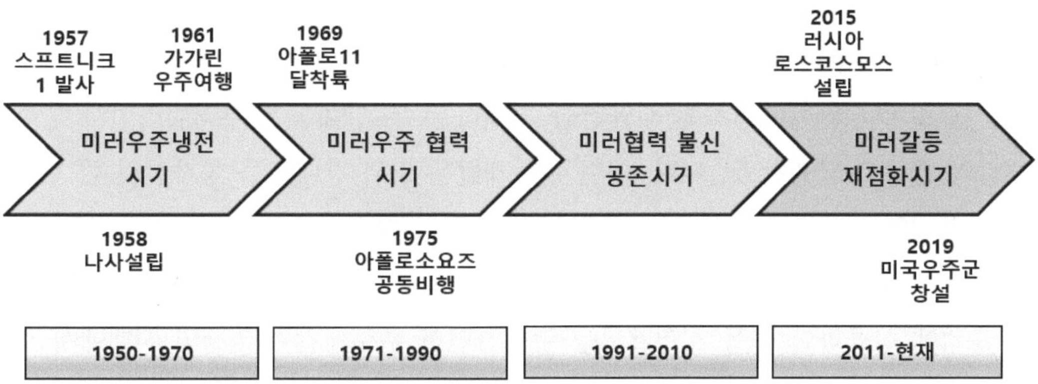

그림 5-2. 미·러 우주 패권 경쟁의 역사

1950년부터 1960년대까지는 우주 냉전 시기의 초기로 우주 시대를 여는 출발점이었습니다.

1957년 스푸트니크의 발사 성공으로 1961년 유리 가가린은 인간 최초로 우주공간을 여행하고 돌아왔습니다. 이후 달 착륙을 목표로 한 미국의 아폴로 계획의 성공, 우주왕복선 개발 및 우주정거장 개발에 이르기까지 우주개발의 일련의 과정을 보면 경제성이라고는 전혀 고려되지 않았습니다. 특히 그 의의를 인간의 우수성을 입증하는 정복에 두는 경우가 많았고 국가의 국력을 나타내는 하나의 경쟁 도구로밖에 인식되지 않았습니다.

미국은 소련에 대응하기 위해 1958년 NASA를 창설했고, 머큐리, 제미니, 아폴로 프로젝트를 성공적으로 추진하였습니다.

1969년 아폴로 11호의 닐 암스트롱 선장은 인간 최초로 달 착륙에 성공했습니다. 하지만, 그 후 미·러 간 우주개발은 단순한 기술 경쟁을 넘은 양 체제 간 자존심 싸움이 되었습니다.

1970년부터 1980년대까지는 미·러 우주 냉전 시대의 말기로, 우주 기술 고도화를 통해 양국의 우주 탐사 협력은 활발히 진행되었습니다.

1970년대 미국과 소련이 엄청난 비용을 사용하면서 우주개발에 경쟁이 불붙일 때 대부분 주변 국가는 "경제성이라고는 없다"라고 비난했지만, 2차원의 지구 공간을 벗어나 완벽한 3차원의 공간을 지배하는 두 강대국을 부러워하면서 우주개발의 환상을 꿈꿔왔었습니다. 이런 우주개발은 소위 강대국들 힘자랑의 한 도구로 사용되었고 무모하기까지 한 개발 투자를 앞다투어 진행하였습니다. 1975년 7월 15일 미국의 아폴로 18호와 소련의 소유즈 19호가 지구 궤도 상에서 성공적으로 도킹에 성공하여 공동 시험계획을 수행하면서 우주개발이 경쟁의 시대에서 협력의 시대로 접어드는 계기가 되었습니다. 소련은 미르 우주정거장을 운영하였습니다. 미국은 스카이랩을 유지하기 위해 우주왕복선(Space Shuttle) 프로그램을 수행했습니다. 또한, 1975년 아폴로-소유즈 공동 비행으로 냉전 속 상징적 협력이 이루어졌습니다.

1990년부터 2000년대는 소련 붕괴 후 양국의 협력과 불신은 공존하였습니다.

소련은 소련 붕괴 이후의 혼란기에 천재적인 인재들이 서방으로 빠져나가는 대탈출 (Exodus)이 있었습니다. 그러는 사이 미국은 오히려 세계의 인재들이 몰려드는 정점으로 군림했습니다. 또한, 러시아는 소련 붕괴 직후인 1991년부터 2000년경까지 약 10년 가까운 세월에 아무것도 하지 못했습니다. 하물며, 러시아는 반토막 인력과 예산으로 미국 NASA와 경쟁한다는 것은 말이 되지 않았습니다. NASA 역시 소련 붕괴로 인해 우주개발 자체가 탄력을 잃어버렸고, 정부의 예산삭감으로 예산이 많이 드는 우주왕복선이나 Skylab 같은 우주정거장을 모조리 은퇴시켜야 하는 상황을 맞게 되었습니다. 심지어 미국은 크루 드래곤(Crew Dragon)이 개발되기 전까지 러시아의 소유즈 로켓을 이용하여 국제우주정거장(ISS)에 물자와 우주인을 보내야 했습니다. 2000년대 이후 미국에서는 NASA가 '예산 하마'라는 오명으로 예산과 인력이 계속 감축되어, 이전부터 계획되거나 운용해 왔던 프로젝트들이 대거 축소되거나 취소되었습니다. 또한, NASA는 우주왕복선을 비롯한 NASA 주도 프로젝트들을 저궤도 단계에서부터 줄여 왔으며 그러한 노력의 결실은 현재의 스페이스 X, 블루오리진으로 나타났습니다.

미국, 러시아, ESA 등 국제 공동 프로젝트인 국제우주정거장(ISS) 건설이 추진되었고, 러시아의 소유즈는 ISS 유일의 유인 교통수단 역할을 했습니다. 러시아는 2015년 12월 소련 해체 후 러시아의 항공우주 기관인 러시아 연방우주국(RFSA; Russian Federal Space Agency)과 국영기업인 연합로켓우주공사(URSC; United Rocket and Space Corporation)을 합병하여 로스코스모스(ROSCOSMOS)를 설립하였습니다.

현재, 러시아의 로스코스모스에는 전 세계에서 타의 추종을 불허하는 분야가 있습니다. 그것은 우주공간에서 우주비행선을 수리하는 기술로 현재까지는 러시아가 유일합니다. 러시아는 우주 기술의 경쟁력을 유지하기 위해 선택과 집중으로 실용적인 우주 프로젝트에 주력하고 있습니다. 러시아의 우주 비행선의 기체들은 규모가 미국에 비해 작아 제조비나 유지비가 저렴하고 신뢰성과 안전성이 검증되었습니다. 대표적인 결과물이 소유즈 우주비행선입니다. 미국의 우주왕복선은 인명 피해가 2번이나 발생했지만, 소유즈는 수십 년에 걸쳐 안정성이 증명되었습니다.

미국의 아폴로 계획은 막대한 기술적 발전을 수반하긴 했지만 결국 우주 탐사는 무인 우주 비행선으로도 충분하다는 것이 확인되었고, 우주왕복선 역시 초기 예상을 뛰어넘는 돈 먹는 하마였음을 확인시켜 주었습니다. 또한, NASA가 앞의 두 사례와 같이 외적으로 드러나는 성과에 집착하는 사이, 러시아의 로스코스모스는 미르 우주정거장, 소유즈 우주비행선의 지속적 개량을 거치며 내실 있는 성과를 쌓아나갔습니다.

2010년대 이후부터 미·러 간 갈등은 재점화되고 있습니다.

미국은 Space X 등 민간 기업과 협력해 독자적인 로켓 발사 능력을 회복했습니다. 또한 미국은 2019년 우주군(Space Force) 창설을 통해 우주 군사화를 공식화했습니다. 러시아는 로스코스모스 중심으로 소유즈 및 최신 앙가라 로켓을 개발하였습니다. 또한, 러시아는 러·중 달 기지 공동 건설 계획을 발표하는 등 중국과 우주동맹을 강화하고 있습니다. 이에 따라, 미·러 우주 신냉전 분위기가 재확산되어 우주공간의 군사화 우려는 증폭되고 있습니다.

러시아의 한계와 도전 과제는?

러시아는 미국의 경제 제재와 국방 예산 집중으로 우주 예산이 축소되는 재정 문제를 안고 있습니다. 러시아는 기존 소유즈 발사체 시스템에만 의존하고 있어 신기술 도입이 지연되는 등 우주 기술은 정체 상태입니다. 러시아는 국제우주정거장(ISS) 건설 이후 국제협력이 축소되었고, 유럽연합(EU), 미국과의 협력 단절로 국제 고립 상태에 놓여 있습니다. 러시아는 2023년 루나-25 달 착륙 실패로 달 탐사 계획에 타격을 입었습니다.

미국의 성공 요인은?

미국 NASA는 Space X, Blue Origin 등과 합력하여 민간 주도 혁신 생태계를 조성했습니다. 미국은 아르테미스 협정(Artemis Accords)으로 우주 규범 주도권을 확보했습니다. 미국 NASA는 방위산업과 상업 위성 분야를 확장하기 위해 전략적 투자를 지속해서 추진하고 있습니다. 미국은 첨단 우주전(Space War)에 대비하기 위해 우주군 및 우주 상황 인식 체계(SSA; Space Situational Awareness)/우주 교통 관리(STM; Space Traffic management) 통제 체계를 구축했습니다. 우주 경쟁에서 미국과 러시아는 서로 공존하면서 다시 경쟁하고 있습니다.

그러면, 미국과 러시아 가운데 누가 승자인가?

1957년부터 1969까지 냉전 초기에 소련이 우주 개척을 주도했습니다. 1970년부터 2025년 현재에는 미국이 주도권을 완전히 탈환하고 확고히 했습니다. 2025년 기준으로 미국이 우주 기술력, 전략, 민간 생태계 구축, 국제협력 측면에서 명백한 승자입니다. 하지만, 러시아는 우주 강국 지위를 유지하되, 영향력은 축소되고 있습니다.

2장

미 · 중 신냉전 시대의 아르테미스와 우주 굴기

먼저, 미국과 중국의 우주 대결을 알아보겠습니다. 중국은 미국과의 우주 패권 경쟁에서 승리를 위해 여러 문제점 극복에 노력하고 있습니다. NASA는 2024년 수행하려 했던 우주비행사의 달 궤도 비행 미션을 2026년으로 변경하였습니다. 또한, NASA는 유인 우주비행선 아르테미스 3호의 달 착륙을 2027년으로 연기한 상태입니다.

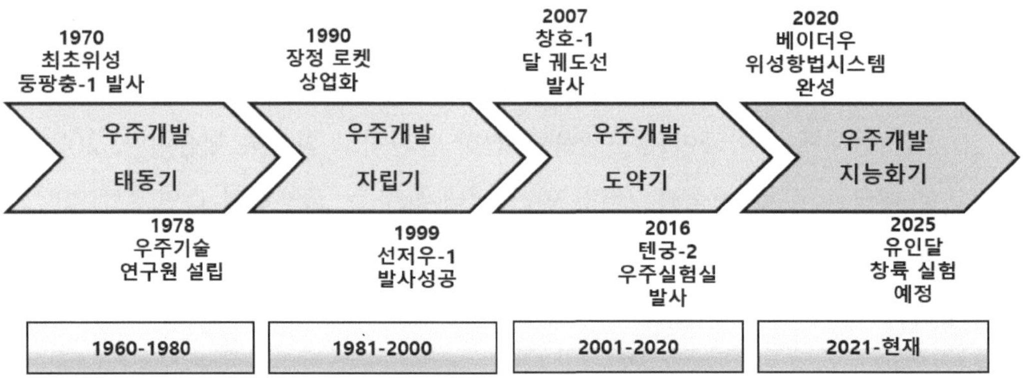

그림 5-3. 중국의 우주개발 주요성과

중국은 2024년 6월 달 탐사선 창어 6호가 달 뒷면 남극의 토양을 세계 최초로 채취해 귀환하면서 우주 탐사에 대해 어느 정도 자신감을 얻었습니다. 그 후 중국은 2026년 창어 7호 발사를 시작으로 2028년 창어 8호, 2029년 중국형 GPS인 우주 항법 시스템 베이더우의 차세대 위성, 2030년 이전까지 유인 달 탐사, 그리고 2035년 국제 달 연구기지(ILRS; International Lunar Research Station) 건설로 표출되는 기술 로드맵(Technology Roadmap)을 마련했습니다.

우주 패권 시대의 주도권 전쟁에서 미국의 아르테미스 프로젝트와 중국의 우주 굴기는 미래 우주 진출에서 어느 국가가 진정한 우주 리더인가에 대한 중요한 물음에 대한 해답이 될 수 있습니다. 2025년 현재까지의 성과, 기술력, 국제협력, 전략적 영향력을 종합하면, 단기적으론 미국이 주도권을 쥐고 있으나, 장기적으론 중국이 강력한 도전자로 부상 중입니다.

미국의 아르테미스 계획의 목표는 2026년까지 인간을 달에 착륙시키는 것입니다.

1960년대에는 미국과 소련이 우주 패권 경쟁으로 인해 인간이 달에 갔다면, 현재는 미·중 간 우주 패권 경쟁이 벌어지면서 다시 달에 가려고 하는 것입니다. 달에 가고 안 가는 것이 중요한 것은 아닙니다. 달에 가기 위해서는 여러 가지 투자가 필요하고 또한 예산을 확보하는 것은 매우 중요합니다. 미국의 아폴로 계획은 단순히 우주비행사들을 달로 보내고 기초적인 탐사를 하는 데 그친 것에 비해 아르테미스 계획은 더 깊이 있는 목표를 표방하고 있습니다. 그 목표 첫째는 인간의 지속 가능한 달 방문 실현(Setting Humanity on a Sustainable Course to the Moon)으로, 단발성 달 방문에 그치지 않고 향후 유인 달 탐사를 통해 유인 우주 탐사의 지평을 확장하는 데 있습니다. 둘째는 2026년 인간의 달 착륙(Landing Humans on the Moon in 2026)으로 아르테미스 3호 단계에서는 다인종, 성별로 구성된 우주인을 달 표면에 착륙시켜 달 탐사 임무를 수행하겠다는 것입니다. 셋째는 달 탐사 임무의 연장과 화성 탐사를 위한 준비(Extending Lunar Missions and Preparing for Mars)로, 아르테미스 계획을 미래의 행성 탐사 계획의 연장선으로 하겠다는 미국의 강한 의지입니다.

인간이 지속 가능한 달 방문을 가능하게 하기 위해서는 루나 게이트웨이(Lunar Gateway) 건설이 필요합니다. 루나 게이트웨이는 달을 공전하는 우주정거장으로, 다양한 우주비행선을 통해 달에 접근할 수 있는 통합 플랫폼이자 전초 기지입니다.

루나 게이트웨이의 건설은 달 탐사 임무의 빈도와 성공률을 향상하고, 달 탐사 계획의 유연성이 증진될 것으로 추정됩니다. 루나 게이트웨이는 인간이 화성으로 향하는 수개월 동안의 우주공간 체류가 인간에게 어떤 영향을 미치는지 모의실험을 진행하는 데 활용될 예정입니다. 한편 달 표면에서는 지속 가능한 달 기지의 건설이 이루어져야 합니다. 이를 위해, 인간이 달에 상주하는 데 꼭 필요한 우주통신, 태양광 발전, 우주 방사선 차폐 등의 기반 시설은 향후 인간이 수십 년간 달 탐사 및 달 거주 구역 확장의 밑바탕이 될 것입니다.

2020년대에 들어 미국과 대립각을 세우고 있는 중국과 러시아는 아르테미스 계획에 참여하지 않습니다. 러시아는 루나 게이트웨이의 건설 계획 수립 단계에서 참여할 의사를 보였으나, 2022년 러시아의 우크라이나 침공을 계기로 루나 게이트웨이 건설에 참여하지 않게 되었습니다.

아르테미스 계획의 강점은?

Space X의 민간 기업 기술력과 미국 NASA와의 결합입니다. 미국은 아르테미스 계획을 통해 글로벌 우주 질서 재편의 주도권을 쥐게 될 것입니다. 결국, 아르테미스 계획은 달 탐사를 넘어 화성 탐사까지 연결된 장기 우주 탐사 전략입니다.

중국은 우주 강국 전략으로서 우주 굴기를 내 세우고 있습니다.

중국의 우주 굴기는 어떻게 중국의 우주산업의 혁신과 성장을 가져오게 하였으며, 우주 굴기가 미국을 위협하고 있는데 미국은 어떻게 어떤 방법으로 중국의 우주 굴기에 대응하고 있는지 그 방법과 전략을 차례로 살펴보겠습니다.

현재 중국의 우주 자립, 달 탐사, 우주정거장, 화성 탐사 등을 표방하는 우주 굴기는 중국 우주개발의 아버지로 칭송받고 있는 첸쉐썬[전학삼(錢學森)] 박사가 설계했던 장기 비전의 연장선에 있습니다. 중국이 원자폭탄, 수소폭탄, 인공위성을 보유하도록 한 전략적 기술 과제는 우주 굴기의 출발점이며 중국 과학 기술의 상징적인 성과입니다. 중국의 우주 굴기(宇宙 崛起)는 단순한 기술력 확보를 넘어, 국가 전략, 경제 발전, 군사력 강화, 국제 영향력 확대 등을 목표로 한 전방위적 우주 전략입니다. 이는 중국의 우주산업에 대대적인 혁신과 성장을 촉진했고, 이에 따라 미국은 다양한 방법과 전략으로 견제 및 대응을 하고 있습니다.

중국 우주 굴기가 가져온 우주 기술 혁신과 성장 요인은?

중국은 2000년대 초반부터 중장기 과학 기술 개발 계획에 우주산업을 핵심 전략으로 포함했습니다. 중국은 2021년부터 2025년까지 14차 5개년 계획에서 우주 강국 건설을 핵심 목표로 설정했습니다. 우주 굴기의 주요 프로젝트는 달 탐사, 천문 1호를 통한 화성 탐사, 우주정거장 톈궁 건설, 베이더우 우주 위성항법 시스템 완성, 창정 시리즈 중·대형 우주 발사체 개발 등입니다. 중국은 우주 기술 자립을 위해 미국 주도의 GPS를 대체할 베이더우 위성항법 시스템을 독자 구축할 계획입니다. 중국은 우주정거장 톈궁(天宫)을 미국 주도의 국제우주정거장(ISS)과 별도로 단독 운영할 예정입니다. 중국은 민간 "뉴 스페이스(Newspace)" 생태계 발전을 위해 2014년 민간 기업의 우주산업 진출을 허용한 이후, LandSpace(랜드스페이스), iSpace(아이스페이스), Galactic Energy(갤럭틱 에너지), CAS Space(카스 스페이스) 민간 발사체 기업들이 빠르게 성장하고 있습니다. 또한, 중국은 우주 개발에 참여한 민간 기업에 국가 자금을 지원하는 방식으로 우주 기술력을 확보하고 상업화를 이루는 정책을 병행하고 있습니다.

군사적 우주 역량 강화는?

중국은 미국 우주군(U.S. Space Force) 창설을 계기로 촉발한 주요 원인 중 하나로 위성 요격 기술(A-SAT; Anti-Satellite Weapon; 반 위성 무기), 극초음속 미사일 운용 등 군사 우주 역량을 강화하고 있습니다.

중국의 우주 굴기에 대응하는 미국의 전략과 방법은?

중국의 우주 굴기에 위협을 느낀 미국은 기술 경쟁, 동맹 강화, 민간 육성, 군사화 전략 등으로 다층적으로 대응 중입니다. 미국은 민간 주도 "뉴 스페이스" 강화를 위해 스페이스 X, 블루오리진 등 민간 기업 지원을 확대하고 있습니다. NASA의 아르테미스 프로그램(Artemis)은 민간 기업들과 협력해 2020년대 중반 달에 유인 착륙을 목표로 합니다. 또한, 미국은 우주개발의 상업화를 통해 중국과의 비용 및 속도 경쟁에서 우위를 확보하고 있습니다. 미국은 2019년 미국 우주군 창설을 통해 군사 우주 영역에 대한 독립 전력화를 추진하고 있습니다. 이와 더불어, 미국은 사이버 전자전, 위성 요격 대응, GPS 방호 등 군사적 우주 대응 역량을 강화하는 전략을 수행하고 있습니다. 미국은 국제 연합체인 아르테미스 협정(Artemis Accords)에 따라 30여 개국과 달 및 우주 탐사에 대한 공동 원칙에 합의하고 중국, 러시아 중심의 달 탐사 협력을 견제하고 있습니다. 미국은 쿼드(Quad), 북대서양조약기구(NATO; North Atlantic Treaty Organization) 우주 정책 강화 등 안보 동맹에 우주 협력을 포함했습니다. 미국은 국제 무기 거래 규정(ITAR; International Traffic in Arms Regulations) 및 과학 법 등을 통해 우주 관련 핵심 기술의 해외 유출을 차단하고 있습니다. 특히 중국 기업과의 우주 기술 협력을 금지하고 있습니다. 미국은 2011년 울프 수정안(Wolf Amendment)을 통해 미국 우주 기술이 중국에 넘어가지 않도록 중국과 NASA의 직접 협력을 철저히 금지하고 있습니다. 미국 Starlink 프로젝트는 4만 개 이상 위성을 지구 저궤도에 배치해 우주통신, 우주 정찰, 우주 위치정보망을 구축하고 있습니다. Starlink 프로젝트는 중국의 베이더우 우주 항법 시스템과의 우주 인프라 경쟁입니다. 미국은 우주에서의 정보전 및 우주통신 우위 확보를 위해 막대한 민간 투자와 기술을 도입하고 있습니다.

미국의 강점은?

미국은 민간 기업에 전적으로 의존하지 않고 안정적인 정부 주도로 우주개발 능력을 확보하고 있습니다. 미국은 빠른 우주개발 속도와 안정된 실행력을 갖추고 있습니다. 미국은 독자 우주 체계 구축으로 유럽 국가들의 비동조화(Decoupling)에 대비하고 있습니다.

표 5-1. 중국과 미국의 우주 전략 비교

구분	중국	미국
전략	국가 주도 및 민간 허용	민간 주도 및 정부 지원
중점	기술 자립, 전략 자산 확보	민간 혁신, 동맹 주도
우주정거장	톈궁, 독자 운영	동맹 중심, ISS 및 Gateway
위성망	베이더우 시스템	GPS 및 Starlink
우주 군사화	위성 요격 극초음속	우주군, 군사적 대응 강화
국제협력	러시아 등과 국제 달 연구기지(ILRS) 건설	Artemis 협정, NATO 협력

중국의 우주굴기는 기존 강국 중심의 우주 질서에 도전하고 있으며, 미국은 이에 맞서 기술 혁신, 민간 생태계 강화, 군사적 대응, 동맹 결집 등을 통해 우주 주도권 수성 및 첨단 우주 기술을 통해 우주 우위를 유지하려고 노력하고 있습니다.

그러면, 미국과 중국 중 누가 승자일까?

2025년 현재를 기준으로 미국이 우주 주도권의 승자입니다. 미국은 우주 기술, 국제 우주 규범, 민간 동반관계(Partnership), 글로벌 우주 네트워크(Global Space Network)에서 확고한 우위를 차지하고 있습니다. Artemis 협정(Accords)은 국제 우주 질서를 재편하는 게임 규칙(Rule)으로 작동 중입니다. 하지만, 2030년 이후 미래를 전망해 볼 때 중국은 미국의 잠재적으로 대등한 경쟁자입니다. 유인 달 착륙, 독자 달 기지 건설, 화성 탐사 등으로 실질적인 우주 주도권 경쟁은 미·중 양자 구도로 갈 가능성 높습니다. 현재는 미국이 우주 질서를 설계하고 있으며, 중국은 그것을 대체하려는 가장 강력한 경쟁자입니다.

중국의 일대일로 정책은 무엇인가?

중국의 일대일로[一帶一路, Belt and Road Initiative(BRI), 육상 해상 실크로드] 정책과 우주 굴기(宇宙 崛起, Space Power Strategy)는 서로 밀접하게 연계된 국가 전략입니다. 즉, 중국은 지상에서의 경제 영향력 확대(BRI)와 함께, 우주에서의 기술, 정보, 안보 패권 확보 등 우기 굴기를 동시에 병행하여 추진하고 있습니다. 또한, 중국은 일대일로 정책과 우주 굴기 정책은 상호 보완적인 전략으로 활용하고 있습니다. 일대일로 정책은 2013년 시진핑 주석의 제안으로 출범했습니다. 일대일로 정책의 목표는 아시아-아프리카-유럽을 연결하는 육상 및 해상 경제권을 구축하는 것입니다. 일대일로 정책의 핵심 분야는 철도, 항만 등 인프라 건설, 에너지 확보, 디지털 네트워크 구축, 그리고 금융 협력입니다. 우주 굴기 정책은 중국의 국가 우주 계획 발표를 통해 2016년 이후 본격적으로 추진되었습니다. 우주 굴기 정책의 주된 목표는 우주 기술 자립 및 군사, 경제, 정보 우위 확보를 통한 미국 견제입니다. 우주 굴기 정책의 핵심 분야는 BeiDou(베이더우) 우주 항법 시스템 구축, 달 및 화성 탐사, 그리고 우주정거장 건설입니다.

다음은 일대일로와 우주 굴기의 연결고리를 살펴보겠습니다.

표 5-2. 중국의 "일대일로" 정책과 "우주 굴기" 정책의 연관성

연계 분야	특성
위성 항법 시스템(BeiDou)	• BeiDou는 중국판 GPS로, BRI 참가국에 무료로 위성항법 제공 100여 개국이 BeiDou 수신 장비 사용으로 디지털 의존도 확대
우주 인프라 협력	• 아시아, 아프리카, 남미 국가에 위성 발사 서비스 제공, 위성 시스템 구축, 지상 위성국 건설 및 파키스탄, 태국, 나이지리아 등에 중국 위성기술 이전 수행
우주 기반 통신망 확대	• BRI 국가 간 통신 방송 위성 이용 협정 체결과 디지털 실크로드를 통해 중동, 아프리카 통신 시장에 영향력 확장
이미지, 정보 영향력 확보	• BeiDou와 지구관측위성(Gaofen 등)을 통해 재난, 농업, 자원 데이터 제공으로 '공공재' 명분으로 영향력 확대
외교, 군사 연계	• 우주 협력을 통해 군사 레이더망, 감시 기술까지 확장 일부 BRI 국가와의 정보·보안 협력에 우주 기술 활용

일대일로와 우주 굴기의 전략적 의미는?

중국은 일대일로와 우주 굴기를 통해 위성과 우주 기술을 일대일로(BRI) 국가에 제공하며 디지털 종속 구조 관계를 형성하고 있습니다. 중국은 일대일로와 우주 굴기를 통해 BRI 국가에 '기술-경제-안보' 3위 일체 영향력을 행사하고 있습니다. 중국은 일대일로와 우주 굴기를 통해 미국 주도 우주 질서를 견제하고 있습니다. 즉, 미국의 GPS, Starlink, Artemis에 대응하는 중국 주도의 우주 기술 네트워크를 구축하고 있습니다.

일대일로 정책과 우주 굴기는 무엇을 의미하는가?

일대일로는 땅 위의 전략이고, 우주 굴기는 하늘 위의 전략이지만, 두 전략은 하나의 권력 구조를 형성합니다. 중국은 BRI 국가들과의 우주 협력을 통해 정치, 경제, 기술 패권을 복합적으로 확장 중이며, 우주 굴기는 BRI의 디지털 버전이자 고차원적 확장 전략입니다.

중국의 우주 일대일로 전략과 미국 주도 아르테미스 계획의 차이점은?

중국의 우주 일대일로 전략과 미국 주도의 아르테미스 계획은 각각 자국 중심의 우주 외교, 기술 확산, 동반관계 전략을 통해 우주 주도권을 확보하려는 움직임입니다. 이 둘은 목표, 참여국, 가치관, 협력 방식, 지향하는 국제질서 면에서 뚜렷한 차이를 보입니다.

중국의 우주 일대일로 전략(Space Silk Road; 우주 실크로드)은?

일대일로 전략은 정식 명칭은 없지만, 베이더우 위성항법 시스템을 중심으로 한 우주 기반 인프라 확장 전략이 일대일로의 연장선으로 해석할 수 있습니다. 우주 일대일로(宇宙一帶一路)는 중국이 위성, 발사 서비스, 지상국 기술 등을 개도국에 제공하며 기술, 경제, 외교적 영향력을 확장하는 전략입니다.

일대일로 전략에 따라 확산하는 베이더우 위성항법 시스템

베이더우는 실제로 서비스 시작 1년도 되지 않아 전 세계 곳곳에서 GPS의 위상에 맹렬하게 도전하고 있습니다. 미국의 기술 컨설팅 기업인 트림블(Trimble, Inc.) "2024년 말 전 세계 195국 수도 중 85%인 165국의 수도에서 GPS보다 베이더우의 신호가 더 많이 잡혔다"라고 밝혔습니다. 전 세계 주요국에서 GPS 대신 베이더우를 활용할 가능성이 커졌다는 의미입니다. 중국 정부의 일대일로 사업이 활발한 라오스, 파키스탄, 에티오피아 등의 지역에서는 이미 베이더우가 GPS를 앞지르기 시작했습니다. 중국에서 판매되는 스마트폰은 2025년부터 GPS보다 베이더우를 더 많이 활용하게 됩니다. 중국 정부가 화웨이(Huawei)를 비롯해 오포(Oppo)와 비보(Vivo), 샤오미(Xiaomi) 등 주요 중국 스마트폰 제조사의 베이더우 사용을 승인했기 때문입니다. 중국 지방 정부는 베이더우를 낙석 등 재난 예측에 활용하기 시작했습니다. 예컨대, 신장 위구르 자치구의 칭허 소도시는 지난해 10월 지역 유목민들을 대상으로 베이더우 기반의 위성 방목 시스템을 도입했습니다. 소의 귀에 위치 확인 칩(Chip)을 장착해 스마트폰으로 소의 위치뿐만 아니라 소가 어디에서 어떤 풀을 먹는지 등을 확인할 수 있습니다.

GPS와 베이더우 비교

표 5-3. GPS와 베이더우 운영 현황

구분	GPS	베이더우
위성항법 위성 수	29기	42기
주파수	3개	6개
완성 시기	1995년	2020년
운영 주체	미국 국방성	중국 공업정보화부

(출처, GPS 월드, 2021년 3월 기준)

표 5-4. 우주 선진국 위성 보유 현황

주요국	인공위성 보유 수
미국	5,798기
러시아	1,546기
중국	601기
영국	552기
일본	208기
인도	110기
한국	32기

(출처, n2yo.com 2023년 2월 기준)

중국이 미국과 우주 항법 시스템 분야에서 기술 경쟁을 벌일 수밖에 없는 이유는 향후 등장할 자율주행차나 무인 비행기, 드론 등 미래형 이동 수단을 안전하게 운행하려면 수㎝의 오차 범위 내에서 정확하게 위치 정보를 처리할 수 있어야 하기 때문입니다. 사실 중국의 베이더우 시스템은 고도 2,000㎞ 이하에서는 GPS보다 50% 더 많이 위치 정보를 측정할 수 있고, 또 오차 범위도 3㎝ 이내로 GPS보다 훨씬 낮습니다. 위성항법시스템의 오차를 줄여 정교함을 높이는 요소 중 핵심은 항법위성의 수입니다. GPS와 베이더우 모두 삼각측량의 원리를 이용하므로 최소 3~4기의 항법위성이 필요합니다. 전 세계 어디에서든 위치 정보를 받으려면 최소한 24기의 항법위성이 필요하며, 항법위성 수를 늘릴수록 그 정확도가 높아집니다.

이러한 기술적 관점에서 후발 주자인 베이더우는 미국의 GPS를 한 발 더 앞서가고 있습니다. 현재 베이더우의 가동 항법위성의 수는 42기이고, GPS의 가동 항법위성의 수는 29기입니다. 또한, 베이더우의 사용 주파수는 6개로 GPS보다 3개 더 많으므로 베이더우는 더 정확한 위치 정보를 제공받을 수 있습니다. 베이더우는 GPS 항법위성이 위치 확인 전파를 쏘기만 하는 GPS와 달리, 베이더우는 베이더우 항법위성과 스마트폰이 서로 데이터를 주고받을 수 있습니다.

일대일로 전략의 핵심 내용은?

중국은 GPS 의존도를 탈피할 목적으로 베이더우 시스템 확산을 통해 아시아, 아프리카, 중남미, 중동 국가에 무료로 위치 정보를 제공합니다. 중국은 개발도상국에 우주 발사 서비스를 제공하고 위성 제작 기술을 이전하고 있습니다. 중국은 자국 우주정거장 톈궁에 파트너국 과학자 실험 공간을 제공하고 있습니다. 또한, 중국은 중국 주도하에 국제 달 연구기지(ILRS; International Lunar Research Station)를 건설하며, 러시아와 협력하여 달 탐사 국제 협력체를 구축하고 있습니다.

일대일로 전략의 지향점은?

중국은 중국의 우주 기술 및 외교 영향력을 확대하고, 중국 중심의 우주 질서 형성을 통해 미국 중심의 우주 질서에 대한 대안을 제시하고 있습니다.

반면에, 미국 주도의 아르테미스 계획 (Artemis Program)은?

아르테미스 계획은 NASA 주도로 추진되는 달 유인 탐사 및 장기 우주 거주 프로젝트입니다. 아르테미스 계획의 목표는 2020년대 중반 달 유인 착륙, 그 이후 달에서의 거주 기반 구축 및 화성 탐사 전초기지를 확보하는 것입니다.

아르테미스 계획의 핵심 주된 내용은?

Gateway(게이트웨이) 건설을 통해 달 궤도 우주정거장을 건설, 민간 우주기업 Space X와 협력하여 달 착륙선(Starship) 개발, 아르테미스 협정(Artemis Accords) 체결로 국제 우주 규범과 협력 원칙을 제시하는 것을 포함하고 있습니다.

아르테미스 계획의 지향점은?

민주주의 가치 기반의 우주 협력을 지향하며 우주개발의 투명성, 우주 자원의 평화적 이용, 그리고 우주개발의 상업화를 인정하며, 중국, 러시아 중심의 우주 봉쇄(Block)를 견제하는 것입니다. 중국은 기술 주도와 경제 유인 방식으로 개도국을 우주 네트워크에 끌어들이는 방식을 취하고 있으며, 반면에 미국은 우주 규범 기반 동맹으로 우주 탐사의 원칙을 설정하는 등 글로벌 우주 질서를 주도하고 있습니다. 중국은 미국을 대체하는 중국 중심의 우주 질서를 추구하고 있으며, 미국은 중국과 러시아 견제를 통해 미국 중심의 우주 연합을 강화하고 있습니다.

중국의 우주 일대일로와 미국의 아르테미스 계획의 비교표는 아래와 같습니다.

표 5-5. 중국의 우주 일대일로와 미국의 아르테미스 계획

구분	중국의 우주 일대일로	미국의 아르테미스 계획
주도 국가	중국	미국 (NASA 중심)
주요 동맹	러시아, 파키스탄, 이란, 아프리카·남미 국가 등	일본, 유럽연합, 한국, 캐나다, 호주 등
핵심 기반	베이더우 위성망, 텐궁, ILRS(국제 달 연구기지)	Gateway, Starship, 아르테미스 협정(Accords)
협력 방식	기술 제공, 경제적 유인, 전략적 동반관계	규범 기반 참여, 동맹 중심 협약
우주 가치관	자국 중심, 기술 확산, 지정학 우위	국제 규범, 민주주의, 상업화 중심
전략 목표	GPS 등 미국 인프라 대체, 지정학적 영향 확대	우주 규범 주도, 달 및 화성 탐사 우위 확보
기술 공개성	제한적, 폐쇄적	시스템 개방적, 다자간 협력 지향

중국의 우주 일대일로와 미국의 아르테미스 프로젝트는 우주공간을 둘러싼 지정학적 경쟁의 축소판이며, 우주를 통해 외교, 안보, 기술, 경제 전반에 걸친 영향력 투사를 실현하려는 전략입니다.

3장

일본

일본의 우주항공연구개발기구(JAXA; Japan Aerospace Exploration Agency)는 2003년 10월 항공우주 관련 3기관인 문부과학성 우주과학연구소(ISAS; Institute of Space and Astronautical Science), 항공우주 기술연구소(NAL; National Aerospace Laboratory of Japan), 그리고 우주개발 사업단(NASDA; National Space Development Agency of Japan)이 통합되어 발족되었습니다.

JAXA가 직접 개발하는 로켓이나 위성은 JAXA 산하 시설인 쓰쿠바 우주센터에서 제작되고 있습니다. H-IIA 같은 대형 로켓 발사는 다네가시마 우주센터에서 이루어지고, 엡실론 등 중소형 로켓은 가고시마현 기모 쓰기에 있는 우치노우라 우주센터에서 발사되고 있습니다.

일본은 우주 패권 전쟁에 대비하여 무엇을 준비하는가?

우주 패권 시대의 주도권 전쟁 속에서 일본은 '기술 중심의 조용한 강국'으로서 착실히 입지를 다져가고 있습니다. 2025년 현재 일본은 우주 기술력 세계 4~5위권으로 평가받으며, 미국의 핵심 동맹이자 독자적 우주 전략을 병행하는 중견 우주 강국입니다.

일본의 우주 전략은?

일본의 우주 전략 방향은 민간 우주산업 육성, 국방 안보 중심의 우주 활용, 미•

일 동맹 하의 공동 탐사, 그리고 독자 우주 기술 자립입니다. 핵심 우주개발 기관은 JAXA와 방위성의 우주 작전대가 있습니다. 일본은 2023년 우주 안보 기본계획의 발표를 통해 우주 자위권 강화와 로켓 발사, 위성 허가 체계 도입 등을 위한 민간 우주법을 정비했습니다. 일본의 우주 예산은 2025년 기준 약 5,000억 엔(약 35~40억 달러) 이상입니다.

일본의 우주개발 주요 성과와 기술 역량은?

일본의 JAXA는 뛰어난 기술력과 다양한 성과를 통해 미국 NASA, 유럽우주국(ESA), 중국국가항천국(CNSA; China National Space Administration)과 더불어 세계 최정상급의 우주 기구로서 자타의 공인을 받고 있습니다. JAXA는 2007년 9월 달 탐사선 카구야를 발사하여 달 탐사에 성공하였으며, 달의 위상을 사진과 동영상으로 지구로 전송하였고, 달의 3차원 지도를 작성하여 달에서 우라늄의 존재를 최초로 확인했습니다. 카구야는 아폴로 계획 이후 세계 최대의 달 탐사 계획이었습니다. JAXA는 2008년 국제우주정거장의 일본 모듈인 키보를 개발하고 운용하는 데 성공했습니다. 그 이후 JAXA는 2009년 우주정거장에 화물을 수송하는 화물선 HTV(H-II Transfer Vehicle) 발사에 성공했습니다. 또한, JAXA는 2010년 이온 엔진을 장착한 소행성 탐사선인 하야부사-1은 “이토카와” 소행성에서 표본을 채취해 지구로 귀환하는 데 성공했습니다.

JAXA는 2010, 솔라 세일(Solar Sail) 실증 기인 이카로스(IKAROS)를 개발하고 발사하는 데 성공하여 세계 최초로 해당 기술 실증에 성공했습니다. 해당 기술을 바탕으로 일본은 초 장기적 목성 탐사를 계획하고 있습니다. JAXA는 2015년, 금성 탐사선 “아카츠키”의 금성 궤도 투입에 성공했습니다. JAXA는 2017년 이온 엔진을 탑재한 초 저궤도 테스트 위성인 SLATS(Super Low Altitude Test Satellite, 츠바메)를 발사했습니다. 츠바메 위성의 초 저궤도 비행 실험은 먼저

271.5km 궤도를 유지한 후 단계적으로 고도를 낮추면서 진행되었습니다. 츠바메 위성은 고도 268~180km 사이의 초 저궤도를 이온 엔진과 자세제어 장치, 공력 장치를 사용해 기동하며 소형 카메라로 지상을 촬영했습니다. 최저 도달 고도는 167km였으며, 이는 지금까지 인간이 만든 위성 중 가장 낮은 궤도입니다.

JAXA는 2018년, 세계에서 가장 작은 초소형 위성(Pico satellite)을 초소형 고체 로켓인 SS-520-5를 일본 가고시마현 우치노우라 우주공간 관측소에서 발사하는 데 성공했습니다. JAXA는 2018년, 유럽우주국과 공동으로 추진 중인 수성 탐사선 베피콜롬보의 발사에 성공했습니다. 예정대로 된다면 7년 후인 2025년에 수성에 도착해 수성을 공동으로 탐사하게 될 것입니다. JAXA는 2018년, 국제우주정거장으로 발사했던 우주 화물선 고노토리 7호 탑재 회수용 캡슐(capsule)을 성공적으로 회수함으로써 미국, 러시아에 이어 세계에서 3번째로 캡슐 회수에 성공했습니다.

JAXA는 2014년 하야부사-1의 후계기인 하야부사-2를 발사하여 세계 최초로 소행성 표면에 인공 크레이터(Crater; 운석공)를 형성하는 데 성공하고 2020년 12월 소행성 "류구"의 표본을 채취해 지구로 귀환하는 데 성공했습니다. 소행성 지표면 아래의 물질을 채취한 것은 세계 최초의 기록입니다. JAXA는 2021년 7월, 오래전부터 이론상 최고의 효율을 가진 로켓 엔진 기술로 주목받는 회전 폭발 로켓 엔진(RDE; Rotating Detonation Engine)을 세계 최초로 실제 우주공간에서 점화하여 테스트하는 데 성공했습니다. JAXA는 2024년 1월 무인 달 표면 탐사선인 소형 달 착륙 기술 실증 착륙선, SLIM(Smart Lander for Investigation Moon)을 달 적도 부근 표면에 연착륙(Soft landing)시키는 데 성공했습니다. 이에 따라 일본은 소련, 미국, 중국, 인도에 이어 세계 5번째로 달 착륙에 성공한 국가가 되었습니다. 또한 일본 달 탐사선 SLIM은 목표 착륙지점으로부터 55m 떨어진 곳에 정확히 착륙하여 핀포인트(Pinpoint) 달 착륙에 세계 최초로 성공했습니다.

일본은 아시아의 우주 수송 중심(Hub)으로 만들겠다는 거대한 계획을 발표하고, 2030년대 초까지 민간 기업을 포함해 매년 로켓 발사를 약 30회까지 늘리는 목표를 설정하고 있습니다. 하지만, 2024년 3월 일본 벤처 기업 스페이스 원(Space one)이 일본 남부 구시모토의 민간 로켓 발사장에서 발사한 카이로스 1은 일본 최초의 민간 기업 주도로 개발된 로켓이라는 점에서 더욱 기대와 관심이 집중됐었으나, 발사 5초 만에 공중에서 폭발하면서 실망을 안겨주었습니다. 스페이스 원(Space one)은 이에 주저앉지 않고 2029년까지 매년 20개의 소형 로켓을 발사하겠다는 목표를 내놓았으나, 카이로스 2의 발사마저 중단된 상태입니다. 또한, JAXA는 2024년 2월 두 번째 신형 고체 연료 발사체 엡실론 S의 엔진 연소 시험에 실패하여 엡실론 S의 발사는 연기되었습니다.

그 외에 일본은 미국과 협력을 하며 Artemis 참여국 중 핵심 파트너로 Gateway 달의 우주정거장 모듈을 제작해 NASA에 제공했습니다. 일본은 정보 수집 위성(IGS; Information Gathering Satellite), 탐지위성(sensing satellite), 그리고 기상위성 등 다수의 위성을 개발하여 운영하고 있습니다. 일본은 우주 발사체인 H-IIA, H3 발사체를 보유하고 있으며, Space X에 대항해 민간 시장용으로 H3를 개발하여 2024년 2월 첫 발사에 성공했습니다. 또한 일본에는 민간 우주기업인 달 착륙을 시도한 ispace(아이스페이스), 인공 유성우을 제작하여 이벤트 연출에 활용하는 ALE(Astro Live Experiment), 그리고 우주 쓰레기 제거 기술을 개발하는 Astroscale(에스트로스페이스) 등 선도 우주 기업들이 등장하고 있습니다.

일본은 2025년 5월 국방 우주력 확대를 위해 항공자위대 산하에 우주 작전대를 창설하여 우주 상황감시(SSA) 체계 개발 및 미국 우주군과 정보를 공유하고 있습니다.

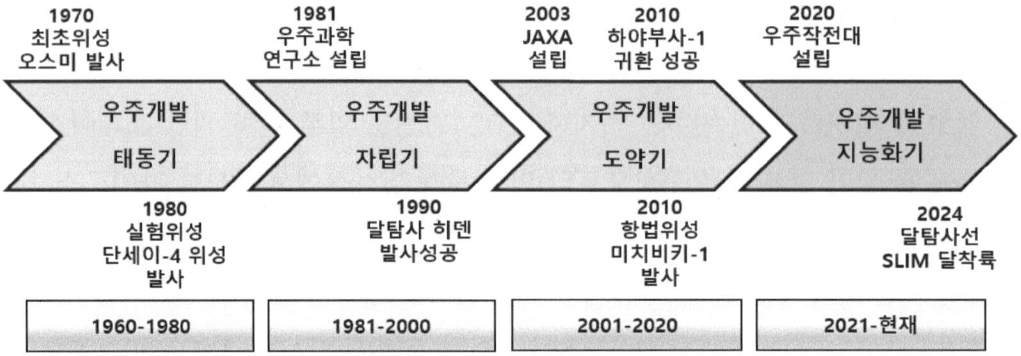

그림 5-4. 일본의 우주개발 주요성과

일본의 안보와 우주력 강화는?

일본은 2020년 자위대 산하 우주 방위 조직인 우주 작전대 창설했습니다. 일본은 2023년 우주 기반 정보 감시를 강화하기 위해 우주 상황 인식 (SSA; Space Situational Awareness) 센서망을 구축했습니다. 일본은 2024년 이후 북한 미사일, 중국 위성 감시를 목적으로 미국과 연계하여 우주 정보체계를 강화하고 있습니다.

일본의 역할과 한계는?

일본은 감지, 항법 등 정밀 위성기술을 확보하였고 발사체 신뢰도가 높으며, 민간 우주 벤처가 나날이 부상하고 있고 미일 동맹을 통한 우주 외교를 펼치고 있습니다. 하지만, 일본은 미국, 중국 대비 소규모 우주 예산으로 우주개발은 제한적으로 수행되고 있으며, 우주개발에 참여하는 민간 기업의 수 적고 또 일본의 글로벌 우주 영향력은 미약합니다.

일본의 국제적 위치는 세계 몇 위?

일본은 우주 기술, 우주 예산, 우주 발사체 역량은 세계 4~5위권입니다. 1위는 미국으로 절대적 우주 기술과 우주 예산, 그리고 민간 생태계가 잘 조성되어 있습니다.

2위는 중국으로 국가 주도로 독자 우주정거장 건설과 달 탐사를 추진하고 있습니다. 3위는 러시아로 우주 기술 유산(Space Technology Heritage)을 다수 보유했지만, 최근에는 우주개발이 정체된 상태입니다. 4위는 일본으로, 일본은 세계 4~5위권 우주 강국으로, 미국 주도의 우주 질서 내에서 기술적 신뢰성과 안보 파트너 역할을 강화하고 있으며, 독자적 우주 기술 발전도 병행 중입니다. 또한, 일본은 현재 러시아 또는 ESA와 3~5위권을 경합 중입니다. 러시아의 정체와 일본의 우주 기술 전진으로 상대적 순위가 상승 중입니다. 5위는 유럽연합 ESA로 유럽의 다국적 협력체계를 바탕으로 높은 우주 기술력을 보유하고 있습니다.

4장

인도

인도우주연구기구(ISRO; Indian Space Research Organization)는 인도의 우주개발을 담당하는 우주 기구입니다. ISRO의 본부는 벵갈루루에 있으며, 2024년 인도의 우주 예산은 약 20억 달러이며, ISRO에는 약 2만 명의 직원이 소속되어 있습니다. ISRO의 설립 목적은 우주와 관련된 기술 개발과 그 응용입니다. 인도의 ISRO는 중국의 국가항천국(CNSA), 일본의 JAXA와 함께 아시아의 우주개발을 선도하고 있습니다. 인도는 1962년 인도 우주 연구의 초석이 된 우주 연구 위원회(INCOSPAR)를 조직했습니다. 그 후 1969년 우주 연구 위원회(INCOSPAR; Indian National Committee for Space Research)는 ISRO로 이름이 변경되었습니다. 1972년 인도는 세계 최초로 정부 부처인 우주부(Department of Space)를 설립하였고, ISRO는 인도 우주부 산하 연구기관입니다. 인도 남부 안드라프라데시주의 스리하리코타에는 비크람 사라바이 우주센터가 있습니다. 비크람 사라바이 우주센터는 로켓 엔진인 비카스의 이름으로 사용되고 있습니다.

인도는 우주 패권 전쟁에 대비하여 무엇을 준비하는가?

우주 패권 시대의 주도권 전쟁 속에서 인도는 저비용 고효율 우주 강국으로 빠르게 부상하고 있으며, 세계 5위권 수준의 독자 우주 역량을 구축한 신흥 우주 강국입니다.

인도의 우주 전략은?

인도의 우주 전략 방향은 독자 우주개발 강화, 민간 기업 참여 확대, 우주 과학

기술 자립, 그리고 지정학적 우주 영향력 확보입니다. 인도의 우주 정책 기조는 자립 인도를 위해 우주산업 자국화 및 상업화입니다. 인도는 국방과 연계하여 2019년 반 위성(ASAT) 미사일 실험에 성공하였고, 국방 우주 기구(Defence Space Agency)를 설립하여 우주 관련 자산 운용 및 우주에서의 이익 보호를 수행하고 있습니다. 인도의 우주 예산 규모는 2024년 기준 20억 달러 수준으로 상대적으로 낮지만, 그 효율성은 매우 높습니다.

인도 ISRO의 주요성과는?

1975년 ISRO는 최초의 위성인 아리아바타를 소련의 로켓을 통해 발사했습니다. ISRO는 인도의 최초 우주 발사체인 위성 발사체(SLV; Satellite Launch Vehicle)를 개발하여 1980년 7월 소형위성인 '로하니'를 탑재해 발사에 성공했습니다. 그 후 SLV를 기반으로 증강 위성 발사체(ASLV; Augmented Satellite Launch Vehicle) 개발에 성공했으며, 극궤도위성 발사체(PSLV; Polar Satellite Launch Vehicle)와 지구 정지궤도위성 발사체(GSLV; Geostationary Satellite Launch Vehicle)를 차례로 개발했습니다. 이들 두 발사체는 인도의 통신 위성과 지구 관측 위성을 발사하는 데 사용되고 있습니다.

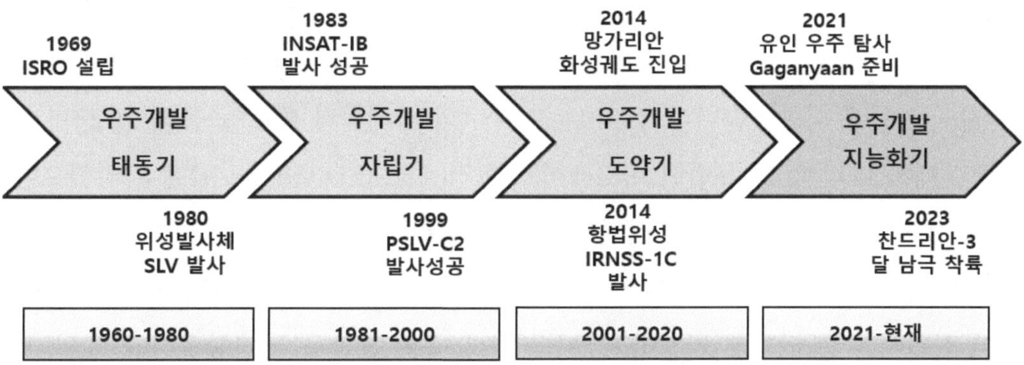

그림 5-5. 인도의 우주개발 주요성과

현재, 인도는 극궤도위성 발사체(PSLV)를 주력으로 사용하는데, 이는 큐브위성 104개를 한 번에 탑재하여 발사할 수 있으므로, PSLV는 한 번의 발사로 가장 많은 위성을 발사하는 우주 발사체가 되었습니다. 2023년 8월 ISRO는 달 탐사선 찬드라얀 3호의 착륙선 '비크람'을 달 남극에 착륙시키는 데 성공하였습니다. 그로 인해 인도는 소련, 미국, 중국에 이어 세계에서 4번째로 달 착륙에 성공한 나라가 되었고, 달 남극 착륙은 세계 최초이었습니다. 2025년 1월 인도는 미국, 러시아, 중국에 이어 우주 도킹 기술을 보유한 세계 4번째 국가가 되었습니다. 인간 최초로 달 남극에 우주 탐사선을 착륙시킨 인도 ISRO는 달 남극의 표본을 지구로 가져오는 계획을 수립했습니다.

ISRO는 두 번의 발사를 통해 총 4개의 탐사 장비를 달로 보낼 찬드라얀-3의 후속인 '찬드라얀-4' 임무를 통해 달 표본을 수집할 예정입니다. 2028년 발사될 찬드라얀-4 임무의 첫 번째 단계는 달 착륙선과 상승 모듈을 달 표면으로 보내 표본을 채취하는 것이고, 두 번째 단계는 표본을 지구로 운반할 이송선과 재진입 모듈을 발사하는 것입니다. 인도의 찬드라얀-4 임무는 미국 NASA가 진행하고 있는 화성 표본 수집 임무와 그 과정이 유사합니다. NASA가 ESA와 공동으로 추진하고 있는 이 임무는 화성 표면의 탐사선이 표본을 수집해 발사한 뒤 화성 궤도를 돌고 있는 지구 귀환 궤도선과 도킹하는 것을 목표로 합니다.

ISRO는 2014년 화성 탐사선 망갈리안(MOM)을 통해 세계 최초로 첫 시도에 화성 궤도 진입에 성공했습니다. ISRO는 NASA와 국제협력 확대를 통해 2023년 우주공간에서 따라야 할 규범인 아르테미스 협정(Artemis Accords)에 가입했으며, 주요 20개국 협의체인 G20 정상회의는 우주 협력을 주도하고 있습니다. 2023년 9월 9일 인도 뉴델리에서 개최된 G20 정상회의는 기후 변화를 2020년대에 우선적으로 협력해야 할 위기로 지정하고, 기후 변화 대응 방안을 논의했습니다. 또한, 인도에는 Skyroot(스카이루트), Agnikul(아그니컬), Pixxel(픽셀) 등 우주 스타트업 민간 기업들이 등장하고 있으며, 이들 기업은 우주 분야에서 급성장을 이룩하고 있습니다.

인도의 강점과 한계는?

인도의 강점은 강한 정치적 의지와 초저비용으로 달과 화성 탐사에 필요한 우주 요소 기술 개발 능력을 향상한 것입니다. 인도의 한계는 우주 예산 규모가 미국이나 중국에 비해 상대적으로 작으며, ISRO가 개발한 3단 중형 발사체인 GSLV Mk III(Geostationary Satellite Launch Vehicle Mark3, 현재 발사체 이름은 LVM3)의 성공률은 제한적이고 우주 주도력이 매우 약하다는 것입니다.

세계 속 인도의 위상은 세계 몇 위?

우주 기술력, 탐사 능력, 자주성을 기준으로 인도는 세계 5위권 안에 안정적으로 진입하고 있습니다. 일부 분야에서 인도는 러시아나 일본을 능가하는 성과를 보입니다. 또한, 인도는 우주 기술 자립과 우주 탐사 성공을 통해 우주 강국 5강 체계의 일원으로 부상 중이며, 향후 민간 기업의 성장과 국제협력 확대로 세계 3~4위권까지 도약할 가능성이 있습니다.

5장

유럽연합(EU; European Union)

유럽우주국(ESA; European Space Agency)은 1964년 설립된 유럽 우주 연구 기구와 유럽 발사 개발 기구와의 합병으로 1975년 5월에 설립되었습니다. ESA는 유럽에 속한 여러 국가가 모여 만든 우주 기구로, 본부는 프랑스 파리에, 발사시설은 프랑스령 기아나 쿠루에 위치한 기아나 우주센터에 자리 잡고 있습니다. 우주 발사체는 아리안, 소유즈, 베가 로켓이 있습니다.

EU는 우주 패권 전쟁에 대비하여 무엇을 준비하는가?

우주 패권 시대의 주도권 전쟁 속에서 EU는 다국가 협력체계인 ESA(European Space Agency)를 중심으로 민간, 국방, 외교 통합 전략을 강화하며 세계 3~4위권의 우주 강국으로 확고한 위치를 점하고 있습니다.

EU의 우주 전략은?

EU의 핵심 기관은 ESA, EU 집행위원회, 그리고 유럽 국방청(EDA; European Defence Agency)입니다. EU의 회원국은 27개국입니다. EU의 전략 기조는 우주 자율성 확보, 우주 안보 강화, 민간 경쟁력 확대입니다. EU의 중점 방향은 우주 기반 경제 자립, 미·중 의존 탈피, 그리고 디지털을 그린 전략과 연계하는 것입니다.

EU의 그린 전략, 즉 유럽 그린 딜(Euopean Green Deal)은 2050년까지 탄소 중립을 달성하는 것을 목표로 하는 EU의 포괄적인 환경정책입니다. 이는 기후 변화 대응. 지속 가능한 경제성장, 환경 보호 및 자원 효율성 증진을 목표로 하고 있습니다.

ESA의 주요 프로그램과 성과는?

ESA는 1985년 7월 핼리 혜성 탐사선인 지오토(Giotto)를 발사했습니다. ESA는 허블 우주 망원경을 NASA와 공동 개발하여 1990년 발사했습니다. ESA는 NASA와 공동 개발한 소호 태양 관측 위성(SOHO)을 1995년 12월 발사했습니다. 1997년 발사된 NASA-ESA의 토성 탐사선 카시니-하위헌스로부터 ESA가 개발한 하위헌스 탐사선이 분리되어 2004년 토성의 위성 타이탄 표면에 착륙하는 데 성공했습니다. ESA는 2001년 7월 통신 위성 아르테미스를 발사했습니다. ESA는 2003년 6월 러시아 과학자들과 ESA가 공동 개발한 화성 탐사선 마스 익스프레스(Mars Express)를 발사하여 동년 12월 화성 궤도에 무사히 안착했습니다. ESA는 2004년 3월 혜성 탐사선 로제타를 발사했습니다. ESA는 유사 태양의 맥동 관측과 슈퍼지구, 유사 지구 탐사를 위하여 프랑스 국립 우주 연구 센터(CNES; Centre National d'etudes Spatials)와 공동 개발한 우주 망원경 코롯(CoRoT)을 2006년 12월 발사했습니다. ESA는 2009년 5월 원적외선 우주 망원경인 허셜 우주 망원경(HSO; Herschel Space Observatory), NASA의 우주 배경 복사 관측 위성(WMAP; Wilkinson Microwave Anisotropy Probe)의 후계 위성인 플랑크(Planck)를 동시에 발사했습니다. ESA는 2016년 3월 러시아 ROSCOSMOS와 공동 추진한 엑소마스(ExoMars) 프로그램의 1차 계획인 엑소마스 가스 추적 궤도선을 발사했습니다. ESA는 2018년 10월 일본 JAXA와 공동 개발한 수성 탐사선 베피콜롬보(BepiColombo) 발사했습니다. ESA는 2023년 4월 목성 얼음 위성 탐사선(JUICE, JUpiter ICy moon Explorer)을 발사했습니다. ESA는 2024년 10월 소행성 충돌 실험 결과를 조사하기 위해 탐사선 헤라를 발사했습니다.

그 외에 ESA는 유럽판 GPS인 위성항법시스템 갈릴레오(Galileo)를 발사하여 전 세계 민간에게 무료 서비스를 제공하고 있습니다. ESA는 코페르니쿠스(Copernicus) 지구 관측 위성을 통해 기후 변화, 환경을 감시하고 있습니다. ESA는 유럽판

Starlink로 불리우는 우주 인터넷 (IRIS²; Infra structure for Resilience, Interconnectivity by Satellite; 위성에 의한 회복력, 상호 연결성 및 보안을 위한 기반 시설)를 통해 위성 기반 우주 통신망을 구축하고 있습니다. IRIS²는 EU가 추진하는 위성통신시스템으로 독립적인 위성통신망 구축을 목표로 합니다. 아리안(Ariane 5/6), Vega(베가)와 같은 고성능 우주 발사체를 사용하여 ESA는 자체 위성을 발사할 수 있습니다. EU의 우주 전략은 2023년 기준 SSA(Space Situational Awareness, 우주 상황 인식), 적 위협에 대응하는 국방 우주력 확대입니다. SSA는 위성, 우주 파편 등 우주 물체의 위치, 궤도, 움직임 등을 감지하고 추적하여 충돌 위험을 평가하고 관리하는 것을 목표로 합니다.

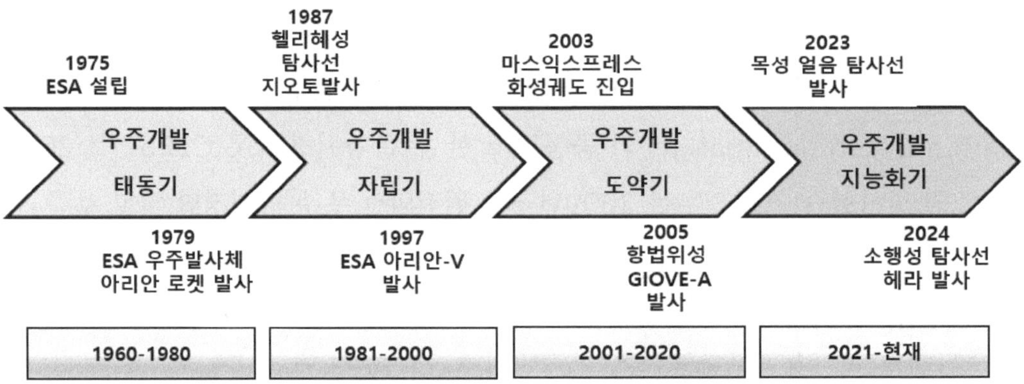

그림 5-6. EU의 우주개발 주요성과

EU의 강점은?

EU는 미국 GPS, 러시아 GLONASS(글로나스), 중국 BeiDou와 경쟁할 수 있는 자체 항법 시스템인 갈릴레오를 보유하고 있습니다. EU는 코페르니쿠스 위성을 통해 지구 환경 감시뿐만 아니라 기후, 농업, 재난 분야 분석에 활용하고 있어 세계 최고 수준입니다.

EU의 우주산업 경쟁력은 Airbus(에어버스), Thales Alenia(탈레스 알레니아), OHB SE 등 글로벌 우주산업 기업의 능력으로부터 나오고 있습니다. EU는 ESA와 국방 협력 강화를 통해 SSA, 안보 위성, 대응 능력의 향상을 꾀하고 있습니다.

EU의 우주 전략의 과제는?

EU는 다국가 의사결정 구조로 우주 프로젝트 진행 속도와 우주 전략의 일관성이 저하되고 있습니다. EU는 민간 우주 스타트업들이 약세이므로 미국의 Space X와 같은 강력한 우주 민간 기업이 상대적으로 부재합니다. EU는 미국, 중국과 대비해 우주 탐사 역량이 부족하고 달, 화성 독자 탐사 성과는 미약합니다.

세계 속 유럽연합 ESA의 위상은 세계 몇 위?

우주 기술력을 기준으로 ESA의 위상은 세계 3~4위권입니다. 다만, 다국가 협력'이기 때문에 정치적 일체감 및 속도는 미국, 중국보다 낮습니다. 또한, EU는 러시아와 비교해 기술 신뢰성과 정밀성에서 앞서며, 일본, 인도보다 종합적 위성 시스템은 우수합니다. EU는 위성 기반 서비스와 우주 경제 분야에서 세계적 기술력을 보유한 다국가 우주 강국으로, 안보, 우주통신, 기후 관측에 강점을 가지며, 미·중 중심 우주 질서 속에서 정치·경제상의 특수이익 단체[제3의 블록(Block)] 역할을 강화하고 있습니다.

6장

한국

한국은 우주개발에 한 걸음 뒤늦게 뛰어든 후발 주자입니다. 한반도 주변의 복잡한 안보 환경에 따른 많은 제약요인 때문입니다. 그런데도, 한국은 일관된 정책과 지속적인 투자로 높은 수준의 우주 기술을 확보했으며, 350여 개의 우주 기업들이 활동하고 있습니다. 최근에는 한화 등 대기업은 미래 먹거리를 선점하기 위해 우주산업에 뛰어들고 있으며, 신생 우주 스타트 기업들이 등장하고 있습니다. 한국은 중장기적 산업육성 전략 수립을 통해 국내 우주산업이 한 단계 도약, 2030년대 우주 비즈니스 시대를 연다는 목표입니다. 이를 위해 공공수요를 확보해 민간 기업의 우주개발 참여기회를 넓히고, 창의적인 아이디어를 실현할 수 있는 환경을 조성하고 있습니다.

한국은 우주 패권 전쟁에 대비하여 무엇을 준비하는가?

우주 패권 시대의 주도권 경쟁 속에서 한국은 자립형 우주 기술 확보,

안보 중심의 위성, 발사체 개발, 우주산업 생태계 육성을 통해 중견 우주국으로 도약 중입니다.

한국의 우주 전략은?

핵심 우주 기관은 2024년 신설된 한국 우주항공청(KASA; Korea Aerospace Administration), 우주항공청 산하 한국항공우주연구원(KARI), 천문연구원, 과기정통부 산하 한국전자통신연구원(ETRI), 국방부 산하 국방과학연구소(ADD)

등입니다. 우주 전략 기조는 우주 기술 독립과 자립, 안보와 과학 기술 융합 개발, 민간 우주산업 육성, 그리고 국제협력 강화입니다. 핵심 계획은 제4차 우주개발 진흥 기본계획 (2023~2027) 및 국가 우주 위원회 재정비 등입니다. 우주 예산 규모는 2025년 한국 우주항공청의 예산 규모는 9,649억 원으로 2032년까지 연간 5조 원 이상 확대될 것으로 예상됩니다.

주요 우주개발 사업 및 성과는?

한국이 투자하는 우주개발 분야는 가장 많이 투자되는 지구 관측 위성 분야로 42%, 그다음은 20%를 차지하는 우주 발사체 분야, 그리고 우주 탐사 분야는 0.9%로 저조합니다. 한국의 우주 탐사 분야의 성과는 2022년 Space X의 발사체 '팰컨9'을 통해 발사된 한국의 첫 번째 무인 달 탐사선 '다누리호'입니다. 다누리호는 6개의 탑재체를 통해 달의 영구 음영지역, 달 뒷면 관측 등 서로 다른 중요한 자료를 수집하는 데 성공했습니다. 한국은 한국군 최초로 한반도와 주변을 감시하는 정찰 위성 5기를 획득하는 425 위성 사업을 추진하고 있습니다. 425 위성 사업은 레이더 위성(SAR) 4기와 전자광학(Electro-Optics) 위성 1기를 제작하는 사업으로, 425 사업이라는 명칭은 영어 알파벳 발음 SAR(사)와 EO(이오)를 이어서 발음하면 숫자 425와 비슷하게 되기 때문에 붙여진 이름입니다. 2023년 12월 정찰 위성-1을 발사했습니다. 정찰 위성-1에는 전자광학(Electro-optics) 및 적외선(Infrared) 탑재체를 장착한 800㎏급 저궤도위성입니다. 전자광학 탑재체는 가시광선을 활용해 지상의 영상을 획득하며, 적외선 탑재체는 적외선 검출 센서를 이용해 지상의 물체를 탐지하고 획득한 영상정보를 가시화하며, 야간에도 영상을 촬영할 수 있는 장점이 있습니다. 정찰 위성-1은 현재 한반도를 감시 중입니다.

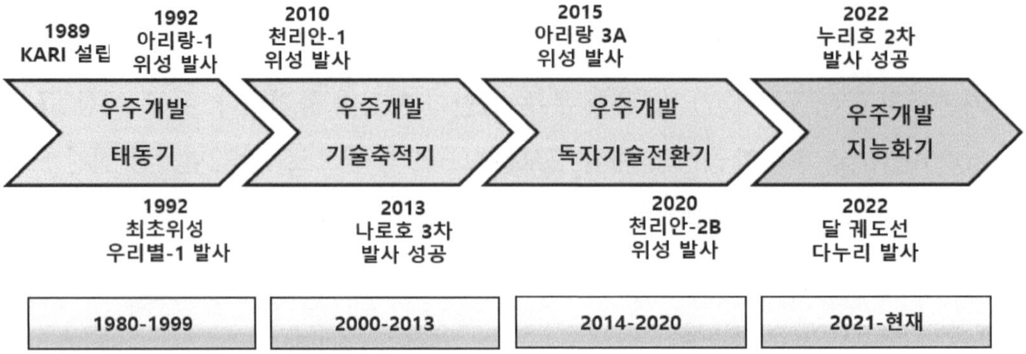

그림 5-7. 한국의 우주개발 사업 및 주요성과

정찰 위성-2는 합성 개구 레이다(SAR; Synthetic Aperture Radar) 위성으로 2024년 4월 성공적으로 발사되어 전력화를 진행 중입니다. 정찰 위성-2는 전자기파를 이용해 날씨와 상관 없이 지구 지표면을 고해상도로 관측할 수 있는 SAR를 탑재하고 지구 저궤도를 공전하면서 하루 4~6회 정도 한반도를 촬영합니다. 정찰 위성-3은 SAR 위성으로 2024년 12월 성공적으로 발사되어 전력화를 진행 중입니다. 정찰 위성-4는 SAR 위성으로 2025년 4월 성공적으로 발사되어 전력화를 진행 중입니다.

정찰 위성-5는 2025년 발사될 예정입니다. 정찰 위성 5기를 모두 실전 배치하면 북한 내 미사일 발사차량 움직임과 병력 이동, 북한 지휘부 동선 등 특정 표적을 2시간 단위로 감시할 수 있는 직접 효과가 있습니다. 정찰 위성 5기는 북한의 탄도 미사일 등 핵무기 발사 움직임을 포착해 선제 타격하는 이른바 '킬체인(kill chain)'을 강화하는 데 크게 기여할 것으로 예견됩니다.

그 외에, 한국은 2032년 목표로 액체 엔진 재사용형 차세대 발사체 사업을 추진하고 있습니다. 한국은 독자적으로 2035년 완성을 목표로 한국형 위성항법시스템(KPS; Korean Positioning System)을 개발하고 있습니다. 한국은 국방 우주력 강화를 위해 2019년 공군 산하에 우주 작전대를 창설했고, 정밀 우주 감시를 위해 정찰 위성 체계를 구축 중입니다. Innospace, 한컴Inspace, Perigeespace, 케이스페이스, 컨텍, 솔탑, Unastella, 텔레픽스(TelePix) 등 우주 스타트업과 대기업 한화에어로스페이스 등이 민간 주도로 한국 우주산업을 추진할 발판을 마련하기 위해 참여하고 있습니다.

한국 우주력의 강점과 과제는?

한국 우주력의 강점은 국산 발사체 독자 개발 성공, 고성능 정찰위성 및 실용위성 보유, 달 탐사 선진국 진입, 군과 민 균형 발전 도모를 꼽을 수 있습니다. 하지만 앞으로 풀어야 할 과제는 민간 기업 우주 생태계 미성숙, 고중량 발사체, 심우주 탐사 기술 미흡, 그리고 달 탐사 등 국제협력 비중이 높아 자립도는 한계에 직면하고 있습니다.

세계 속의 한국의 위상은?

2025년 현재, 한국은 우주 기술력, 자립성, 발사 능력 기준으로 세계 7~10위권으로 평가됩니다. 한국은 누리호, 다누리, 정찰 위성 등의 성과를 통해 세계 7~10위권의 독립 우주 기술 보유국으로 부상 중이며, 2030년대에는 '우주 중진국'에서 '선진국' 반열로 진입할 수 있는 성장 잠재력을 확보했습니다.

미·러 우주 패권 경쟁이 한국 국가 존립 등 안보에 미치는 영향에 대해서 살펴보겠습니다.

미국과 러시아의 우주 패권 경쟁은 단순한 우주 과학 기술의 문제가 아니라, 전 세계 안보 질서와 전략 균형에 영향을 미칩니다. 한국처럼 지정학적으로 민감한 위치에 있는 국가에겐 특히 주의 깊게 살펴야 할 요소입니다.

한국의 국가 존립 및 안보 측면에서의 미·러 우주 패권 경쟁에 대한 영향은?

우주공간의 군사화에 따른 한국의 전략환경의 악화입니다. 2019년 미국의 우주군 창설과 러시아의 반 위성(ASAT) 무기 시험 등은 우주가 전장화되고 있다는 증거입니다. 한국은 미국의 동맹국으로서 GPS, 정찰 위성 등 우주 기반 자산에 의존하고 있습니다. 이들이 공격당하면 한국의 미사일 방어, 통신, 정찰 능력에 치명적 결함이 발생할 가능성이 농후합니다. 따라서, 우주공간에서의 충돌은 곧 지상 안보로 직결됩니다.

한반도 미사일 방어체계와 연계된 우주 전략은 무엇인가?

미국은 한국 미사일 방어(MD; Missile Defence)체계의 일부를 우주 기반 감시체계에 의존하고 있습니다. 러시아는 미국 MD 확장을 자국 안보 위협으로 간주하며 한반도 내 미군 자산인 싸드[종말 단계 고고도 지역방어(THAAD; Terminal High Altitude Area Defence)] 등에 반발하고 있습니다. 이것은 중국과 함께 한국에 압박 가하는 배경이 됩니다. 이에 따라, 한국은 미·중과 미·러 사이의 전략 균형점에 서 있습니다.

우주 기반 안보 기술 의존도는 증가하고 있습니다.

GPS, 정찰 위성, 위성통신 등 모든 군사작전이 우주 자산에 의존하는 시대에 한국군도 미국 위성 정보에 상당 부분 의존 중입니다. 러시아가 미국 위성을 공격하거나 교란하면 한국의 전시 작전 통제에도 지장을 초래할 것으로 예견됩니다. 따라서, 한국형 GPS인 KPS (Korean Positioning System) 등 독자 우주 항법 시스템 개발은 한국의 우주 안보 자립에 필수적입니다.

신냉전 체제 속 동맹 구조의 명확화가 필요합니다.

미국과 러시아 및 미국과 중국의 대립이 심화하면, "한미일" 대 "북·중·러"라는 신냉전 구도가 명확해질 수 있습니다. 한국은 우주 군사 협력과 정보 공유 면에서 더욱 미국에 의존이 강화될 것입니다. 이는 북한뿐 아니라 중·러의 위협 인식도 자극할 수 있습니다. 결과적으로 외교적 균형 감각과 우주 외교 전략이 더욱 중요해지게 됩니다.

경제, 산업 안보에 미치는 영향은?

우주 기술은 위성통신, 정밀 타격, 기상 예측, 원격탐사 등 다양한 민군 융합 분야에 적용됩니다. 미·러 경쟁 격화는 국제 우주 규범 미비로 인해 한국의 우주 자산 보호에 어려움이 발생할 수 있습니다. 예컨대, 자국 위성이 우주에서 파괴되면 그 국가의 통신, 금융, 교통 등 주요 인프라가 마비될 가능성은 커집니다. 미·러 우주 패권 경쟁은 단순한 과학 기술 경쟁을 넘어, 한국의 군사, 경제, 외교 전반에 직간접적으로 영향을 미칩니다. 따라서, 우주 안보 전략 수립, 자주적 기술 개발, 우주 외교 역량 강화는 한국의 국가 존립을 위한 핵심 과제가 되고 있습니다.

[지식 더하기+ 창]

크루 드래곤(Crew Dragon)이란 무엇인가?

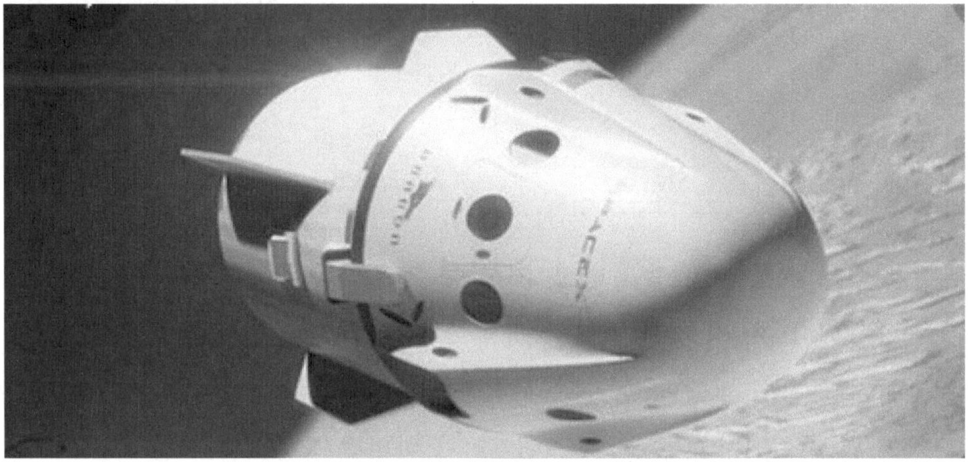

Space X의 유인 우주왕복선 크루 드래곤 형상

(사진 출처: NASA)

스페이스 X의 크루 드래곤은 미국 민간 우주 기업 스페이스 X가 개발한 유인 우주비행선입니다. 캡슐 형태의 우주비행선으로, 최대 7명의 우주인을 태울 수 있으며, 국제우주정거장(ISS)과의 수송 및 다양한 우주 임무에 활용되고 있습니다. 특히, 크루 드래곤은 민간 기업이 개발한 최초의 유인 우주비행선으로서 상업적 우주비행 시대를 열었다는 의미가 있습니다.

크루 드래곤의 주요 특징은

1. 최대 7명의 우주인을 태울 수 있는 유인 우주비행선입니다.
2. 1단 로켓인 팰컨 9과 함께 재사용이 가능하여 비용 효율성을 높였습니다.
3. ISS와의 정기적인 수송 임무를 수행하며, 우주 연구 및 실험을 위한 플랫폼 역할을 합니다.
4. 민간 기업이 개발한 최초의 유인 우주비행선으로, 상업적 우주 비행 시대를 열었습니다.
5. ISS 수송 외에도 민간 우주인 탑승, 우주 관광 등 다양한 우주 임무에 활용될 예정입니다.

크루 드래곤의 역사는?

1. 2020년 5월, 밥 벤컨과 더그 헐리 우주비행사를 태우고 데모-2 임무를 성공적으로 수행하며 크루 드래곤의 첫 유인 비행을 기록했습니다.
2. 데모-2 임무 이후, ISS 왕복 수송을 비롯하여 다양한 임무에 투입되고 있습니다.
3. 민간 기업이 주도하는 우주개발의 상징적인 존재로, 우주 탐사의 새로운 시대를 열었다는 평가를 받습니다.

중국 톈궁과 미국 gateway의 대응 전략은?

중국의 톈궁(天宮) 우주정거장과 미국 주도의 게이트웨이(Gateway)는 각각의 국가/동맹이 장기적 우주 탐사와 영향력 확대를 위해 추진 중인 우주 거점 프로젝트입니다. 이 두 프로젝트는 기술적, 전략적, 정치적 차원에서 서로를 견제하거나 대응하는 형태로 전개되고 있습니다.

중국의 톈궁 우주정거장 전략과 특징은?

구분	특징
운영 주체	• 중국 국가항천국(CNSA)
완공 시기	• 2022년 3개 모듈 구성: 톈허(천하), 원톈(문천), 멍톈(몽천))
궤도	• 지구 저궤도(LEO), 약 340~450km 상공
목표	• 유인 우주활동 자립, 과학 실험, 장기 체류 및 우주 거점 확보
전략적 목적	• 미국이 주도하는 ISS에서 배제되면서, 중국은 완전히 독자적인 우주정거장을 구축함.
우주 주권 과시	• 자국민 우주비행사 훈련 및 체류 기술 확보.
국제협력 유도	• 파키스탄, 이란, 베네수엘라 등 중국과의 외교 관계가 밀접한 국가들의 참여 유도.
기술적 특징	• 3인 장기 체류 가능 • 우주 로봇팔, 외부 실험 모듈, 도킹 포트 등 완전 자립형 운영 • 실험 장비 약 1,000개 이상 탑재로 물리학, 생물학, 재료과학 실험

미국 주도의 Lunar Gateway 전략은?

구분	특징
운영 주체	• NASA, ESA, JAXA, 캐나다 CSA, 한국도 참여 중
완공 목표	• 2025~2028 예상
위치	• 지구 저궤도가 아닌 달 주변 궤도에 설치
목표	• 달 및 화성 유인 탐사 전초기지, 다국적 우주 탐사 허브
전략적 목적 - 달 및 심우주 탐사의 거점 - 국제협력 구심점	• 아르테미스 프로그램과 연계해 유인 달 착륙 지원, 향후 화성 탐사의 중간 기지 역할 수행. • 아르테미스 협정에 기반한 민주주의 동맹국 중심의 우주 협력체계 형성. • 중국, 러시아가 추진 중인 국제 달 연구기지(ILRS)에 대한 전략적 대응
기술적 특징	• 다국적 모듈 조립 • 달 착륙선(Starship)과 도킹 가능 • 통신 중계, 화물 재보급, 장기 체류 시스템 구축 예정

미국의 대응 전략 핵심은?

미국은 궤도 차별화 전략을 선택했습니다. 중국의 톈궁이 지구 저궤도지만, Gateway는 달 궤도에 설치됨으로써 심우주 탐사의 주도권 확보에 초점을 두었습니다. 미국은 국제 우주 동맹화 전략을 전개했습니다. 미국은 아르테미스 협정으로 민주주의 국가 중심의 우주 질서를 구축하고 러시아가 중국과 협력해 달 남극 지역에 건설할 국제 달 연구기지(ILRS; International Lunar Research Station)를 견제합니다. 미국은 달 착륙선 개발 및 관련 우주 기술을 유럽, 일본, 캐나다 등 동맹과의 기술 분담과 파트너십을 통해 우주 외교의 영향력을 확장하고 있습니다. 또한, 미국은 중국 중심의 국제 협력체계와 분리된 우주 질서 유지를 위해 중국 영향권 분리 전략을 수립하여 추진하고 있습니다. 톈궁은 중국의 기술 독립성과 자국 중심의 우주 생태계 구축을 목표로 하고 있으며, Gateway는 미국이 심우주 탐사에서의 국제 표준과 지배력을 유지하려는 전략적 거점입니다. 중국의 톈궁과 미국의 Gateway 프로젝트는 서로 지리적 위치, 국제협력 범위, 기술 운용 방식이 달라 직접 경쟁보다는 상징적, 전략적 경쟁 구도로 볼 수 있습니다.

중국 베이더우와 미국 GPS의 기술력과 파급력을 비교하면?

중국의 베이더우(BeiDou)와 미국의 GPS(Global Positioning System)는 각각 중국과 미국이 주도하는 위성항법시스템(GNSS)입니다. 두 시스템은 기술력, 운영 방식, 정확도, 수신가능 지역, 파급력 등에서 차이를 보이며, 지정학적 영향력까지 미치는 전략 자산으로 활용되고 있습니다.

미국 GPS와 중국 베이더우의 운영 현황

항목	미국 GPS	중국 베이더우
정식 명칭	• Global Positioning System	• BeiDou Navigation Satellite System
운영 시작	• 1995년 완전 운영 개시	• 초기 운영은 2000년 시작, 2020년 글로벌 서비스 완성
위성 수	• 현재 31기 운영 중	• 정지 궤도 위성 포함하여 45기 이상 운영 중
수신가능 지역	• 2020년 이후부터 전 세계 지역이 커버리지(Coverage) 임	
운영 주체	• 미 국방성	• 중국 국가항천국(CNSA) 및 군

미국 GPS와 중국 베이더우의 파급력 및 전략적 영향력은?

미국 GPS는 세계 GNSS 시장 1위이며, 민간, 군사, 산업용 대부분은 GPS 기반입니다. GPS는 수십 년간 축적된 데이터와 신뢰도를 보유하고 있습니다. GPS는 군사 전략의 자산으로 미군 정밀 유도 무기, 드론, 항공기, 미사일 등에 필수 장비입니다. GPS는 Google Maps(구글 맵스), Uber(우버) 등 위치기반 서비스 산업의 기반으로 경제 파급력이 대단합니다. 반면에, 중국 베이더우 시스템은 우주 일대일로의 전략의 핵심 도구입니다. 중국은 파키스탄, 아프리카, 중동 등 GPS 의존을 탈피하기를 원하는 국가에 대체제로 베이더우 시스템을 제공하고 있습니다. 베이더우 시스템은 교통, 물류, 군사, 농업, 재난 대응 등 분야에 적용됩니다. 베이더우 시스템은 통신 기능이 포함되어 있어 응급 재난, 군사용 통신 등의 대안으로도 활용되고 있습니다. 베이더우 시스템은 스마트폰, 차량 등 중국 제품에 기본 내장으로 장착되어 있어 글로벌 항법위성 시스템(GNSS; Global Navigation Satellite System)으로 확대되고 있습니다.

중국이 저궤도 위성통신망 구축을 위해 추진 중인 천범 성좌는 무엇인가?

천범 성좌란? 정식 명칭은 중국 말로 千帆星座입니다. 영어로는 “Spacesail Constellation”; 우주 비행 별자리) 또는 “G60 Starlink plan; 별 연결 계획)”이라고도 불립니다. 중국이 추진 중인 천범 성좌(千帆星座) 프로젝트는, 일명 '천 개의 돛 별자리'로 불리는 중국판 스타링크 위성통신망입니다. 천범 성좌(千帆星座) 프로젝트 주관사는 상하이 위안 신위성기술유한공사(SSST; Shanghai Yuanxin Satellite Technology Co. Ltd.; 중국의 국영 위성 제작 및 운영회사) 주도로 중국 국영 및 민간 항공우주 역량이 결집하여 있습니다.

천범 성좌(千帆星座) 프로젝트의 주요 목표 및 계획은?

2024년 108기, 2025년 말 누적 위성은 648기, 그리고 2030년까지 최소 1만 5,000기를 발사하여 글로벌 포괄 통신망을 구축할 계획입니다.

천범성좌(千帆星座) 시스템 의미와 경쟁 구도는?

천범성좌(千帆星座) 미국의 스타링크, 아마존의 카이퍼 시스템, 유럽의 원웹 등의 LEO 인터넷 별자리와 직접 경쟁하는 프로젝트입니다. 천범성좌(千帆星座) 시스템은 저궤도 네트워크 특성상 저지연, 고대역폭 통신이 가능하며, 사막, 산간, 해양, 농촌 등 통신이 곤란한 지역에 우주 인터넷 등 위성통신을 제공합니다. 중국은 천범 성좌(千帆星座) 시스템 사업을 국가 신형 인프라 구축의 전략 핵심 사업으로 추진 중입니다.

한눈에 보는 중국 우주개발 시대별 주요 흐름은?

시기	핵심 성과
1960s–1970s	위성 및 로켓 기술 기반 확보 ('둥팡훙', 재진입 위성)
1980s–1990s	통신위성, 상업 발사 진출, 유인 우주비행선 개발 시작
2000s	유인 우주 비행 성공, 달 궤도 탐사, 우주유영 성공
2010s	달 착륙, 우주정거장 기술 실증, 베이더우 완성, 화성 탐사 시도
2020s	톈궁 우주정거장 완성, 달/화성 탐사 지속, 국제 협력 확대

중국의 우주개발 관련 국제협력 및 지정학적 위상 변화:

1. 중국의 독자 우주개발 지향에 따른 미·중 우주 기술 분리 이후 자립형 생태계 구축
2. BRICS 국가 우주 협력 강화로 "우주 실크로드"로 글로벌 위성 시장 확대
3. 달 남극 연구기지(ILRS)는 러시아와 함께 추진 중 (2030년대 완공 예정)

2025년 기준 중국의 우주개발 위상은?

분야	핵심 성과
유인 우주 비행	세계 3번째 유인우주국, 우주정거장 완성
발사체 기술	창정(CZ) 시리즈 상용화, 중·대형 발사체 확보
달 탐사	세계 최초 달 뒷면 착륙, 샘플 귀환 시도
화성 탐사	1차 탐사 성공, 2차 임무 및 샘플 귀환 준비 중
항법 시스템	베이더우 글로벌 서비스 완료
우주 군사력	ASAT(반위성무기) 보유 확인 (2007년 실험 수행)
국제 위상	NASA, ESA와 어깨를 나란히, 세계 2위권 우주 강국

일본의 우주 작전대는 무엇인가?

일본의 우주작전대(宇宙作戦隊, Space Operations Squadron)는 일본 항공자위대 산하의 우주 관련 전문 부대입니다. 일본이 우주를 안보 영역으로 공식 편입한 상징적인 조치이며, 미국의 우주군(US Space Force)과도 긴밀한 협력을 이어가고 있습니다.

일본 우주 작전대 개요:

항목	주요 내용
공식 명칭	宇宙作戦隊 (우주 작전대, Space Operations Squadron)
소속	항공자위대 (JASDF) 산하
설립일	2020년 5월 18일
본부 위치	도쿄 근교 후추(府中) 항공자위대 기지
초기 인원	약 20명, 이후 인원·조직 확장 중
주요 임무	우주 상황 인식(SSA), 위성 보호, 우주 위협 대응 등

우주 작전대의 설립 배경과 목적은?

우주 작전대의 설립 배경은 중국, 러시아, 북한 등 주변국의 우주 능력이 확장되고 있고, 반 위성 무기(ASAT; Anti Satellite Weapon, 지상이나 전투기에서 미사일, 레이저 등을 발사해 적의 전략 위성을 파괴하는 위성 요격 무기시스템) 실험 및 정찰 위성 증가로 일본 위성의 보호, 감시 및 방어의 필요성이 증대되어 우주 작전대는 설립되었습니다.

우주 작전대의 설립 목적은 미국과의 우주 협력 강화로 미 우주군과 정보공유 및 공동작전 기반을 마련하기 위함입니다.

우주 작전대의 주요 임무와 기능은?

기능	주요 내용
우주 감시	지상레이더 및 광학망원경으로 우주 쓰레기, 위성 추적
위성 보호	일본 자국 위성에 대한 전파방해, 물리적 공격 대비
정보 수집 및 공유	미국 우주군(Space Force) 및 JAXA와 협업
우주 작전 계획	위성통신, 정찰 위성 보호와 운용을 위한 작전 수립

우주 작전대의 관련 장비 및 시스템:

1. SSA(우주 상황 인식) 레이더는 일본 북부 야마가타현에 설치 예정 (2023년 개발 착수)
2. 우주 감시망 연동을 위해 미국의 우주 감시 네트워크(Space Surveillance Network)과 정보공유
3. 자체 정찰 위성인 IGS(Information Fathering Satellite; 정보 수집 위성) 시리즈 운용. IGS는 주로 북한의 미사일 발사 준비 징후를 감시하고 대규모 재해를 감시하는 임무를 수행합니다.

우주 작전대의 조직:

연도	조직 변화
2020년	우주 작전대 창설 (초기 20명)
2022년	우주 작전군(宇宙作戦群)으로 확대 개편
2023년 ~ 현재	인원 약 100명 이상으로 증가, SSA 시스템 정비 본격화

우주 작전대의 국제협력 관계는?

1. 미국 우주군(USSF)과 정기 훈련 및 정보공유 체계 유지
2. JAXA(일본우주항공연구개발기구)와의 기술협력 및 인프라 공동 활용
3. 우주 작전대는 쿼드(Quad, 미국, 일본, 호주, 인도로 구성된 안보협의체) 우주 협력체계의 핵심 주체임. 쿼드 우주 협력의 주요 내용는 우주 상황 인식, 위성 정보공유, 우주 기술 개발 협력, 우주 규범 형성, 그리고 우주 인력 양성입니다.

[참고 문헌]

https://www.nasa.gov

https://www.darpa.mil

https://www.coursemos.kr

https://global.jaxa.jp

https://www.isro.gov.in

https://www.esa.int

https://www.cnsa.gov.cn

https://en.wichipedia.org

https://www.britannica.com

https://www.agoratimes.com

https://www.thesun.co.uk

https://www.livescience.com

https://www.v.daum.net

https://www.withtoc.com

https://www.patents.google.com

GPS 월드, 2021년 3월.

n2yo.com 2023년 2월.

박병광, "미중 경쟁 시대 중국의 우주력 발전에 관한 연구",국가안보전략연구원 연구보고서, 2021.

이창형. "중국군 전략지원부대의 우주전 능력이 한국 안보에 주는 시사점," 대륙연구 제18호, 2020.

이창형, 박남태, “중국군의 전략지원부대가 한국 안보에 미치는 영향과 대응 전략에 관한 연구”, 한국국방연구원 연구보고서, 2020.

이춘근. “중국의 유인 우주비행선 개발과 향후 전망,” 과학기술정책 통권 1146호, 2004.

정헌주. “미국과 중국의 우주 경쟁과 우주 안보 딜레마,” 국방정책연구 통권 제131호, 2021.

Michael P. Pilsbury. An Assessment of China's Anti-Satellite and Space

Warfare Programs, Policies and Doctrines, Report Prepared for the U.S.-China Economic and Security Commission, 2007.

제 6 부

우주 프로그램의 파생 효과와 미래 유망 우주 사업은?

제 6 부

우주 프로그램의 파생 효과와 미래 유망 우주 사업은?

"사람이 적을수록 명예의 몫은 커지니,
하늘이시여, 부디 한 명이라도
더 늘어나지 않기를 기도합니다.
진심으로 나는 황금을 탐하지 않노라.
그러나 영예를 더 탐하는 것이 죄라면
나는 세상에서 가장 죄가 큰 영혼일지니."
-셰익스피어, 헨리 5세에서-

6부에서는 먼저 미국 항공우주국 NASA와 국방공등연구계회국(DAPA; Defence Advanced Research Project Agency; 다파)가 우주 관련 프로젝트를 수행하면서 획득한 기술의 파급 효과 및 두 기관이 내세울 수 있는 NASA의 10대 업적과 DARPA의 혁신적 기술개발 제품에 대해 각각 살펴보기로 하겠습니다. 이와 더불어 우주산업의 고도화 방안과 미래에 촉망받을 유망한 우주 사업인 저궤도 위성 통신 사업, 우주 관광 사업, 우주 연구소 및 실험실 사업, 우주 태양광 발전 사업, 우주 급유 및 정비 사업, 우주 쓰레기 청소 사업, 그리고 우주 광물 채굴 사업에 대해 세세하게 알아보도록 하겠습니다.

1장

축적된 우주 프로그램의 파급 효과는?

우주기술의 파급 효과는 정말 굉장하다.

NASA는 우주 환경의 혹독한 도전을 받아들이기 위해 연구 개발한 우주기술이 여러 공학 기술과 융복합되어 파생된 스핀아웃(Spin-out) 기술을 만들어 냈습니다. 스핀아웃(Spin-out) 기술은 신제품을 만들어 내어 인간의 삶을 편리하게 하는 등 새로운 수요를 창출해 내고 있습니다. 대표적인 스핀아웃(Spin-out) 기술은 우주역학 계산을 위해 개발된 컴퓨터는 고성능화와 소형화를 위해 직접 회로(IC; Integrated Circuit)가 개발되었고, 우주 비행사의 훈련을 위해 가상현실 기술이 구현되었습니다. 또한, 화성 탐사선의 화성 표면 연착륙에 사용된 기술은 자동차 에어백에 사용되었고, 우주비행선 내의 제한된 물의 재사용을 위한 기술이 수질 정화 장치로 수질관리에 이용되고 있습니다. 우주비행선 내 공기 정화를 위한 기술은 공기청정기가 되어 일상생활에서 사용되고 있습니다. 우주 비행사를 위한 식품 안전 기준은 우리가 먹는 식품의 안전 기준으로 사용되고 있고, 식품의 진공포장은 일상화되었습니다.

그 외에 자기공명영상(MRI; Magnetic Resonance Imaging) 스캐너, 적외선 귀 체온계, 의료용 발광다이오드, 비행기 얼음 막이 시스템, 고속도로 안전장치, 연기 탐지기, 에어컨 시스템, 냉동 건조 식품, 휴대용 무선 진공청소기, 태양광 전지, 구조분석 소프트웨어, 광산 안전장치, 3D 프린터 등 헤아릴 수 없을 정도로 많습니다. 우주 개발을 위해 NASA가 개발한 원천기술은 일기예보, 우주 통신, 항법(Nevigation), 지구관측 등에 활용되며, 우리 경제 전체에 커다란 영향을 미치고 있습니다.

미국 NASA와 DARPA의 경영철학은 무엇일까?

NASA와 DARPA의 경영철학을 살펴보기 전에 미국 항공우주국 NASA와 국방고등연구계획국 DARPA는 어떤 비전(Vision)을 가지고 있는지 알아보겠습니다.

1958년 7월 29일 설립되어 세계 최강의 우주기술을 보유한 NASA의 최근 비전은 "새로운 높이에 도달하고, 인류의 이익을 위해 미지의 세계를 밝힌다."입니다.

그림 6-1. NASA 상징의 로고

반면에, 1958년 2월 07일 설립되어 국방 우주기술 개발을 지향하는 DARPA의 최근 비전(Vision)은 "국가 안보를 위한 획기적 기술을 창출하라."입니다. DARP는 단순한 기술 개발이 아닌 파괴적 혁신(Disruptive Innovation)과 기술 우위 유지를 목표로 합니다.

그림 6-2. DARPA 상징 로고

미국 NASA와 DARPA는 각각의 목적과 조직문화에 따라 독특한 경영철학을 갖추고 있으며, 이는 미국 우주산업에 큰 영향을 미쳤습니다. 다음은 각 기관의 철학,

적용 사례, 그리고 그 영향에 대해 차례로 살펴보겠습니다. 미국 NASA는 언제 누가 경영철학을 "개발 기간을 보다 빨리(Faster), 더욱더 좋은 양질의 제품(Better), 더 값싼 개발(Cheaper)"로 정했으며, 그 경영철학이 가져온 효과와 경영철학 수행상의 문제점을 알아보겠습니다.

미국 NASA가 "Faster, Better, Cheaper(FBC)"라는 경영철학을 공식적으로 채택한 시기는 1990년대 초이며 이 경영철학을 제시한 인물은 당시 NASA 장관이었던 대니엘 골딘(Daniel S. Goldin)이었습니다. 그의 임기는 1992년부터 2001년까지로, NASA 역사상 최장수 장관이자 가장 개혁적인 인물 중 하나로 평가되고 있습니다.

NASA의 경영철학 "Faster, Better, Cheaper(FBC)"는 왜 채택되었을까요?

이 경영철학은 1992년, 골딘이 NASA 장관으로 부임하면서 공식화되었습니다. 1986년 2월 챌린저 우주왕복선 폭발 사고 이후 NASA는 일반대중의 신뢰를 크게 잃게 되었습니다. 그뿐만 아니라, 미•소 냉전 종식 이후, 클린턴 행정부의 "작고 효율적인 정부" 기조에 따라 NASA의 우주 예산은 많이 축소되었습니다. 또한, Space X 등 민간기업의 기술 경쟁 등이 등장함에 따라 NASA는 우주개발에 대한 효율성과 민첩성이 요구되었습니다. 이에, 골딘은 기존 NASA의 연구개발 프로젝트의 문제점인 고비용과 장기화 문제를 해결할 목적으로 FBC 경영철학을 도입하게 된 것입니다.

"Faster, Better, Cheaper(FBC)"의 핵심 개념은?

Faster(더 빠르게)는 프로젝트 수행 시간을 단축하는 것이며, Better(더 잘)는 품질과 성능을 유지하거나 향상해 과학 기술적 성과를 극대화하며, Cheaper(더 저렴하게)는 개발 예산을 효율적 사용하여 예산 절감 및 단위 연구비용 감소를 의미합니다. 따라서, NASA는 기존 대형 우주 프로젝트에서 탈피하고 다수의 소형 임무(Small Missions) 중심으로 운영 방향이 바뀌었습니다. NASA 장관 다니엘 골딘이 Faster Better Cheaper 경영 방식을 시작했을 때 만약 10개 항목의 임무에 착수해서 2개 또는 3개 항목이 실패였다고 해도 그것은 성공이라 간주한다고 하였습니다. 왜냐하면 이러한 실패로부터 우리는 배울 것이 있기 때문입니다. 우주기술 개발은 막대한 투자가 필요하면서도 바로 이익을 내는 것은 아닙니다. 지적 재산을 손에 넣을 수 있어도, 눈에 보이는 형태의 이익을 낼 수 없을지도 모릅니다.

지금까지 NASA는 최첨단에 서서 NASA는 우주비행선 임무(Mission) 제안 단계에서부터 운용 시험 단계까지 주어진 과업을 수행하여 새로운 우주기술을 개발하면, 민간 기업들은 NASA가 개발한 우주기술을 받아 새로운 우주 사업을 창출해 왔습니다. 그 예로, Space X는 치열한 경쟁에서 탄생한 대표적인 우주 신생기업이라 할 수 있습니다. Space X는 기존 로켓 개발의 문제점을 해결하는 방안을 찾아냈습니다. 즉, 로켓 개발 기간을 빠르게 단축하고, 값싼 비용으로 성능이 우수한 재사용 로켓을 제작하여 우주 발사체 시장에 공급한 것입니다. 이것은 미국의 경쟁 원리가 잘 적용된 사례라고 할 수 있습니다. 따라서 경쟁사회가 되면 거기에서 새로운 발상(Idea)이 나오게 되고, 순발력 있고 똑똑한 민간 우주기업은 큰 이익을 창출하게 됩니다.

FBC 경영철학의 긍정적 효과는?

1997년 화성 탐사선(Mars Pathfinder; 화성 길잡이)은 전통적 방식보다 훨씬 저렴한 비용(예산: 약 2.6억 달러)으로 화성 착륙과 탐사에 성공했습니다. 1998년 Deep Space-1 우주비행선은 자동 항법 시스템과 이온 엔진 시험을 저비용으로 주어진 임무를 달성했습니다. 1997년 화성 탐사선 Mars Pathfinder 프로젝트는 2.8억 달러의 저비용과 빠른 개발 일정으로 화성 착륙과 탐사에 성공했습니다. 1996년 소행성 탐사 프로젝트 NEAR Shoemaker는 최초로 에로스 소행성 착륙에 성공했습니다. 1998년 달 탐사선 Lunar Prospector는 월면에서 수소 및 물의 흔적을 탐지했습니다. NASA는 단기간 내에 다수의 임무를 수행할 수 있게 되어 1990년대 NASA 우주비행선의 임무 수행은 약 2배 증가하게 되었습니다. 또한, NASA는 우주기술 혁신을 주도하여 민간 우주 기업들이 소형 위성 및 저비용 발사체 등을 개발할 수 있도록 민간 협력을 확대하였습니다. 이러한 업적을 통하여 NASA는 보수적이고 관료적인 이미지를 벗어나 민첩한 우주 기관 이미지로 변신하게 되었습니다.

FBC 경영철학의 한계는?

NASA의 경영철학 "Faster, Better, Cheaper(FBC)"는 세 마리 토끼를 동시에 다 잡을 수 없었습니다. 예를 들면, 중대형 위성을 제작하는 데 개발 기간은 보통 4년입니다. 그런데 개발 기간을 2년으로 축소하게 되면, 개발 기간이 줄어든 만큼 더 많은 인력과 개발 비용을 더 투입해야 애초 예정했던 규격에 맞게 위성을 개발할 수 있습니다. 즉, "개발 기간을 축소하고 개발 비용을 줄이면 원하는 규격의 위성을 개발할 수 없다는 것"이 일반적인 위성 시스템 개발 원칙(Rule)입니다. 따라서, 개발 기간을 더 짧게 하고 개발 비용을 더 축소면서 더 좋은 품질의 위성을 개발하는 것은 불가능하며, FBC 철학은 논리적으로 모순이 됩니다. FBC 철학에 따른 Faster, Cheaper 등 복수 임무의 동시 수행은 우주개발 사업의 관리 부실을 초래하게 했습니다. 그 사례는 1999년 화성 기후 탐사 궤도선 (Mars Climate Orbiter) 및 1999년 화성 극지방 착륙선 Mars Polar Lander(Mars Climate Orbiter; 화성 기후 궤도선) 등을 꼽을 수 있습니다.

FBC 경영철학의 문제점은?

NASA는 빠른(Faster) 개발로 인해 시험(Test) 및 분석 부족 등으로 개발 제품에 결함이 발생하여 개발 제품의 품질(Better) 저하와 실패율 증가, 안정성 저하를 가져왔습니다. 또한, NASA의 과도한 개발 예산 절감(Cheaper)으로, 해당 프로젝트에 개발 자원이 부족하게 되고 참여 인력은 과로로 인해 능력이 반감되기도 하였습니다. 1999년 화성 탐사선의 연속된 실패는 NASA의 우주개발 신뢰성을 크게 떨어지게 하였습니다. NASA의 FBC는 복잡한 임무 수행에 부적합하고, FBC는 간단하거나 우주탐사 중심 임무에 적합하지만, FBC는 유인 우주비행선이나 복합 시스템에는 한계가 분명히 있었습니다. 2000년대 초 NASA는 화성 탐사선 임무 수행이 연속적으로 실패한 이후 NASA는 내부 평가를 통해 FBC는 완전한 폐기는 아니나 "Smarter(더 똑똑한)" 개념을 추가하여 수정하게 되었습니다. 그 이후, NASA는 '위험 정보 접근(Risk-informed approach)'으로 경영철학을 전환하고 안전, 과학적 가치, 비용 절감 순으로 우선순위를 정하게 되었습니다. 미국 NASA는 아폴로 11호 달 착륙, 패스파인더(Pathfinder) 화성 탐사선 화성 착륙 등 매스컴을 통해 그 존재가 널리 알려졌습니다. 하지만, DARPA는 특별히 알려지지 않은 미국의 최고 국방 우주 연구기관으로, 국방, 우주, 정보 통신(IT; Information Technology) 등 관련 분야의 연구개발을 주도하며 기존 시장의 판도를 바꾸고 파괴(Disruptive)할 수 있는 최첨단 기술과 제품을 창출하고 있습니다.

DARPA는 언제 경영철학을 high risk, high return으로 택했을까?

DARPA가 경영철학으로 "High Risk, High Return(개발 위험이 크면, 더 많은 수익이 돌아온다)" 접근을 공식화한 시점은 1960년대부터입니다. 이 철학은 창립 초기인 1958년 스푸트니크 쇼크 직후, 미국 국방부가 우주기술 패권을 확보하고자 DARPA를 창설한 직후부터 암묵적으로 존재했지만, 1970~80년대에 걸쳐 점점 명문화되고 제도화되었으며, 2000년대 이후 본격적으로 정부 기술 혁신 전략의 핵심 기조로 정착하게 되었습니다.

DARPA의 경영철학은 어떤 효과를 가져왔을까요?

DARPA는 실패 가능성은 높지만 성공하면 게임체인저(Game Changer)가 되는 기술에 투자하여 기존 시장의 판도를 바꾸고 파괴(Disruptive)할 수 있는 최첨단 기술과 제품을 창출했습니다. DARPA가 개발한 최첨단 기술은 아르파넷(ARPANET)으로 불리었던 인터넷, GPS, 드론, 자율주행, 음성인식, 인공 지능 기술 등을 꼽을 수 있습니다. DARPA는 실패를 수용하고 도전을 장려하는 구조의 조직문화를 조성했습니다. DARPA는 "연구 성과보다 기술 혁신을 시도했는가"를 중요시합니다. 또한, DARPA는 프로젝트 실패율은 높지만, 성공 사례가 세상을 바꾸는 정도의 충격(Impact)을 지닌 정도를 판단하는 등 연구자들이 도전적인 아이디어를 자유롭게 제안할 수 있는 환경을 형성했습니다. DARPA는 미국 내 대학교, 민간기업, 스타트업, 벤처와 유연하게 협력하고 DARPA가 없으면 실리콘밸리 생태계가 없어질 정도로 DARPA는 벤치마킹(Banchmarking)의 대상이 되고 있고, 실리콘밸리 기업에 기술 이전을 통해 실리콘밸리 기업들의 기술 혁신을 촉진하고 있습니다.

NASA와 DARPA가 미국 우주산업에 미친 영향은?

NASA는 아폴로 계획, 허블 망원경, 우주 과학 발전 등을 통해 미국의 과학적 지배력을 강화했습니다. NASA는 민간 파트너십을 확대하여 상업용 궤도 수송 서비스(COTS; Commercial Orbital Transportation Services) 개발을 추진하였고, GPS, 위성, 센서 기술, 신소재 개발 등으로 우주기술을 확산하는 데 크게 공헌했습니다. NASA의 3대 업적인 "Apollo 프로그램의 달 착륙", "재사용 우주 수송(Reusable space transportation) 프로그램", "태양계 밖을 탐사하고 있는 보이저 프로그램"을 확장하면, NASA의 10대 대표적 업적을 찾을 수 있습니다. 과연 NASA의 10대 업적은 무엇일까? 한때 인간에게는 불가능처럼 보였던 달 탐사도 이제는 역사적 사실이 되었고, 이는 우주기술의 힘을 상징적으로 보여주는 사례입니다. 우주기술은 인간의 꿈과 상상을 현실로 바꾸어왔고, 그 과정에서 NASA에 의해 많은 기적과 같은 경이로운 사례는 NASA의 대표적 10대 업적으로 표출되고 있습니다.

옛날 옛적, 모든 사람은 하늘에 떠 있는 달을 바라보며 이런 생각을 했습니다. "저 달에 인간이 가볼 수 있을까?" 사람들은 말했습니다. 그건 꿈일 뿐이야. 달은 너무 먼 곳에 있잖아! 하지만, 과학자들과 우주 기술자들은 그 꿈을 포기하지 않았습니다.

표 6-1. NASA의 10대 업적

순서	주요 내용	비고
1대 업적	아폴로 11호 달 착륙	세계 최초 유인 달 탐사
2대 업적	우주왕복선 프로그램	Shuttle은 재사용 로켓 사용
3대 업적	보이저 탐사선(Voyager-1, 2)	태양계를 벗어나 새로운 우주여행
4대 업적	허블 우주망원경	우주의 나이, 은하, 블랙홀 등 제공
5대 업적	화성 로봇 로버 프로그램	자율 주행 로버로 화성 탐사
6대 업적	우주 통신 및 GPS 기술	인간의 삶의 질을 향상에 기여
7대 업적	기후 변화 연구 및 지구관측	인간의 안전한 삶 도모
8대 업적	마젤란 탐사선(Magellan)	금성의 지질과 기후 연구
9대 업적	제임스 웹 우주 망원경	최초 은하, 초기 별 탄생 기원 연구
10대 업적	국제우주정거장(ISS)	우주 연구소에서 우주 실험 수행

무려 10년 동안 커다란 로켓과 달 착륙선을 만들어, 마침내 1969년, 닐 암스트롱은 아폴로-11 달 탐사선을 타고 달에 도착했습니다. 그는 말했습니다, 그것은 인간에게는 작은 발걸음이지만, 인간에게는 거대한 도약입니다." 인간의 오래된 꿈이 진짜로 이루어진 것입니다. 이것이 NASA의 1대 업적입니다.

2대 업적은 인간 최초의 재사용 우주왕복선인, 스페이스 셔틀 프로그램 (Space Shuttle Program)입니다. 스페이스 셔틀은 1981년부터 2011년까지 수많은 위성, 허블 망원경 발사 및 국제우주정거장 건설 등에 기여했습니다.

3대 업적은 1977년에 발사된 보이저 탐사선 (Voyager-1 & 2)입니다. 지구에서 아주 멀리멀리 가는 우주비행선을 만들면 어디까지 갈 수 있을까? "지금까지 본 적 없는 세상까지!" 그래서 만든 우주비행선이 보이저 탐사선-1입니다. 지금 보이저 탐사선은 태양계를 벗어나 새로운 우주여행을 하면서 목성, 토성, 천왕성, 해왕성 등 외행성에 근접하여 촬영하고 있습니다.

4대 업적은 1990년 발사된 허블 우주망원경 (Hubble Space Telescope)입니다. 인간은 밤하늘의 별들을 자세히 보려면 망원경이 필요합니다. 하지만 지구에는 공기가 있어서 별이 잘 안 보입니다. 그래서 과학자들은 망원경을 아예 우주로 보내기로 했습니다! 그게 바로 허블 우주망원경입니다. 허블 우주망원경은 우주의 비밀을 살짝 보여주는 '마법의 눈'과 같습니다. 허블 우주망원경은 우주의 나이, 은하, 블랙홀 등 핵심 과학 정보를 제공했고, 일반대중에게 우주를 시각적으로 가깝게 소개했습니다.

5대 업적은 화성 로봇 로버인 스피릿(Spirit), 오퍼튜너티(Opportunity), 큐리오시티(Curiosity), 퍼서비어런스(Perseverance) 등이 활동한 화성 탐사 프로그램입니다.

인간이 직접 가지 못하는 먼 곳 화성엔 누굴 보낼까? 바로 퍼서비어런스가 대표적인 화성 로봇 로버입니다. 일부 NASA 사람은 퍼서비어런스를 "퍼시"라고 불렀어요! 퍼시는 화성 땅을 뚫어보고, 흙을 채취하고, 사진도 찍습니다. 때론 혼자서 길도 찾아다닙니다. 정말 똑똑하죠? "화성에 생명체가 있었을까?" 퍼시는 그 비밀을 찾고 있습니다.

6대 업적은 우주 통신 및 GPS 기술 등의 우주기술의 발전입니다. 시골이나 산속에서는 인터넷이 잘 안되던 시절이 있었습니다. 그런데 지금은 우주에 떠 있는 작은 통신위성들 덕분으로 어디서든 인터넷은 터지고 있습니다! 인터넷이 우주에서 오고 있다니, 정말 신기한 일입니다. 우주기술은 위성 통신, 내비게이션, 기상예보 등 현대 생활의 핵심 기술로 발전되어 인간의 삶을 풍요롭게 하는 데 기여하고 있습니다.

7대 업적은 기후 변화 연구 및 지구관측입니다. 우주 공간에 떠 있는 기상위성과 환경 위성은 매일 지구를 지켜보고 있습니다. 태풍이 올지, 미세먼지가 많은지, 바다가 어떻게 변하는지도 살피고 알려 줍니다. "지구야, 괜찮니? 우리가 잘 지켜줄게!"

이 위성들 덕분에 우리는 안전하게 생활할 수 있습니다.

8대 업적은 1989년 발사된 마젤란 탐사선(Magellan)입니다. 마젤란 탐사선은 금성 표면을 레이더로 정밀 지도화했으며, 금성 지질과 기후를 이해하는 데 커다란 기여를 했습니다.

9대 업적은 2021년 발사된 제임스 웹 우주 망원경 (James Webb Space Telescope)입니다. 제임스 웹 우주 망원경은 허블 우주 망원경보다 훨씬 파장이 긴 적외선 우주 관측이 가능합니다. 제임스 웹 우주 망원경은 최초 은하, 초기 별 탄생 등 우주 기원 연구에 기여하고 있습니다.

10대 업적은 1998년부터 우주에 설치된 국제우주정거장(ISS)입니다. "우주에 집을 지으면 어떨까?" 이런 멋진 생각을 미국 NASA는 했습니다. 그래서 여러 나라가 힘을 합쳐 우주에 커다란 집을 만들었습니다. 그것이 바로 국제우주정거장입니다. 그 안에서는 우주 비행사들은 밥을 먹고, 잠도 자고, 실험도 합니다. 우주에서 인간이 살아갈 수 있다는 걸 보여준 것입니다. NASA의 가장 큰 업적의 상징은 "Apollo 달 착륙, 스페이스 셔틀, 허블 망원경, 보이저 탐사선의 우주탐사, 그리고 화성 탐사"입니다. 이에 비해, DARPA는 초기 Space X 및 민간 우주비행선에 과

감한 투자를 하여 민간 우주산업의 촉매제 역할을 하였습니다. DARPA는 미래 우주전(Space War)에 대비하여 궤도 위의 군사 플랫폼 개발, 위성 군집 기술 연구를 수행하였습니다. DARPA는 인터넷, GPS, 로봇공학 등 핵심 기반 기술을 민간기업에 기술 이전(Technology Transfer)을 통해 지원했습니다. DARPA가 세계 최초로 내세울 수 있는 혁신적 기술 개발 제품은 무엇일까? 혁신적 기술 개발 제품은 공공 서비스 향상과 기술 혁신을 위해 공공성과 혁신성이 인정되는 제품입니다.

표 6-2. DARPA의 혁신적 기술개발 제품

순위	주요 내용	비고
1	인터넷	세계 최초 전 세계 통신망
2	GPS	세계 최초 위성 항법시스템
3	자율 자동차	지능형 기술과 자동차 기술이 융복합 체계
4	드론 및 무인기	세계 최초 무인항공기
5	스텔라 비행기	세계 최강 초음속 비행기
6	수동형 레이더	적의 전파를 역추적하여 적의 위치 탐지
7	무인 항공기	항법기술과 인공지능 자율 기술의 융복합 체계
8	초음속 전투기	단거리 이륙-수직 착륙 가능
9	다 족(feet) 보행 로봇	상상을 초월하는 운동 성능 보유

세계 최초로 DARPA가 주도적으로 창출한 기술 개발 성과는 우리가 매일 즐겁게 사용하는 인터넷 기술, GPS 기반 기술, 자율 자동차 기술, 드론 및 무인기 기술, 스텔라 비행기 기술 등으로, 개발 위험은 매우 크지만, 개발 후 돌아오는 금전 혜택은 매우 큰 것으로 확인되고 있습니다.

그 외에 DARPA의 온갖 기상천외한 연구의 결과물은 매우 뛰어난 발명품들이 되었습니다. 이를테면 적의 전파를 역추적하여 3각 측량법으로 적의 위치를 찾아내는 수동형 레이더, 무인 항공기, 단거리 이륙-수직 착륙이 가능한 초음속 전투기, 상상을 초월하는 운동 성능을 보여주는 다 족(feet) 보행 로봇 등은 DARPA의 지원을 통해 핵심 기술로 개발될 수 있었습니다. 2016년 10월 DARPA는 뇌와 컴퓨터 간의 연동(interface) 기술을 통해 감각 신호를 재현하는 기술을 개발했습니다. DARPA는 2017년 2월부터 인간과 다른 생물이 안테나나 무선주파수(RF) 송출 장비를 사용하지 않고 생물학적으로 전파를 상호 교신할 수 있는 텔레파시 통신 기술 연구를 수행하고 있습니다.

NASA와 DARPA의 우주 프로그램 파급 효과는 누가 더 대단할까?

NASA는 우주 과학을 기반으로 우주기술 개발을 확대하며, 우주기술의 상업화를 유도하고 있습니다. NASA는 우주개발 프로젝트의 실패에 대단히 민감하여 보수적인 변화를 추진하고 있습니다. 반면에, DARPA는 민간기업의 혁신 기술을 견인하면서 DARPA가 개발한 우주기술을 군과 민에게 기술 이전을 주도하고 있습니다. DARPA는 연구개발의 실패를 허락하고, 반복 시험 등을 통해 기술을 완성하는 전략을 추진하고 있습니다.

표 6-3. NASA와 DARPA의 경영철학 비교

항목	NASA	DARPA
경영철학	Faster, Better, Cheaper	High Risk, High Return
목표	효율적 과학 탐사, 공공 이익	국방 우위 확보, 급진적 혁신
조직 운영	프로젝트 중심, 안정성 중시	작고 민첩한 팀, 빠른 시험
실패 대응	실패에 민감, 보수적 변화	실패 수용, 반복 시험
우주산업 기여 정도	우주 과학 기반 확대, 우주기술 상업화 유도	민간의 혁신 기술 견인 및 우주기술의 군·민 이전 주도

우주기술의 스핀오프와 로봇 기술, 인공 지능 기술, 생명공학 등과 연계한 우주산업 고도화 방안을 찾는다.

먼저 우주기술의 스핀오프와 로봇 기술, AI 기술, 생명공학 등과 융복합되어 연계되는 우주산업의 고도화 방안을 살펴보겠습니다. 우주기술은 다양한 첨단 기술들과 융복합되어 새로운 산업을 창출하거나 기존 산업을 고도화하는 원천이 되고 있습니다. 특히 로봇 기술, 인공 지능 기술, 생명공학 등과의 융합은 우주산업의 혁신과 고도화를 가속화하고 있습니다.

우주기술의 스핀오프(Spin-off)와 파급 효과는?

의료 분야는 우주비행 중 생체정보 모니터링 기술이 스핀오프 되어 원격진료 및 웨어러블(Wearable) 의료기술로 발전하고 있습니다. 소재, 소자 분야는 열 차단 소재, 방사선 차폐 소재 등 극한 환경 대응 우주기술이 스핀오프 되어 항공, 자동차, 군사 등에 응용되고 있습니다. 식품 및 물 처리 분야는 우주 식량, 폐수 정화 기술 등이 스핀오프 되어 지상 재난 대응 및 군수 분야 기술에 적용되고 있습니다.

융복합 분야별 고도화 전략은?

우주기술과 로봇 기술의 융복합은 무인 탐사 로봇(Robot), 우주비행선 내부 자동화, 위성 유지보수 로봇, 달과 화성 탐사용 지상 이동 로봇 및 휴머노이드(Humanoid) 로봇 기술로 고도화되고 있습니다. 우주기술과 로봇 기술의 융복합 고도화 방안은 자율주행 및 인공 지능 기반 제어 알고리즘 개발, 진공, 고온 및 저온, 방사능 등 극한 환경 대응 로봇 기술 개발과 로봇 기반 국제우주정거장, 달 우주정거장인 Gateway 등 우주기지의 정비를 자동화하는 방향으로 추진하는 것입니다.

우주기술과 인공 지능 기술의 융복합은 위성 데이터 분석, 우주탐사 경로 계획 수립, 우주비행선 내부 자율 관리에 연계되어 발전하고 있습니다. 우주기술과 인공 지능 기술의 융복합 고도화 방안은 위성 영상 AI 분석을 통한 국방, 재난, 농업, 환경 모니터링. 우주비행선의 자율 항해 및 문제 해결 기능 개발, 그리고 AI 기반 위성군(Satellite Constellation)의 최적 운용 시스템을 개발하는 것입니다. 우주기술과 생명공학의 융복합은 우주 미세중력 환경에서의 생체 반응 연구와 우주에서의 식량, 의약, 면역, 생체 리듬 등에 대한 인간 생존 기반 기술이 연계되어 발전되고 있습니다.

우주기술과 생명공학의 융복합 고도화 방안은 우주 유전체 변화를 분석하여 희소 질환 연구 및 신약 개발에 활용하고, 우주탐사의 지속 가능성을 위해 폐쇄형 생명유지시스템(CELSS; Closed Ecological Life Support System) 및 미생물 기반 자원순환 기술을 개발하는 것입니다. 그리고 인공장기 및 조직 재생 기술에 대한 우주 환경 실험을 확대하는 것입니다.

융복합 기반 산업 생태계 조성 전략은?

우주 원천기술을 타 산업과 연계한 산업 전환형 연구개발을 지원하는 체계를 구축하여야 합니다. 또한, 산학연 협업 플랫폼으로 융합형 우주-융복합 클러스터(예컨대, 로봇 기술, 인공 지능(AI) 및 생명공학 융합 연구단지) 조성과 융복합 분야에 대한 규제 유예제도 및 기술사업화 촉진 정책을 마련하는 것입니다. 우주산업은 더 이상 독립적 기술 산업이 아니라 첨단 융복합 기술의 총집합체입니다. 로봇, 인공지능(AI), 생명공학 등의 기술과 적극적으로 통합함으로써 우주산업은 국가 전략 산업으로서 성장 가능성을 극대화할 수 있습니다. 이를 위해 정부는 융합형 연구·개발, 성능시험장 제공, 민간 참여 확대 등의 전략적 지원을 강화해야 하며, 민간기업은 이를 활용해 세계 시장을 선도할 수 있는 융합 우주기술을 선점해야 합니다.

2장

촉망받을 미래 유망 우주 사업은 무엇인가?

우주산업의 먹이사슬이 무엇일까?

우주산업의 먹이사슬은 가치사슬이라고도 합니다. 우주산업의 먹이사슬 구조를 이해하기 쉽게 시각화하면 아래와 같습니다.

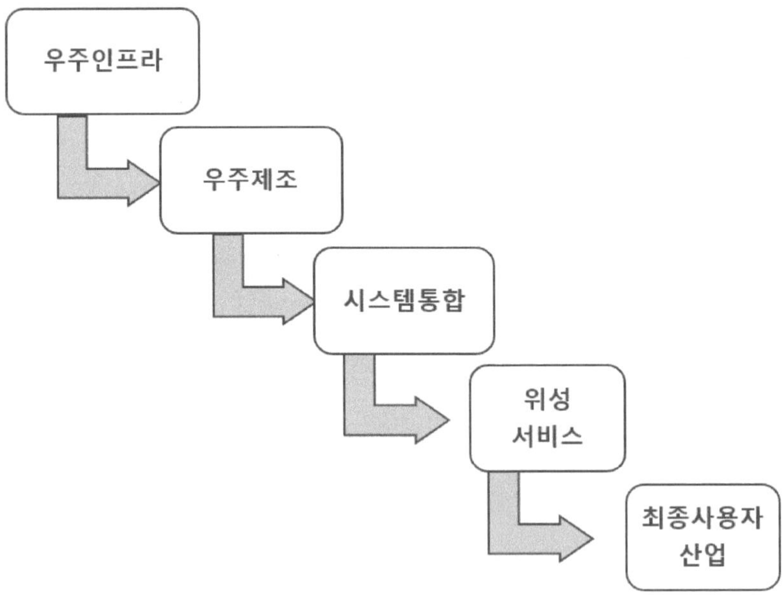

그림 6-3. 우주산업의 먹이사슬 구조

우주산업의 먹이사슬은 우주기술과 서비스가 어떻게 단계적으로 만들어지고, 연결되고, 활용되는지를 설명하는 체계입니다. 각 단계는 앞 단계의 결과물을 활용하여 새로운 제품이나 서비스를 만들어 내며, 이 과정에서 다양한 산업과 기업들이 상호 의존적으로 참여합니다. 다음은 우주산업 먹이사슬을 6단계로 나누고, 단계마다 예시를 들어 살펴보겠습니다.

1. 우주 인프라 (Space Infrastructure)

우주 인프라는 우주 활동을 가능하게 하는 기본 장비와 시스템입니다. 예를 들면, 발사체 시스템은 Space X Falcon 9, 누리호 등입니다. 발사체 발사장 및 우주센터는 NASA 케네디 우주센터, 밴덴버그 발사장, 우주정거장, 우주 공항(Spaceport), 지상관제소 등입니다.

2. 우주 제조 (Space Manufacturing)

우주 제조는 위성, 우주비행선, 탐사 로봇 등 하드웨어 부품과 장비를 제작하는 것입니다. 예를 들면, 위성 본체, 태양광 패널, 추진계(Propulsion system), 탑재체, 위성 관제 시스템, 위성 지구국 등입니다. 우주기업은 스페이스 X, 블루 오리진, 에어버스 디펜스, 노스롭 그루먼, 한화에어로스페이스 등입니다.

3. 시스템 통합 (System Integration)

시스템 통합 부품들을 하나의 위성 및 발사체 시스템으로 조립하고 시험하는 것입니다. 예를 들면, 위성 조립 및 기능시험, 통신 시스템과 탑재체 연동 시험 등입니다. 우주기업은 록히드 마틴, 보잉 에어로스페이스, KAI(Korea Aerospace Industries, Ltd., 한국항공우주산업) 등입니다.

4. 위성 서비스 (Satellite Services)

위성 서비스는 위성 기반의 지구관측 자료수집, 기상 관측, 위성 통신 등 서비스를 제공하는 것입니다. 예를 들면, 위성 통신 서비스는 Starlink, 원웹, KT-SAT 등입니다. 정밀 위치정보(GPS) 서비스는 미국 GPS, 유럽 갈릴레오, 중국 베이더우 등입니다. 지구관측을 위한 원격탐사 서비스는 코페니쿠스(Copernicus), 다목적 실용위성(KOMPSAT; Korea Multipurpose Satellite) 등입니다.

5. 최종 사용자 산업 (End-User Industries)

최종 사용자 산업은 위성 서비스를 활용하는 일반 산업과 소비 시장입니다.

우주 먹이사슬의 예시는?

항법위성 GPS를 활용한 항공, 해운, 그리고 농업은 항로 관리, 그리고 자동 트랙터 작동 등입니다. 기상청, 재난 안전 관리청 등은 기상위성을 이용하여 원격탐사로 산불 등을 감지합니다. 항법위성에 의한 스마트폰과 위치 기반 앱을 이용한 내비게이션 등이 있습니다.

우주 먹이사슬의 예시 시나리오는?

한화에어로스페이스가 지구관측위성의 부품 제조하고, KAI가 지구관측위성을 조립한 후 정부가 누리호로 관련 지구관측위성을 발사할 경우, 한국항공우주연구원은 지구관측위성을 통하여 농지 생육 상태를 관측하게 됩니다. 이때, 정밀 농업 기업이 지구관측위성의 데이터를 분석해 농민에게 관련 정보를 제공하게 됩니다. 우주산업의 먹이사슬은 단순히 로켓을 발사하는 데 그치지 않고, 하드웨어 → 시스템 → 서비스 → 산업 전반으로 이어지는 복합적 가치사슬입니다. 따라서, 하나의 위성 발사에는 수많은 기업과 기술 분야가 함께 참여하게 됩니다.

미래 유망 우주 사업에 진입하려는 스타트업, 중소기업이나 신흥 우주 강국은 기술, 자본, 정책 환경, 동반관계 등을 종합적으로 고려한 전략이 필요합니다. 여기서는 시장 진입 전략을 전체 산업 구조 분석 → 진입 단계 → 세부 전략 순으로 알아보겠습니다.

우주산업의 구조(가치사슬; Value Chain)

발사체 사업은 로켓 설계, 제작, 발사 서비스를 제공하는 사업으로, 초소형 발사체, 재사용 발사체, 친환경 연료 등은 유망사업 진입 분야입니다. 위성 시스템 사업은 위성 제작, 위성 센서, 통신 탑재체 등 부품의 모듈화, 민간 위성 플랫폼 제작, 위성 지상국 등 인프라 구축 등을 제공하는 사업으로, 위성 통신, 위성 데이터 수신 및 처리, 그리고 클라우드 및 AI 기반 위성 데이터 분석 등은 유망사업 진입 분야입니다. 우주 서비스 사업은 우주에서 수행되는 사업으로, 우주 급유 및 수리, 위성 궤도 변경, 우주 쓰레기 청소 등의 업무를 제공하는 사업으로, 우주 광물 채취, 우주 호텔, 우주 농업 등은 신규 진입 가능성이 높은 분야입니다. 응용 서비스 사업은 원격탐사, 위치정보, 우주 농업 등으로 AI 기술과 우주기술의 융복합으로 이루어지며, 위성 데이터의 상업화는 신규 진입 가능성이 높은 분야입니다. 특히, 우주 급유 및 정비, 우주 쓰레기 청소는 아직 초기 단계로, 혁신 스타트업에 유리한 틈새시장으로 생각됩니다.

우주 시장 진입 단계별 전략은?

1단계 : 우주 관련 시장 조사 및 진입 기회 분석 단계입니다.

이 단계에서는 저궤도, 중궤도, 정지궤도 등 목표 궤도 및 정부 기관, 민간기업, 국제기구 등 고객군을 분석해야 합니다. 또한, 시장 활용의 불편한 요소 혹은 시장 위치의 공백 지점을 파악해야 합니다. 예를 들면, "위성 연료 잔량 부족 문제"는 우주 급유 서비스를 제공해야 합니다. 위성 충돌 경고 빈도의 증가는 우주 쓰레기 잔해 제거의 수요를 증가하게 합니다.

2단계 : 우주기술 개발 및 차별화 요소 확보 단계입니다.

이 단계에서는 모형 시뮬레이션, 지상 시험, 초소형 위성(CubeSat) 기반 실증 등을 시장에 빠르게 진입하고, 제품 개발을 효율적으로 진행하기 위한 핵심 기능만 가진 가장 기본적인 모델을 출시하는 최소 실행 제품(MVP; Minimum Viable Product)을 구축해야 합니다. 자동 도킹 기술, 정밀 센서, 연료 효율성, AI 궤도 제어 기술 등 경쟁사 우주기술에 대비한 차별점을 확보해야 합니다. 우주기술 관련 특허 확보 및 기술 방어 전략을 수립하여야 합니다.

3단계 : 전략적 동반관계 및 협력 단계입니다.

이 단계에서는 NASA, ESA, JAXA 등 공공기관과 협력 연구 수행 또는 공모전에 참여하여야 합니다. OneWeb, Space X, Planet 등 대형 위성 운용사 등과 개념 검증을 계약해야 합니다.

4단계 : 투자 유치 및 정부 지원 활용 단계입니다.

이 단계에서는 초기에 정부 연구개발 자금, 우주청 등으로부터 국가 우주개발 프로젝트를 수주하는 것이 핵심입니다. 우주 전문 벤처캐피털(Benture Capital) 또는 방산 기업의 전략적 투자를 유치해야 합니다.

5단계 : 실증 및 궤도 비행 유산(Flight Heritage) 확보 단계입니다.

이 단계에서는 고객 신뢰를 확보하는 차원에서 큐브위성 또는 소형 위성을 통해 우주에서 기술 실증을 수행해야 합니다. 우주 환경에서 검증된 제품 혹은 서비스만이 본격적 수익 창출이 가능합니다.

우주 급유 및 정비 사업과 우주 쓰레기 청소 사업을 위주로 세부 시장 진입 전략은?

우주 급유 및 정비 사업의 시장 진입의 난제(difficult problem)는 고정밀 도킹, 극저온 연료 취급 등 기술의 난이도가 높습니다. 하지만, 우주 쓰레기 청소 사업의 난제는 궤도 추적, 물리적 제거 시스템이 복잡한 구조입니다. 우주 급유 및 정비 사업의 시장 진입의 전략은 위성 연료 연결 장치(connector; 커넥터) 표준화에 참여하고 소형 위성 급유를 시범적으로 실증하는 것입니다. 우주 쓰레기 청소 사업의 시장 진입 전략은 우주 쓰레기 제거용 드론을 개발하여 우주에서 시연하는 것입니다.

표 6-4. 우주 급유 및 정비 사업과 우주 쓰레기 청소 사업의 시장 진입

구분	우주 급유 및 정비 사업	우주 쓰레기 청소 사업
시장 진입 장점	위성 운용사 등 고객이 명확함, 정기 수요가 예상됨	공공 주도사업자 다수, 국제협력 가능성이 높음
시장 진입 어려움	고정밀 도킹, 극저온 연료 취급 등 기술의 난이도 높음	궤도 추적, 물리적 제거 시스템이 복잡한 구조임
진입 전략	위성 연료 커넥터 표준화에 참여, 소형 급유 시범	우주 쓰레기 제거용 드론 개발
고객군	민간 위성 사업자, 정부 및 군위성 운용기관 등	국가 우주 기관, 국제 우주 안전 기구 등
시장 확장	우주 택배, 달/화성, 연료 기지 연계 가능	우주 쓰레기 청소 사업은 우주 자원화, 재활용까지 확장 가능

미래에 주목받을 우주 사업을 꼽는다면 그 사업에는 어떤 종류가 있을까요?

미래에 주목받을 우주 사업은 점점 다양화되고 있으며, 단순히 위성 발사나 우주 탐사에 그치지 않고 상업성, 지속 가능성(sustainability), 산업 연계성을 갖춘 분야로 확장되고 있습니다. 다음은 유망한 우주 사업 분야를 차례로 알아보겠습니다:

1. 저궤도 위성 통신 사업(Low Orbit Satellite Communication Business)

저궤도 위성 통신 사업의 주된 목적은 지구 저궤도에 통신위성을 수천 개 띄워 전 세계에 인터넷을 보급하고 군사 및 재난 통신 인프라를 확보하는 것입니다.

2. 우주 관광 사업 (Space Tourism Business)

우주 관광 사업은 준궤도 관광, 달 유영, 우주 호텔 등이 있습니다. 우주 관광의 고객층은 초 고소득자층 중심에서 점차 대중화될 것으로 예견됩니다.

3. 우주 연구소 및 실험실 사업(Space Research Station and Experimental Lab Business)

우주 연구소 및 실험실 사업의 주된 목표는 미세중력을 이용하여 의약, 반도체, 생명공학 등에 관한 실험과 관련 제품을 제작하는 것입니다. 우주 연구소 및 실험실 사업은 민간기업 등에 우주 연구소 서비스를 제공합니다.

4. 우주 태양광 발전 사업(Space Solar Power Generation Business)

우주 태양광 발전 사업은 우주에서 태양광을 통해 전력을 생산하여 마이크로파나 레이저로 지구에 송전하는 것을 골자로 합니다. 우주 태양광 발전 사업의 기술적 과제는 효율성, 송전의 안정성, 에너지 저장 기술 등입니다.

5. 우주 급유 및 정비 사업(Space Refueling and Maintenance Business)

우주 급유 및 정비 사업은 위성에 연료를 보급하고 위성의 궤도 수정 및 우주 정비를 통해 위성의 수명을 연장하는 서비스를 제공합니다. 우주 급유 및 정비 사업은 위성 등 우주비행선의 수명 연장이 가능하여 수십억 달러 이상을 절감하는 효과를 창출할 것입니다.

6. 우주 쓰레기 청소 사업(Space Debris Removal Business)

우주 공간에 수많은 궤도 잔해가 발생하여 위성 간 충돌 위험 증가, 우주 통신 신호 장애 등을 유발할 가능성이 높아 이에 대한 대응책으로 우주 쓰레기 제거를 목적으로 하는 우주 쓰레기 청소 사업이 필요하게 되었습니다. 우주 쓰레기 제거 기술에는 자석 혹은 그물에 의한 우주 쓰레기 회수 기술, 레이저를 통한 우주 쓰레기 궤도 이탈을 유도하는 방법 등이 있습니다.

7. 우주 광물 채굴 사업 (Asteroid Mineral Mining Business)

우주 광물 채굴 사업의 대상은 우주 소행성, 달과 화성 등의 천연광물인 인 백금, 니켈, 금, 헬륨-3, 우라늄, 희토류 광물 등입니다. 우주 광물 채굴 사업은 지구의 자원 고갈의 혁신적 대안이며 인간의 우주 거주를 위한 연료 확보 수단이 될 수 있습니다.

그 외 우주 거주 및 인프라(Space Habitat & Station) 사업 및 우주 기반 제조업 (In-Space Manufacturing) 사업을 꼽을 수 있습니다. 우주 거주 및 인프라(Space Habitat & Station) 사업은 민간 우주정거장, 달 기지, 화성 거주지 건설을 목적으로 합니다. 우주 기반 제조업(Space Based Manufacturing) 사업은 미세중력 아래에서 고순도 결정, 초정밀 구조물 제작, 반도체, 의약품, 광섬유 등 고부가가치 제품 제조를 목적으로 합니다.

저궤도 위성 통신 사업(Low Orbit Satellite Communication Business)은?

지난 20년 동안 전 세계 무선통신의 규모와 속도가 놀랄 정도로 커져서 5년마다 10배씩 증가했습니다. 국제 데이터 공사(IDC; International Data Corporation)와 캘리포니아 대학 버클리(UC Berkeley) 보고서에 따르면, 2000년 한 해 동안 전 세계에서 생성, 복제, 또는 소비된 전체 디지털 데이터양은 150만 테라바이트(TB)로 추정되었습니다. 씨게이트 및 국제 데이터 공사 "데이터 시대 2025" (Seagate & IDC "Data Age 2025") 보고서 확장 모델에 의하면, 2030년에 전 세계 디지털 데이터 생성량은 6억 1,200테라바이트에 이를 것으로 전망하고 있습니다. 데이터 전송시장은 이미 거대하고 계속 폭발적으로 성장하고 있습니다. 그 엄청난 수요를 어떻게 맞출 수 있을까요? 위성 통신사업자는 자신들이 이에 대한 적절한 대안이 있다고 생각합니다. 그 대안은 방대한 저궤도 통신위성들을 하나의 형태로 만드는 군집형 통신위성 시스템입니다. 저궤도 위성 통신은 6G 통신의 핵심 요소로 주목받고 있습니다. 스페이스 X는 저궤도 위성 3,400기를 통해 북미, 유럽 등 40여 개국에서 서비스를 제공하고 있습니다. 영국 원웹은 428기를 발사해 이미 위성 인터넷 서비스를 시작했습니다. 아마존은 카이퍼 위성 시스템을 통해 저궤도 통신위성망을 구축하고 있습니다.

6G 통신은 2030년대에 본격적으로 상용화할 전망입니다. 차세대 통신은 우주, 바다, 사막 등 지구 전 지역이 연결될 것입니다. 저궤도 통신위성은 정지궤도 통신위성에 비해 통신 지연 시간이 짧고, 부품은 비교적 저렴하며, 지상망이 닿지 못하는 지역까지 연결할 수 있으므로 전 세계로부터 주목을 받고 있습니다. 현재까지 위성 통신은 지구 중심에서 약 36,000km 떨어져 있는 정지궤도 위성 중심으로 이뤄졌습니다. 정지궤도 위성은 3기의 위성만으로 전 지구를 커버할 수 있고, 수명은 약 15년 이상으로 기다랗습니다. 저궤도 위성은 궤도가 300~2,000km이므로 위성이 신호를 송수신할 수 있는 지리적 영역이 좁은 대신 위성과 지구국 간의 거리가 짧아 정지궤도 위성에 비해 통신 지연 시간이 짧습니다.

표 6-5. 정지궤도 위성과 저궤도 위성의 특성

위성의 궤도별 특성		
구분	저궤도 위성	정지궤도 위성
운용 궤도	300 ~ 2,000km	36,000km
장점	• 저비용 위성 단기간 제작 및 발사 • 위성 운용, 교체의 유용성	• 15년 이상 위성의 긴 수명 • 고정 운용으로 안정적 우주 통신
단점	• 짧은 수명; 5년 이하 • 좁은 커버리지로 위성군 구축 필요	• 고비용 위성 장기간 제작 및 발사
통신 지연 시간	0.025 초	0.5 초

미래 우주산업으로 주목받고 있는 전 세계 저궤도 위성 통신사업자는 누구이며, 앞으로 저궤도 위성 통신 사업을 준비하는 민간기업은?

드디어 정지궤도 상의 위성 통신의 문제점을 해결하려는 위성 통신의 혁명이 일어났습니다. 제일 먼저 저궤도 위성 통신 사업을 추진한 기업은 원웹(One Web)이었습니다. 원웹 위성은 질량이 200kg이며 운용 궤도는 1,200m입니다. 원웹은 2015년 소형 통신 위성군을 만들어 발사했습니다. 그 후 Space X는 스타링크라는 소형 통신 위성군을 만들어 2018년 첫 시험 위성을 발사했습니다. 또한, 아마존은 블루 오리진을 통해 저궤도 통신 위성군인 카이퍼 프로그램을 운용하고 있으며, 마이크로소프트 및 중국의 스페이스 세일(Space sail)이 저궤도 통신 위성 사업에 투자하고 있습니다. 현재와 미래의 저궤도 위성 통신(LEO Satellite Communication) 시장은 전 세계적으로 민간기업 중심으로 빠르게 성장하고 있으며, 다음과 같은 주요 사업자들이 주목받고 있습니다.

미국 Starlink는 우주 발사체 기업으로 유명한 Space X가 투자한 위성 통신 기업입니다. 스타링크 위성군은 지구 지표면으로부터 약 550km 상공에 6,000개 이상의 소형 통신위성을 배치해 전 세계에 고속 우주 인터넷을 제공하고 있습니다. 스타링크 위성군은 산간·도서 지역 등 기존 인터넷 인프라 구축이 어려운 곳에서도 고속 인터넷 사용을 가능하게 만들었습니다. 특히, 스타링크는 우크라이나 전쟁에서도 중요한 임무를 수행했습니다. 스타링크는 러시아의 사이버 공격에도 불구하고 안정적인 위성 인터넷을 제공했으며, 군사 작전 수행을 위한 좌표 전송 등에도 활용되었습니다. 이는 위성 인터넷이 단순한 통신 수단을 넘어 국가 안보에도 핵심적인 역할을 할 수 있음을 보여준 사례입니다. 스타링크는 향후 42,000기의 통신위성을 저궤도에 배치할 계획입니다.

그림 6-4. 스타링크'의 저궤도 통신위성

(출처; 스페이스 X)

OneWeb은 영국과 인도 바티 글로벌(Bharti Global) 그리고 유럽 유텔샛(Eutelsat)이 공동 투자한 위성 통신 기업입니다. 원웹은 지구 지표면으로부터 약 1,500km 상공에 무게 130㎏의 소형 위성 약 6,000개를 띄워 전 세계에 위성 인터넷 서비스를 제공할 목적으로 2012년 영국에서 설립되었습니다. 원웹은 현재 600기 이상의 저궤도 통신위성을 운용하고 있으며, 이를 기반으로 지상 단말기와 연결해 인터넷 서비스를 제공하고 있습니다.

원웹은 유럽, 아프리카, 아시아를 중심으로 위성 인터넷 수신 가능 지역을 확대하고 있습니다.

미국 프로젝트 카이퍼(Project Kuiper)는 아마존의 최고경영자 베이조스가 직접 운영하는 위성 인터넷 서비스 제공 기업입니다. 프로젝트 카이퍼는 2023년 10월 시험 위성 2기를 발사해 첫 번째 시험을 완료한 후 지구 지표면으로부터 약 450km 상공에 배치했습니다.

프로젝트 카이퍼는 향후 총 3,236기의 통신위성을 배치하여 스페이스 X의 '스타링크'와 본격적인 경쟁을 할 것으로 예견됩니다. 아마존은 현재 아마존 웹 서비스(Amazon Web Services; AWS)와 연계한 클라우드 위성 통신 융합 전략을 추진하고 있습니다.

중국판 Starlink로 불리는 스페이스 세일(Spacesail)은 중국 국가 주도로 중국전자 과기집단 등이 참여하여 위성 인터넷 사업을 추진하고 있습니다. Spacesail의 저궤도 통신 위성군은 500km 이하의 극 저궤도와 1,145km의 근지구 궤도를 포함하고 있습니다. Spacesail은 2024년부터 90기의 위성을 발사했고, 2025년 말까지 648기, 2030년까지 15,000기의 위성을 발사할 계획입니다. 하지만 Spacesail은 현재 본격적인 위성 인터넷 서비스의 상용화 단계가 아니라 시험 서비스 단계에 있습니다.

표 6-6. 저궤도 위성 통신 대표 민간기업의 사업 운영 현황

국적	위성군 이름	궤도	위성 수	주요 서비스
미국	스타링크	550 Km	2023년까지 7,000기 이상 [목표, 42,000기]	위성 인터넷
미국	프로젝트 카이퍼	450 km	2023년 첫 위성 발사 [목표, 3,236기]	위성 인터넷
유럽	원웹	1,200 km	2019년 첫 위성 발사 [목표, 648기]	위성 인터넷
중국	스페이스 세일	500km 이하 및 1,145km	2024년 첫 시험 위성 발사 [목표, 2030년까지 15,000기]	위성 인터넷

그 외에 저궤도 위성 통신 사업 신규 진입자는 미국의 마이크로소프트, 캐나다 텔리샛(Telesat)의 라이트 스피드(Lightspeed) 등이 있습니다. 또한, 저궤도 위성 통신 사업을 준비 중인 민간기업은 미국의 에이에스티 스페이스 모바일(AST Space Mobile), 린크 글로벌(Lynk Global), 한국의 한화 시스템 및 케이티-샛(Hanwha Systems & KT-Sat), 그리고 독일/미국 리베이드 스페이스 네트워크(Rivada Space Networks) 등이 있습니다.

저궤도 위성 통신 사업의 미래 전망 및 산업 흐름은?

저궤도 위성 통신은 국가 안보와 데이터 주권 문제로 각국이 자국 주도의 저궤도 위성 통신망 구축을 추진하고 있습니다. 저궤도 위성 통신은 지상 통신망 미비 지역 보완하기 위해 5G 및 6G 통신의 보조(Backup)역할을 할 것으로 전망됩니다. 저궤도 위성 통신 사업은 진입 장벽이나 투자비와 규제 완화와 더불어 통신위성 기술 소형화와 발전으로 더 많은 민간기업의 진입 가능성이 높습니다.

우주 관광 사업(Space Tourism Business)은?

미래 우주 관광 산업은 아직 상용화 초기 단계에 있지만, 가상현실(VR; Virtual Reality), 증강현실(AR; Augmented Reality), 혼합현실(MR; Mixed Reality) 등의 기술은 이미 우주 체험 콘텐츠 개발과 시뮬레이션, 교육, 마케팅 분야에서 다양하게 활용되고 있습니다. 특히 실제 우주여행이 고가이고 물리적 제한이 많으므로, VR을 통한 대중적 체험 및 훈련 플랫폼으로 주목받고 있습니다.

우주 관광을 위한 가상현실(VR) 기술 적용 사례는?

1. NASA는 가상현실 우주 체험 콘텐츠를 개발하여 제공하였습니다.

NASA의 외계 행성 여행부(NASA's Exoplanet Travel Bureau)는 다양한 외계 행성을 가상현실/증강현실 형식으로 체험할 수 있는 온라인 플랫폼을 제공했습니다. NASA는 VR(가상현실) 영화, "국제우주정거장 경험"을 국제우주정거장(ISS)에서 촬영한 360도 VR(가상현실) 다큐멘터리 형식으로 플릭스 및 폴 스튜디오(Felix & Paul Studios)와 협력하여 제작했습니다. NASA는 실제 우주비행 전 훈련에 VR(가상현실) 기술을 적용하여 우주비행선 내부, 무중력, 긴급 상황을 사전에 체험할 수 있는 우주 비행사 훈련용 VR(가상현실) 시뮬레이터를 제작하였습니다. NASA에서 개발한 VR(가상현실) 시뮬레이터는 실제 데이터를 기반으로 고해상도 시뮬레이션을 제공할 수 있으므로 미래 민간 우주 관광객 훈련에 활용할 수 있습니다.

2. Space X는 가상현실(VR) 인터페이스를 개발하였습니다.

Space X는 드래건(Dragon) 캡슐 조작 시뮬레이션을 VR(가상현실) 환경에서 진행하여 우주 비행사 인터페이스 훈련에 활용하였습니다. Space X는 VR(가상현실) 기반 크루 드래건(Crew Dragon) 체험 콘텐츠를 개발하여 일반인도 착석 시뮬레이션, 비행 궤도 경험을 가상으로 체험할 수 있는 콘텐츠를 제공할 예정입니다. Space X가 개발한 VR(가상현실) 기반 Crew Dragon 체험 콘텐츠는 실제 관광 우주비행선 조작 및 내부 구조를 가상 체험할 수 있게 하는 상호작용 중심의 콘텐츠입니다.

3. 버진 갤럭틱(Virgin Galactic)은 VR을 통한 우주 관광을 마케팅하고 있습니다.

Virgin Galactic은 고도 80km 상의 우주비행선에서 지구를 바라보는 장면, 무중력 상태, 창밖으로 보는 지구 곡률 등을 VR(가상현실)로 제공했습니다. Virgin Galactic은 우주비행선 탑승 예정자들에게 우주비행선의 이륙, 우주여행,

지구 귀환 등의 전체 과정을 VR(가상현실)로 훈련했습니다. Virgin Galactic의 VR(가상현실) 체험은 탑승자들의 우주에 대한 기대감을 높이고, 두려움을 줄이기 위한 심리적, 체험적 사전 훈련입니다.

4. 블루오리진(Blue Origin)은 VR(가상현실) 훈련 시뮬레이터를 개발하여 적용하였습니다.

Blue Origin은 뉴세퍼드(New Shepard) 탑승자에게 VR(가상현실)을 통해 로켓 이륙, 우주비행선 캡슐 내부 체험, 무중력 상태 등을 사전에 경험시켰습니다. Blue Origin은 모의 착륙 시뮬레이션을 통해 Blue Moon, 달 착륙선과 관련된 착륙 조작 훈련에 VR(가상현실)을 적용하고 있습니다. Blue Origin은 우주비행선 탑승 전 안전 교육, 탑승 절차, 응급 상황 대응 훈련을 VR(가상현실)로 대체하였습니다.

우주 관광은 아직 일부 부유층만 누릴 수 있는 고급 서비스이지만, VR(가상현실)/AR(증강현실)/MR(혼합현실) 기술은 대중이 우주를 가상으로 먼저 체험하는 대안이자, 미래 우주 관광객을 위한 실전 훈련 수단으로 활용되고 있습니다. 이 기술은 향후 우주 호텔, 달 기지 투어, 화성 정착지 탐험 등을 가상으로 선보이며 시장을 넓힐 수 있는 핵심 요소로 자리 잡고 있습니다.

그림 6-5. 우주 최초 호텔 '보이저 스테이션' 조감도

(출처: 오비탈 어셈블리)

우주 관광 비용은 얼마인가?

현재 우주 관광 사업을 추진 중이거나 상용화에 돌입한 기업들은 미국을 중심으로 한 민간 우주 기업들입니다. 각 기업은 서로 다른 방식으로 우주 체험을 제공하며, 그에 따라 가격도 차이가 큽니다. 아래는 주요 기업과 이들이 제공하는 관광 형태, 비용 등을 정리한 내용입니다. 다음은 우주 관광을 추진 중인 세계 주요 민간기업은 살펴보겠습니다.

브랜슨이 경영하는 Virgin Galactic의 비행시간은 약 90분으로 약 4~5분 동안 무중력 체험을 할 수 있습니다. 2023년부터 Virgin Galactic은 상업 우주 비행을 시작하였습니다. 제프 베조스(Jeff Bezos)가 운영하는 Blue Origin은 카르만 라인을 통과하여 고도 약 106km까지 비행하며, 약 3분 동안 무중력 체험을 할 수 있습니다. Blue Origin은 우주 관광 상업화 초기 단계입니다. 앨론 머스크가 최고 경영자인 Space X는 지구 궤도 진입 및 달 관광을 수행할 예정입니다. Space X의 달 궤도 비행 프로젝트 '디어 문'('Dear Moon')에 일본 억만장자 마에자와 유사쿠가 탑승할 예정입니다. Axiom Space의 우주 관광 목표는 민간 우주정거장을 운영하는 것입니다. 엑시엄 스페이스(Axiom Space)는 Space X의 Dragon을 사용하여 국제우주정거장 관광을 수행할 예정입니다. 스페이스 퍼스팩티브(Space Perspective)는 우주 관광 탑승자들이 기구(Balloon)를 통해 기구 창밖에 보이는 지구 곡률을 느끼며 무중력은 없지만 고급 식사, 인터넷, 화장실까지 제공하는 고급 관광 형태의 우주 관광을 수행하고 있습니다.

표 6-7. 우주 관광 대표 기업의 사업 운영 현황

기업명	국가	관광 방식	주요 특징	1인당 비용
Virgin Galactic	미국	준궤도 비행	고도 약 80~90km 도달 무중력 약 4분 체험	약 45만 달러
Blue Origin	미국	준궤도 비행	New Shepard 로켓 사용 고도 100km 이상	약 50만 달러 추정
Space X	미국	지구 궤도 비행 달 관광 예정	Dragon 캡슐 사용 궤도 체류 수일~수주	5,500만 ~1억 달러 이상
Axiom Space	미국	국제우주정거장 (ISS) 관광	Space X와 협력 ISS 8~10일 체류	5,500만 달러
Space Perspective	미국	고고도 기구 비행	고도 약 30km까지 상승 무중력은 아님	약 12.5만 달러
Zero2Infinity	스페인	고고도 기구 관광	고도 36km까지 상승 지구 곡률 관측	약 10만 달러

우주 관광을 하는 데 천문학적 비용이 요구되어 세계 부유층 등 특수층에 그 수요가 있고 보통 서민들에게는 꿈속의 이야기처럼 들리는 데 스페이스X 등이 재사용 우주 발사체 등장으로 발사 비용이 크게 절감되고 있어 향후 우주 비용은 얼마일까?

우주 관광이 언제쯤 대중화될 수 있느냐, 그리고 향후 비용이 어느 정도까지 내려갈 수 있느냐는 현재 우주산업의 핵심 이슈 중 하나입니다. 우주 관광 비용 절감의 핵심은 재사용 로켓입니다. 전통 로켓 시스템인 아리안, 아틀라스 등은 1kg당 발사 비용이 약 2만~3만 달러인 데 비하여 Space X의 팰컨 9는 1kg당 약 2,700 달러이며, 조만간 개발이 완료될 Space X의 스타십(Starship)은 1kg당 수백 달러 이하를 목표로 합니다. 따라서, Space X가 개발한 재사용 발사체 '팰컨 9'과 '스타십' 덕분에 발사비는 최대 100배 가까이 절감될 수 있습니다.

지금은 비행기 운항 초창기처럼 우주 관광 시장은 상류층 전용 시장이지만, Space X, Blue Origin, Virgin Galactic, Axiom Space 같은 민간 기업들의 경쟁과 우주기술 발전으로 우주 관광 비용은 급격히 낮아질 것으로 예견됩니다.

2040년경이면 자동차 1대 가격($ 20,000)으로 우주 관광을 경험하는 시대도 가능하다는 전망이 있습니다.

우주 연구소 및 실험실 사업(Space Research Station & Experimental Laboratory Business)은?

국제우주정거장과 달에서 다양한 식물을 재배하는 기법과 방법이 성공적으로 개발되고 있습니다. 또한, 우주에서 된장 같은 발효 식품을 만들 수 있다는 연구 결과가 발표되는 등 우주 연구소 및 실험실은 세계인의 주목을 받고 있습니다. 다음은 우주 연구소 및 실험실에서 수행된 연구개발 사례를 중심으로 살펴보겠습니다.

온실가스 배출을 줄이기 위해 개발된 배양육을 우주에서 구현하는 실험은 영국 프런티어 스페이스(Frontier Space)와 영국의 임페리얼 칼리지 런던(ICL; Imperial College Lodon) 연구진이 개발한 우주 배양실험실(SpaceLab Mark-1)에서 수행되었습니다. 우주 배양실험실 마크-1은 우주에서 세포배양 방식으로 식품을 만들 수 있는지 알아보는 실험장입니다. 우주기지 자립을 위해 화성과 달에서 식물을 키우는 연구가 진행되고 있습니다. 2015년 개봉된 영화 화성인, 마션(The Martian)에서 우주비행선 사고로 인해 화성에 홀로 남은 우주 비행사가 우주기지에서 자기 배설물을 비료로 사용하여 감자를 재배하는 장면을 볼 수 있습니다. 영화 화성인, 마션의 상상력은 현실에서 구현되고 있습니다.

NASA는 2015년 우주정거장에서 로메인 상추를 발광다이오드(LED; Light Emitting Diode) 빛으로 수경재배 하는 데 성공했습니다. 또한, NASA는 2016년부터 국제 감자센터 페루 지부에서 화성 감자를 재배하는 실험을 시작했습니다. 2021년 미국 식품회사 크래프트 하인즈는 화성 토양과 흡사한 조건에서 재배한 토마토로 '마즈 에디션(Marz Edition)' 케첩(ketchup)을 만들었습니다. 중국은

2019년 달 뒷면에 착륙한 창어(嫦娥) 4호의 식물 생육 장치를 통해 인간 최초로 목화, 유채, 감자 등의 식물 재배에 성공했습니다.

그림 6-6. 우주정거장에서 발효시킨 미소 된장

(출처; Joshua Evans)

지구에서는 중력 때문에 화학적으로 합성이 잘되지 않아 불량 제품이 만들어진다고 합니다. 하지만, ISS(국제우주정거장)에서는 무중력 상태이므로 주로 어떤 실험이 이루어지며 무엇을 만들 수 있는지 그 사례는? 예를 들면, 반도체 실험, 우주 환경이 인체에 미치는 영향 등 의학 실험 등과 인공 심장, IT 칩(Chip) 등을 만들 수 있는지 그 사례는?

ISS는 미세중력에 가까운 환경과 고진공, 우주 방사선 등 특수한 조건 덕분에 지구에서는 어렵거나 불가능한 다양한 과학 및 기술 실험을 수행할 수 있습니다. 이에 따라, ISS에서는 다음과 같은 주요 분야에서 실험과 제품 개발이 이루어지고 있습니다.

1. 의학 및 생명과학 실험 사례입니다.

의학 및 생명과학 실험의 목적은 인체 건강 유지, 신약 개발, 세포 및 조직 반응 등을 연구하는 것입니다. 무중력 상태에서는 근육과 뼈가 빠르게 위축되므로 노화나 근육퇴화 질병인 근육위축증에 관해 연구할 수 있습니다. ISS에서는 지구보다 3차원적으로 세포가 더 자연스럽게 성장하며, 암세포의 성장 방식이나 신약 반응 실험에 적합합니다. ISS에서는 중력이 거의 없는 상태에서 단백질보다 정교하고 크고 순수한 결정으로 성장하므로 신약 개발에 유리합니다. 예컨대, 일본 JAXA의 단백질 결정 성장 실험 결과는 만성 통풍 치료제 개발에 기여하고 있습니다. ISS에서 이루어진 우주 환경이 인체 면역계에 미치는 영향 분석은 장기 우주비행 시 우주 비행사의 건강 위험 요소를 파악하는 데 중요한 자료로 사용될 수 있습니다.

2. 소재 과학 및 반도체 연구 사례입니다.

소재 과학 및 반도체 연구의 목적은 고순도 결정체 생성, 나노소재 실험 등을 수행하는 것입니다. 지구에서는 물질을 가라앉히는 중력의 방해 때문에 고순도 실리콘 결정이 왜곡되기 쉽습니다. 하지만, ISS에서는 무중력 상태이므로 고순도 실리콘 결정의 불량률은 낮고 미세구조의 제어가 쉽습니다. 또한, ISS에서는 중력 영향이 거의 없어 용융 및 응고 과정을 제어할 수 있으므로 알루미늄-리튬 합금 등의 경량 고강도 소재를 개발할 수 있습니다. 또한, ISS에서는 지구보다 수십 배 성능이 좋은 고품질 광섬유인 지브랜(ZBLAN)의 생산이 가능합니다. ZBLAN은 불소계 유리 광섬유로 광섬유 제조에 주로 사용되며, 낮은 신호 손실과 넓은 파장 범위를 가지고 있어 광통신, 레이저 전송, 감지 등 다양한 분야에서 응용됩니다.

3. 공학 및 기계 실험 연구 개발 사례입니다.

무중력에서 혈류 시뮬레이션과 인공 심장 및 인조혈관 등 생체 삽입형 장치의 내구성 실험을 할 수 있어 실용 의료기기를 개발할 수 있습니다.

4. 3D 프린팅 및 자율 로봇 실험

우주 환경에서 ISS의 구조물 및 부품을 직접 제작하는 기술을 검증할 수 있습니다. 예컨대, 에이드 인 스페이스(Made in Space)의 3D 프린터 실험은 ISS에서 필요한 부품을 자체 생산할 수 있는 기술을 검증하는 계기가 되었습니다.

ISS 우주연구실에서 제작한 공업 제품은 무엇이 있을까요?

ISS에서는 미세중력 환경을 활용하여 지구에서 생산하기 어려운 고부가가치 공업 제품들이 실제로 제작되고 있습니다. 이러한 제품들은 반도체, 광통신, 항공우주, 의료기기 등 다양한 산업 분야에서 활용되고 있으며, 일부는 상업화 단계에 진입하거나 지구에서의 응용 가능성이 검토되고 있습니다. ISS에서 제작된 주요 공업 제품 사례를 살펴보면, 다음과 같습니다.

1. 우주 광섬유 지브랜(ZBLAN)입니다.

ZBLAN은 지구에서 생산할 때 중력에 의해 결함이 발생하여 품질이 저하됩니다. ISS에서는 중력의 영향이 거의 없어 결함이 적은 고품질 광섬유 ZBLAN을 생산할 수 있습니다.

2. 세라믹 터빈 부품입니다.

ISS에서는 고온 환경에서도 견딜 수 있는 세라믹 터빈 블레이드(Turbine Blade)를 3D 프린팅 기술로 제작할 수 있습니다. 또한, ISS에서는 지구의 중력으로 인해 발생하는 세라믹 터빈 블레이드의 미세균열을 방지할 수 있습니다. 산업용 광학 결정체입니다. 광학 및 전자 산업에 사용되는 고순도 결정체를 ISS의 미세중력 환경에서 성장시켜, 지구에서보다 높은 품질의 결정체를 생산할 수 있습니다.

3. 합금 및 금속 소재입니다.

미세중력 환경에서 금속 합금의 응고 과정을 제어하여, 지구에서보다 균일한 미세구조와 향상된 기계적 특성을 가진 합금을 생산할 수 있습니다.

4. 3D 프린팅 부품입니다.

ISS 내에서 필요한 도구나 부품을 현장에서 3D 프린팅으로 제작하여, 지구로부터의 보급을 줄이고 긴급 상황에 대응할 수 있습니다.

ISS에서의 연구개발이 지구 산업에 미치는 영향은?

ISS에서의 공업 제품 제작은 단순한 실험을 넘어, 지구 산업에 실질적인 영향을 미치고 있습니다. 예를 들어, 지브랜(ZBLAN) 등 고품질 광섬유, 향상된 터빈 부품, 고순도 결정체, 산업용 광학 결정체, 합금 및 금속 소재, 3D 프린팅 부품 등 이러한 연구개발은 지구에서의 생산 한계를 극복하고, 새로운 제조 방법과 고성능 제품 개발에 대한 가능성을 열어주고 있습니다. ISS에서의 공업 제품 제작은 아직 초기 단계이지만, 향후 우주에서의 대량 생산 및 지구로의 수송이 가능해진다면, 다양한 산업 분야에서 혁신적인 변화를 불러올 것으로 예견됩니다.

우주 태양광 발전(Space-Based Solar Power Generation Business) 사업은?

우주 태양광 발전은 장기적으로 매우 유망한 에너지원으로 평가받고 있지만, 아직 본격적인 상용화에는 여러 장애물이 존재합니다. 다음은 우주 태양광 발전 사업의 유망성, 그리고 경제성과 구현 기술의 문제점을 차례로 살펴보겠습니다.

우주 태양광 발전이 유망한 이유는?

우주 태양광은 제한 없고 안정적인 에너지 자원입니다. 우주는 날씨, 밤낮의 영향을 받지 않기 때문에 24시간 안정적인 태양광 수집이 가능하며, 지구 대비 태양광 수집 효율이 5~10배 높습니다. 우주 태양광은 탄소배출이 없는 지속 가능한 친환경 청정에너지로, 기후 변화 대응에 효과적입니다. 우주 태양광 발전은 위성 태양광으로부터 발전된 전기에너지를 전파로 변환한 후 지구로 마이크로파나 레이저 전송 방식을 통해 생산된 전기에너지를 전송하면, 지구에서는 "렉테나(Rectenna)"라고 불리는 정류 안테나(Rectifying Antenna)를 통해 수신한 후 전파를 직류 전기로 변환하여 전력(Electrical Power)이 부족한 지역에 전기에너지를 공급할 수 있어 지구의 에너지 격차 문제를 해소할 수 있습니다. 우주 태양광은 구름, 대기, 기상 상황에 구애받지 않기 때문에 지구의 태양광 발전의 한계를 극복할 수 있습니다.

우주 태양광 발전의 경제성과 기술적 문제점은?

1. 막대한 초기 투자 비용입니다.

위성 건설, 발사, 유지에 드는 비용이 수십~수백조 원에 달할 수 있습니다. 특히 궤도에 수천 톤급 발전소를 올리는 데 필요한 로켓 발사 비용은 매우 클 것으로 예상됩니다.

2. 에너지 전송 기술이 성숙하지 못했습니다.

우주 태양광으로 발전된 전기를 마이크로파나 레이저로 지구에 에너지를 전송하는 기술은 아직 실험 단계에 머물러 있습니다. 또한, 고출력 전기에너지를 안전하고 효율적으로 전송하여 변환하는 효율성 및 전자파에 의한 인체의 영향 등 안정성을 확보하기는 어렵습니다.

3. 우주 인프라가 부족합니다.

거대 구조물을 우주에서 조립하거나 유지보수할 수 있는 우주 건설 기술이 미비합니다. 또한, 로봇 기술이나 자동화 조립 기술도 아직 제한적으로 사용되고 있습니다.

4. 정치적, 법적 문제입니다.

궤도 자원과 전파 주파수는 국제 협의 대상으로, 다자간 조율이 필요합니다.

우주에서의 에너지 무기화 가능성에 대한 군사적 우려도 존재합니다.

우주 태양광 발전은 장기적으로는 유망합니다. 특히 탄소중립 시대에 글로벌 청정 에너지원으로 주목받을 가능성이 큽니다. 하지만, 현재 시점에서 우주 태양광 발전은 경제성과 기술력 부족으로 상용화하기 어렵고, 수십 년의 연구개발과 정책적 지원이 필요합니다.

우주 태양광 발전에 관해서 우주 강대국들의 기술 발전 동향

우주 태양광 발전은 미국, 중국, 일본, 유럽 등 주요 우주 강대국들이 전략적으로 연구개발을 추진 중인 분야입니다.

미국

미국은 국방고등연구계획국(DARPA)과 NASA를 중심으로 전략적 투자를 하고 있습니다. DARPA는 우주 기반 태양광 발전(SBSP; Space Based Solar Power)을 국가 안보 에너지 인프라로 인식하고, 우주 태양광 발전 위성에서 마이크로파로 전기에너지를 전송하는 기술 시연을 목표로 연구개발을 수행하고 있습니다. 그리고 DARPA는 2025년경 마이크로파 송신 기술시험위성을 발사할 계획입니다. 캘리포니아 공과대학(Caltec)은 2023년 1월 우주 태양광 발전의 시연을 위한 질량 50kg의 소형 태양광 발전 시연 위성-1(SSPD-1; Space Solar Power Demonstrator-1)을 성공적으로 발사했습니다. NASA는 1970년대부터 개념 연구를 지속해서 수행하고 있으며, 최근 민간 우주 기업과의 협력을 통해 우주 태양광 발전의 인프라 구축 가능성을 검토하고 있습니다.

중국

중국은 우주 기반 태양광 발전(SBSP; Space based Solar Power)을 세계 최초로 상용화를 목표로 개발하고 있습니다. 중국 국가우주국(CNSA)과 중국 전력 과학연구원은 공동으로 2028년 우주 태양광 발전 기술의 시범 위성을 발사할 계획을 수립하고 있습니다. CNSA는 2030년경 정지궤도에 1MW급 우주 태양광발전소의 설치를 추진하고, 2050년에는 지상 상업용 전력의 공급을 실현할 계획입니다. 중국 정부는 우주 기반 태양광 발전(SBSP)을 국가 전략 프로젝트로 지정하였고, 시안(西安)에 SBSP 시험기지 설치하였으며 지상에서 마이크로파 전송 시험을 성공적으로 시행했습니다.

일본

일본은 일본우주항공연구개발기구(JAXA)를 중심으로 우주 기반 태양광 발전(SBSP)에 대하여 오랫동안 투자를 하였습니다. JAXA는 2009년부터 우주 태양광 발전 시스템(SSPS; Space Solar Power System)을 개발해 오고 있습니다. JAXA는 2015년 지상 간 마이크로파 전송 실험을 성공적으로 수행했고, 2030년대에 1GW급 우주 태양광발전소를 구현할 목표를 수립했습니다. JAXA는 모듈형 초경량 패널과 지상에서 태양광 전기에너지를 수신할 수 있는 수신 안테나 등의 독자 기술을 보유하고 있습니다.

유럽연합

유럽연합은 유럽우주국(ESA) 주도하에 프랑스, 독일, 이탈리아 중심으로 컨소시엄을 구성하여 우주 기반 태양광 발전(SBSP) 개발을 추진하고 있습니다. ESA는 2022년 착수한 우주에 설치된 태양광발전소에서 전력을 생산해 무선으로 지구로 전송하는 기술의 가능성을 타진하는 솔라리스(SOLALIS) 프로젝트 일환으로 유럽

내 우주 태양광 발전 기술의 타당성 검토 및 사업화 로드맵을 수립하였습니다. 우주 강대국들은 우주 기반 태양광 발전(SBSP)을 미래 에너지 및 전략적 기술 자산으로 보고 적극 개발 중입니다. 특히 중국과 일본은 상용화를 구체적으로 명시하고 있으며, 미국은 국방 중심의 기술 확보에 집중하고 있으며, 유럽은 국제 협력과 지속 가능성을 강조하는 모델을 채택하고 있습니다.

우주 태양광 발전의 전송 방식인 마이크로파 혹은 레이저 기술의 장점과 문제점은?

우주 기반 태양광 발전(SBSP)의 핵심 기술 중 하나는 수집한 태양에너지를 지구로 전송하는 방식입니다. 이때 주로 논의되는 두 가지 방식은 마이크로파 전송과 레이저 전송입니다. 각 방식에는 뚜렷한 장단점이 있습니다.

마이크로파(Microwave) 전송 방식의 장점은?

마이크로파(주로 2.45GHz 또는 5.8GHz)는 대기 투과력이 우수하여 구름, 비, 눈을 잘 통과하여 날씨 영향을 적게 받습니다. 마이크로파는 1년 동안 대부분의 시간대에 안정적인 전력 전송과 높은 전송을 할 수 있습니다. 마이크로파의 송신 및 수신 안테나 설계를 최적화하면 최대 60~80% 효율을 얻을 수 있습니다. 마이크로파의 지상 수신 안테나는 렉테나(Rectenna)라는 정류 안테나로 구현되며 렉테나는 전파를 직류 전기로 변환하는 단순하고 효율적인 수신 장비입니다. 마이크로파의 에너지 밀도를 낮추면 인체에 유해하지 않도록 설계할 수 있습니다.

마이크로파(Microwave) 전송 방식의 단점은?

마이크로파는 파장이 길어 수백~수천 m 크기의 송수신 안테나가 필요합니다. 이는 궤도 공간 확보 및 지상 부지 문제로 이어질 수 있습니다. 마이크로파는 동일한 대역의 주파수를 사용할 때 기존 통신 또는 방송 장비와의 전파간섭이 일어날 수 있습니다. 마이크로파는 안전 문제로 인해 전송 에너지 밀도를 제한하기 때문에 장거리 고출력 전송이 비효율적일 수 있습니다.

레이저(Laser) 전송 방식의 장점은?

레이저는 높은 에너지 밀도로 전송할 수 있어 더 작은 수신 장치로도 많은 에너지를 수용할 수 있습니다. 레이저는 정확한 방향성이 있어 군사, 원거리 전송에 적합합니다. 레이저는 송수신 장비 크기를 작게 설계할 수 있어 소형 위성이나 드론 등에 적용할 수 있습니다. 레이저는 전기에너지 전송뿐만 아니라 고속 레이저 통신 기술과 융합할 수 있습니다.

레이저(Laser) 전송 방식의 단점은?

레이저는 구름, 비, 안개, 대기 분산 등에 약해 기상 상태의 영향을 크게 받습니다. 레이저는 레이저 빔이 대기에서 산란하거나 흡수되어 손실이 발생합니다. 고출력 레이저는 항공기, 인체, 동물 등에 유해할 수 있습니다. 레이저는 안전한 빔 조준과 지상 통제 시스템이 매우 정밀해야 합니다. 현재 레이저 전송은 전기 변환 효율이 약 30~40% 수준으로 제한적이며 낮습니다. 마이크로파 전송 방식은 현재로서는 대규모 상업용 우주 기반 태양광 발전(SBSP) 실현에 가장 유력한 후보입니다. 반면에, 레이저 전송 방식은 군사용, 국지적 응용, 고정밀 통신 겸용 모델에 적합하나, 기상 상태의 의존성 해결이 핵심 과제입니다.

우주 급유 및 정비 사업(Space Refueling and Maintenance Business)은?

우주산업이 빠르게 성장하면서, 우주 급유 및 정비 사업은 유망한 미래의 핵심 산업으로 주목받고 있습니다. 우주 궤도에 있는 기존 위성이나 우주비행선은 수명이 다하면 그냥 폐기되었지만, 연료를 공급하거나 정비를 하면 수명을 더 연장할 수 있습니다. 이처럼 우주 급유 (On-Orbit Refueling) 및 정비 사업은 위성이나 우주비행선의 수명이나 임무 효율을 극대화하는 우주 서비스업입니다. 기존 위성은 연료가 소진되거나 기능 장애로 인해 위성 작동이 중단되게 되면, 고비용을 투자하여 위성을 새로이 교체해야 했습니다. 만약 오래된 기존 위성에 연료를 보충하고 정비를 계속하면 위성의 수명은 연장될 것입니다. 특히 정지궤도 위성은 제작 및 발사 비용이 수천억 원 이상으로 정지궤도 위성의 급유 및 정비는 정지궤도 위성의 자산 가치를 보존하는 데 반드시 필요합니다.

우주 급유의 주요 기술은 우주비행선 도킹 기술, 자동화 연료 전송 기술, 극저온 연료 저장 기술, 그리고 궤도 간 연료를 운반할 우주 유조선 기술입니다. 저궤도 위성 군집 증가로 우주 급유 수요는 급증할 것으로 예상됩니다. 특히, 유인 우주비행, 달 기지, 심우주 탐사 등에서도 기지 형 급유소 및 정비소는 장기적으로 많이 증가할 것으로 예상됩니다.

우주 급유 및 정비 사업은 왜 유망한가?

기존 위성 수명이 제한적이고, 대부분 위성은 연료 고갈이 수명을 결정합니다. 따라서, 우주에서 위성에 연료를 보급하거나 정비를 하면 위성을 재활용할 수 있어 경제성이 높아집니다. 또한, 우주 급유 및 정비 사업을 통해 오래된 기존 위성을 안전하게 제거할 수 있어 위성 궤도 정리와 위성 간 충돌 방지로 우주 쓰레기 증가 문제에 대해 적극적으로 대처할 수 있으며, 위성 궤도 수정, 부품 교체, 정비 등으로 우주 자산을 더 오래 사용할 수 있습니다.

주요 우주 급유 및 정비 기술과 사례를 살펴보겠습니다.

NASA는 덱스트리(Dextre) 로봇팔을 이용해 태양전지 패널, 안테나 등의 부품을 수리하고 교체하는 우주 서비스를 제공하고 있습니다. 또한, NASA는 긴 시간에 걸쳐 ISS에서 로봇 기반 연료 이송과 정비 관련 기술을 단계적으로 실증해 왔습니다. Northrop Grumman의 우주비행선(MEV-1)은 궤도 위에서 인텔샛(Intelsat) 위성에 액체연료와 하이드라진(Hydrazine) 추진제를 보급하여 Intelsat 위성의 수명을 연장하는 데 성공했습니다. Space X는 대규모 궤도 내 주유(in-orbit refueling)을 목표로 스타십 간, 탱크 간 연료 전송 기술 개발에 집중하고 있으며, 2026년 우주에서 관련 기술을 실증할 예정입니다. 향후 NASA와 Space X의 기술이 결합하게 되면, 달 및 화성 착륙선 연료 재보급, 위성 수명 연장 등 우주 연료 공급 및 정비 인프라 확장에 크게 기여할 것으로 전망됩니다. 그 외에, 일본 에스트로 스케일(Astro scale)은 위성 수거 및 연료 보급으로 지속 가능한 궤도 환경 구축을 목표로 우주 급유 및 정비 사업을 추진하고 있습니다. 미국 오빗 패브(Orbit Fab)는 우주 주유소 구축을 위한 구호 우주에 주유소를("Gas Stations in Space")로 주목받고 있습니다.

그림 6-7. 우주 급유 상상도

(출처; Space X)

우주 정비 또는 주유 사업은 위성 수명 연장, 우주 쓰레기 감소, 경제적 효율성 제고, 달, 화성 등 장기 우주탐사에 필요한 필수 인프라를 동시에 만족시키는 전략적 미래 산업입니다.

우주 쓰레기 청소 사업(Space Debris Removal Business)은?

위성은 보통 수명이 다하면 지구 대기권과 충돌한 후 추락해 불타게 됩니다. 또한 위성은 공기 저항이나 태양 복사의 영향 등으로 원래 궤도를 조금씩 벗어나 지구 표면에 추락합니다. 그래서 500㎞ 내외의 비교적 고도가 낮은 저궤도 위성들은 공기 저항 때문에 하루에 수십~수백m 정도 고도가 낮아집니다. 지구의 열복사 분포 및 에너지 수지 분석을 임무로 하는 미국의 지구복사수지위성(ERBS; Earth Radiation Budget Satellite)은 1984년 발사되어 2023년 1월 지구로 추락했습니다. 앞으로 우주 공간에서 수명을 다한 위성이 지구로 추락하면서 어느 날 갑자기 그 잔해가 머리 위로 떨어지면 어떻게 하나? 하며 우리는 우려했습니다.

1957년 소련의 스푸트니크 1호 발사를 통해 처음 우주 쓰레기가 발생한 이래로 지금까지 약 7,000톤 이상의 우주 쓰레기가 지구 밖 우주 상공에 있을 것으로 추정되고 있습니다. 사실 이 우주 쓰레기는 지구 대기권에 돌입하면 대부분 불타서 사라지고 지구 표면에 도달하지 못합니다. 그러나 지나치게 큰 우주 쓰레기 혹은 불타다 남은 우주 쓰레기 잔해는 그대로 지표면에 추락해 피해가 발생 되는 것입니다.

2013년 개봉된 영화 그래비티(중력, gravity)'를 혹시 관람한 적이 있습니까? 이 〈영화〉 중력은 우주 비행사들이 우주망원경을 수리하던 중에 우주 쓰레기와 충돌하며 우주 미아가 되어 겪게 되는 이야기를 주요 내용으로 합니다. 그런데, 중력, 〈영화〉가 시사하는 일이 현실에서도 얼마든지 일어날 수 있습니다. 1978년 NASA 케슬러라 불리는 과학자는 케슬러 증후군을 제시했습니다. 케슬러 증후군(Kessler Syndrome)의 골자는 "우주 쓰레기가 늘어나서 어느 정도 수준에 도달하게 되면 충돌로 발생한 파편이 기하급수적으로 증가하면서 연쇄적인 파괴 작용이 일어나 우주 궤도 전체가 우주 쓰레기로 뒤덮이게 된다"라는 것입니다. 궤도 전체가 우주 쓰레기도 뒤덮이게 되면 위성을 사용할 수 없게 되어 GPS, 위성 통신, 기상 관측, 지구관측 등을 할 수 없게 됩니다.

우주 쓰레기 청소 사업은 궤도에 남은 불용 위성, 로켓 잔해, 파편 등을 수거하거나 제어하여 다른 위성이나 우주비행선과의 충돌을 방지하는 산업입니다. 현재 약 1만 6천 개 이상의 추적 가능한 우주 쓰레기가 초당 수 km 속도로 움직이는 파편과 충돌할 때, 막대한 피해가 발생합니다. 그래서 이러한 우주 쓰레기를 제거하기 위해서 우주 쓰레기 청소 사업이 필요합니다.

표 6-8. 우주 쓰레기 현황

늘어가는 우주 쓰레기	
궤도를 돌고 있는 위성 수	13,000여 개
정기적으로 추적되는 우주 물체	35,800여 개
우주 쓰레기 수 • 지름 10cm 이상 • 지름 1 ~ 10cm • 지름 0.1 ~ 1cm	 40,000여 개 1백10만 개 1억 3천만 개

(출처; ESA)

우주 쓰레기 제거의 주요 기술은 로봇 팔(Arm) 또는 그물망으로 우주 쓰레기 포획 기술, 레이저 유도를 통한 우주 쓰레기 궤도 이탈 기술, 재진입 우주 쓰레기 소각 유도 기술, 우주 쓰레기 잔해 추적 및 AI 기반 우주 쓰레기 회피 경로 설계기술 등이 있습니다.

최근 우주 쓰레기 제거 관련주요 사례는?

ESA가 지원하는 민간 주도 프로젝트로 ESA와 클리어 스페이스-1(Clear Space-1)은 2026년경 궤도에 있는 무작동 위성을 포획해 대기권으로 재진입시켜 제거하는 실증을 수행할 예정입니다. 영국의 아스트라 큐티(Astra Qt) 등 민간기업은 자력으로 우주 쓰레기 견인 기술을 개발하고 있으며, ESA는 우주 쓰레기 제거 사업의 기반을 구축하고 있습니다. 영국의 세레이(Surrey) 대학은 그물, 투망, 항력 돛(Drag Sail; 드래그 세일) 등 우주 쓰레기 제거 기술을 선보이며 소형 모의 우주 쓰레기 목표물을 제거하는 시험을 우주에서 완료했습니다. 항력 돛은 우주비행선이 감속하거나 방향을 제어하기 위해 사용하는 일종의 돛입니다. 항력 돛은 대기 저항이나 태양풍과 같은 자연적인 힘을 이용하여 속도를 줄이건 원하는 방향으로 움직이게 합니다. 따라서, 현재는 오래된 위성이나 무작동 로켓, 대형 우주 쓰레기 등을 대상으로 한 우주 쓰레기 제거 기술의 시범 시연 등이 이루어지고 있습니다.

우주 쓰레기 청소 사업을 주관하는 주요 기업 및 프로젝트는?

유럽연합의 클리어 스페이스(Clear Space)는 ESA 지원을 받아 우주 쓰레기 제거 위성을 개발하고 있습니다. 일본의 아스트로 스케일(Astro Scale)은 우주 쓰레기 제거 시범 성공으로 우주 쓰레기 제거를 상용화하려고 준비하고 있습니다. NASA 및 ESA는 우주 쓰레기 제거 기술 및 정책 연구를 확대하고 있습니다. 저궤도 위성 수의 증가로 위성 간 충돌 위험이 차츰 증가하여 우주 쓰레기 제거 서비스는 상업화될 것으로 예견됩니다. 미래에는 우주 쓰레기 청소 사업은 우주 쓰레기를 우주 자원으로 재처리하는 우주 쓰레기 재활용 산업으로 확장될 수 있습니다.

우주 광물 채굴 사업(Space Mineral Mining Business)은?

우주 광물 채굴은 미래 우주산업 가운데 주목받는 분야 중 하나입니다. 이 사업은 달, 소행성 등 지구 밖 천체에서 희귀 금속, 물, 귀금속, 헬륨-3 등의 천연광물을 채굴하여 지구 또는 우주 거주지에서 자원으로 활용하는 것을 목적으로 합니다.

미래 우주 유망사업 중 우주 광물 채굴 사업 및 채굴 사례를 달과 소행성 중심으로

우주 광물 채굴은 달, 소행성, 화성 등의 천체에서 희귀 금속이나 자원을 추출하는 산업입니다. 목표 채굴 광물에는 주로 소행성에 풍부한 귀금속 백금, 팔라듐, 이리듐 등과 우주정거장, 우주비행선 연료, 거주지 유지 등에 활용되는 산소 및 물(H_2O), 그리고 달에 풍부하며 핵융합 에너지의 청정 연료로 주목받는 헬륨-3과 우주 건축 및 제조 자재용인 철, 니켈, 코발트 등입니다.

우주 광물 채굴의 경제적 가치와 타당성은?

우주 광물 채굴은 일부 백금족 금속이 풍부한 소행성 하나만으로 수조 달러 규모의 자원을 확보할 수 있을 정도의 경제성이 있습니다. 또한, 우주 광물 채굴은 지구 자원 고갈, 지구 환경 문제, 우주탐사 확대와 함께 점점 더 상업적 타당성이 강조되고 있습니다.

우주 광물 채굴의 주요 필요 인프라와 기술은?

우주 광물 채굴의 필요 인프라는 로봇 혹은 드론 채굴 시스템, 지구에서 천체 및 천체에서 지구 간의 우주 광물 수송 수단 시스템입니다. 우주 광물 채굴의 필요 기술은 우주 광물 추출 및 정제 기술, 우주 광물 탐지를 위한 인공 지능 및 자동화 기술, 그리고 우주법 및 국제 규범 정비가 요구됩니다.

달에서의 광물 채굴 사례 및 계획은?

1. 헬륨-3 채굴 사례

달에는 지구보다 훨씬 많은 헬륨-3이 태양풍에 의해 달 표면에 존재합니다. 이는 미래 핵융합 에너지의 연료로 주목받고 있습니다. 중국은 2020년대 초부터 달 겉흙의 헬륨-3 탐사 및 분석을 추진하고 있으며, "창어" 시리즈 로봇 탐사선을 운영하고 있습니다. 인도는 2023년 발사한 찬드라얀-3 미션을 통해 헬륨-3 존재 가능성을 분석하고 있습니다.

2. 물 추출 사례

달의 남극 지역은 영구 음영 지대(Permanent Shadow Region)가 존재하여 얼음 상태의 물이 존재합니다. 미국은 NASA의 아르테미스(Artemis) 계획에서 이 지역을 기지화하여 물과 산소를 확보하는 자원화 기술을 실증하고 있습니다. 그 외에, 유럽연합의 ESA는 달 극지방 탐사 프로그램인 프로스펙트(PROSPECT)를 통해 달 남극에 착륙하여 물 및 휘발성 자원을 분석할 수 있는 연구 기반을 구축하고 있습니다. 또한, ESA는 미국 NASA와 협력하여 달 표본 채취 후 지구로 귀환하는 것을 목표로 삼는 허레클레스(Heracles) 프로그램을 통해 달 자원 수집 기술을 자동화하는 실증을 추진하고 있습니다.

소행성에서의 광물 채굴 사례 및 계획은?

NASA는 2016년 발사된 오시리스-렉스(OSIRIS-REx) 소행성 탐사선을 통해 소행성 베누(Bennu)에 착륙하여 소행성 광물의 표본을 수집하여, 2023년 9월 지구로 250g 이상의 소행성 광물 표본의 시료(Space Capsule)를 귀환시켰습니다. 시료를 분석한 NASA는 소행성 베누에 백금, 니켈, 철 등의 금속과 탄소화합물의 풍부함을 확인했습니다. 일본 하야부사-2 소행성 탐사선은 2014년에 발사되어 소행성 류구(Ryugu)를 탐사하고 광물 견본을 채취한 후 2020년 지구로 귀환하는 데 성공했습니다. 이 견본은 유기물과 물 분자가 존재하는 고대 원시 물질임이 밝혀짐으로써 태양계 기원 연구 및 자원 가치를 동시에 확보하는 계기가 되었습니다.

미국의 행성 자원 기업인 플래니터리 리소시스(Planetary Resources)는 수십 개의 백금족 금속이 풍부한 근지구 소행성을 대상으로 우주 광물 채굴 계획을 수립한 후 우주 광물 채굴 사업으로 전환했습니다. 영국의 소행성 채굴 회사(Asteroid Mining Corporation)는 2030년대 이후 상업적 우주 광물 채굴을 목표로 우주 광물 기술을 개발하고 있습니다. 그 외에, 룩셈부르크는 2017년 우주광업 법 제정으로 우주 자원 소유권을 법적으로 허용한 유럽의 최초 국가가 되었으며, 민간이 우주 광물 채굴에 대해 투자할 수 있는 기반을 마련했습니다.

우주 광물 채굴 사업의 미래 전망은?

우주 광물 채굴은 초기 비용은 비싸지만, 장기적으로 엄청난 자원을 확보할 수 있어 경제성이 높습니다. 우주 광물 채굴은 환경 측면에서 지구 환경 파괴 없이 우주 광물 자원을 수급할 수 있습니다. 우주 광물 채굴 사업은 우주 기반 건축, 연료, 공기(Air), 식수 등 자급자족 기반을 마련할 수 있는 우주산업입니다. 하지만, 우주 광물 채굴 사업은 국제법 정비, 천체 우주 광물 소유권 문제, 윤리적 논의 등이 필요합니다.

우주 광물 채굴은 에너지 위기, 자원 고갈, 우주 거주 시대를 대비한 핵심 산업으로 부상하고 있습니다. 아직 상업화 단계에 도달하지는 않았지만, 달과 소행성의 탐사선(mission)은 기술 실증과 경제성 평가의 중요한 기반을 마련하고 있습니다.

우주 광물 채굴의 한계점과 문제점은?

우주 광물 채굴(Space Mining)은 미래의 유망 산업으로 기대를 모으고 있지만, 아직은 기술적, 경제적, 법적, 윤리적 한계와 문제점이 많은 초기 단계에 있습니다. 다음은 우주 광물 채굴 사업의 주요 한계와 문제점에 대해서 살펴보겠습니다.

1. 기술적 문제입니다.

우주 진공, 극심한 온도 차, 미세중력 등 극한 환경은 우주 광물 채굴 장비의 작동에 큰 제약이 되고 있습니다. 우주 광물 채굴을 위해 자율적인 채굴 로봇이 필요하지만, 완전 자율로 작동되는 로봇 및 자동화 기술 수준은 아직 실현되지 않고 있습니다. 채굴한 우주 광물을 지구로 안전히 수송하려면 높은 연료비와 복잡한 궤도 계산 등 운송 수단에 어려운 문제가 있습니다. 소행성이나 달 표면에서 자원을 채굴, 정제, 보관하는 기술은 아직 실험 수준에 머물러 있습니다.

2. 경제적 문제입니다.

우주 광물 채굴 사업은 수십억 달러 이상의 막대한 초기 투자 비용이 필요하지만, 수익률(ROI; Return on Investment)은 불확실합니다. 지구 자원 가격 변동에 따라 우주 채굴의 경제성이 달라질 수 있는 시장 불확실성이 존재합니다. 예를 들면, 백금값이 내려가면 투자 횟수가 어려워집니다. 우주 광물 탐사 후 실제 우주 광물량이 예측보다 적을 가능성이 있어 수익률에 위험이 따를 수 있습니다.

3. 법적, 정책적 문제입니다.

1967년에 채택된 현행 국제 우주조약은 우주 광물에 대해 국가 또는 기업의 전체 소유를 명확히 금지하고 있어 채굴한 우주 광물의 소유권은 불확실합니다. 여러 나라나 민간기업이 같은 우주 광물을 놓고 갈등할 가능성이 있어 국제 분쟁이 발생할 우려가 있습니다. 국제기구나 공동 협약 없이 미국, 룩셈부르크 등 일부 국가는 독자적으로 우주 자원 소유를 허용하고 있어 글로벌 혼란이 가중될 수 있습니다.

4. 윤리적, 환경 관련 문제입니다.

무분별한 우주탐사와 채굴로 우주에 우주 쓰레기(Debris)가 증가하는 등 우주 환경이 오염될 수 있습니다. 과학적으로 중요한 천체를 상업적으로 파괴하는 행위에 대한 반대 의견은 우주 광물 탐사 사업의 걸림돌이 되고 있습니다. 우주 자원 독점 문제입니다. 경제적 강국이 우주 자원을 독점하면 "신제국주의" 논란으로 이어질 수 있습니다.

우주 광물 채굴은 엄청난 잠재력에도 불구하고 아직은 탐사 및 실증 단계에 있으며, 전면적인 상업화까지는 많은 난관을 넘어야 합니다. 따라서, 국제 협력과 법적 합의가 중요하며, 기술 고도화와 지속 가능한 개발 원칙을 갖춘 체계가 필요합니다. 우주 광물 채굴 사업은 아직 초기 단계지만, 우주 선진국들은 이미 탐사, 채취, 정제, 운송에 이르기까지 전 주기적 기술을 개발하고 있습니다. 향후 2030년대에는 달과 소행성에서의 우주 광물의 시험적 채굴이 본격화될 것으로 전망됩니다.

[지식 더하기+ 창]

미국 DARPA에서 개발한 아르파넷은 민군겸용기술인가?

아르파넷(ARPANET)은 대표적인 민군겸용기술(dual-use technology)의 사례입니다. 처음에는 군사적 목적으로 개발되었지만, 이후 민간 기술로 전환되며 인터넷의 뿌리가 되었기 때문입니다. ARPANET 넷은 핵전쟁 상황에서도 통신이 가능한 분산 네트워크 구축을 목표로 합니다. 초기에 ARPANET 넷은 미국 국방성, 군사 연구와 관련된 대학 및 연구기관에서 사용되었습니다. 그 후 ARPANET을 통해 개발된 패킷 교환 기술, 분산 네트워크, 인터넷 프로토콜(TCP/IP) 등은 점차 민간으로 확산하였고 1980년대부터는 상업적 인터넷으로 발전했습니다.

왜 ARPANET 넷이 민군겸용기술인가?

ARPANET 넷은 국방 연구에서 출발했지만, 민간에서 혁신적으로 활용되며 민군 모두에 기여한 기술이라는 점에서 ARPANET은 "전형적인 민군겸용기술"이라 할 수 있습니다.

NASA에서 개발하지 않고 민간이 개발한 기술을 직접 우주개발 프로그램에 적용할 수 있는 기술과 민간이 만든 레이다(Radar) 기술을 위성의 SAR 탑재체로 활용하기 위해 어떤 부가적인 작업이 필요할까?

NASA나 국가기관이 개발하지 않더라도, 지구 기반 민간 기술 중에서 우주개발에 적용할 수 있는 핵심 기술은 여럿 있으며, 특히 Radar, 배터리, 통신, 영상처리 등은 민간 기술을 우주 시스템에 전환할 때 중요한 자산이 됩니다.

민간 기술 중 우주개발에 적용할 수 있는 사례는?

차량 주행 보조, 감시용인 고주파 센서 Radar는 SAR 위성용 관측 레이다에 적용할 수 있습니다. 전기차, 스마트기기에 사용되는 이차전지 Battery는 위성의 전력 저장 및 공급 장치로 사용할 수 있습니다. 무선기기, 사물인터넷(IoT; Internet of Things)에 사용되는 무선주파수(RF; Radio Frequency) 통신 모듈은 위성 간 또는 지상국 통신 모듈로 사용될 수 있습니다. 스마트폰, 드론에 탑재되는 소형 카메라 센서는 지구관측용 소형 위성 탑재 광학 장비에 적용될 수 있습니다. 모바일 분산 서버 실행을 위한 인공 지능(AI) 칩셋(chipset)은 위성 내 실시간 영상처리 및 분류 등에 사용될 수 있습니다. 이러한 기술들은 지구 상용 환경에서 이미 검증되었기 때문에 우주 환경에 적응되는 작업만 수행하면 우주에서 활용될 수 있습니다.

민간 Radar 기술을 우주용 SAR 탑재체로 활용하기 위한 주요 작업

합성 개구면 레이다(SAR; Synthetic Aperture Radar)는 지상 감시 및 지형 탐지에 매우 효과적인 위성 레이다 기술로, 민간기업이 만든 레이다 기술을 위성 SAR로 활용하려면 여러 가지 우주 환경 최적화 작업이 필요합니다. 민간기업이 만든 레이다를 소형화 및 경량화(Mass & Volume Reduction)해야 합니다. 우주에서는 무게는 발사 비용을 증가하게 합니다. 고주파 레이다 기술을 모놀로식 마이크로파 직접 회로(MMIC; Monolithic Microwave Integrated Circuit) 기반으로 집적하여 수십 ~ 수백g 수준의 송수신 모듈로 집적(integration)이 필요합니다.

민간용 레이다는 대기 환경 기준에 맞게 설계하지만, 우주에서는 레이다가 진공, 급격한 온도 변화, 고에너지 입자에 노출되기 때문에 열 및 방사선 대책이 요구됩니다. 따라서, SAR 시스템은 고출력 RF를 사용하므로 열관리 설계(Thermal path, radiator, heat pipe)가 필수적으로 요구됩니다. SAR 시스템은 발사 중 고 진동, 충격에 견딜 수 있도록 구조체 보강 및 테스트(random vibration, sine burst, shock test)가 필요합니다. 특히, 전개 형 안테나(Deployable Antenna)를 사용하는 경우,

안테나 전개 메커니즘의 신뢰성이 확보되어야 합니다. 위성 시스템 버스와 SAR 모듈 간 데이터 및 전력 인터페이스 규격 통일이 필요합니다. 또한, SAR 시스템은 궤도 환경에서의 RF 전파 특성, 산란체 해상도 등을 참작한 정밀 보정이 필요합니다.

민간 기술은 비용, 속도, 혁신성 면에서 우주개발에 매우 유용합니다. 하지만 우주 환경에 적용하려면 소형화, 경량화, 방사선 내성, 열관리 등 고유의 우주화 과정이 필요합니다. 특히, SAR과 같은 고주파 장비는 모놀로식 마이크로파 직접 회로(MMIC) 기술, 전개 가능한(Deployable) 구조, 무선주파수(RF) 신호 처리 정밀도가 매우 중요한 사항입니다.

우주에서 위성 통신 사업을 수행했던 오브컴, 이리듐, 글로벌 스타, 인마샛 등은 요즈음에도 사업을 계속하는지 아니면 경영 미숙으로 사업이 실패하여 다른 우주기업에 인수합병되었을까?

2025년 기준으로 각 위성 통신 사업자의 최신 현황을 살펴보겠습니다. 오브컴(ORBCOMM)은 산업용 사물인터넷과 자산 모니터링에 특화된 저궤도 위성 통신 네트워크를 운영하며 우주 통신 기술을 지속해서 혁신하고 있습니다. ORBCOMM은 사업 일부를 매각했습니다. 2025년 에스 앤 피 글로벌(S&P Global)은 ORBCOMM의 자동 식별 시스템의 일부 사업부를 인수할 계약을 체결했고, 계약을 체결했습니다. 이리듐(Iridium)은 미국 나스닥(NASDAQ) 상장 기업이며, 안정적인 재무성과로 성장하고 있으며, 2024년 대비 매출은 5% 증가했습니다. 글로벌스타(Globalstar)는 나스닥 상장을 유지하고 있으며, 글로벌스타(Globalstar)는 우주기술 및 사업 확장하고 있으며 주요 고객으로 Apple을 확보했습니다. 하지만, 글로벌스타(Globalstar)는 재무와 주가 면에서는 다소 불안정 요인이 존재합니다. 인마샛(Inmarsat)은 2019년 사모펀드(Connect Bidco)에 인수된 이후, 2021년 비어샛(Viasat)에 의해 인수되어 현재 인마샛(Inmarsat)은 비어샛(Viasat) 산하 우주 기업입니다. 비어샛(Viasat)은 인마샛(Inmarsat)의 기존 모바일, 항공, 해상 안전 통신 사업을 계속하고 있습니다. 인마샛(Inmarsat)은 독립 브랜드는 사라졌지만, 비어샛(Viasat) 그룹에서 지리, 해상, 항공용 위성 통신 사업의 핵심으로 존속하고 있습니다. 4개 우주기업 모두 2025년 현재에도 각각의 방식으로 사업을 지속하고 있으며, 일부 부문 매각이나 기업 인수합병 사례가 있었지만, 사업 전반이 완전히 실패하거나 소멸한 사례는 없습니다.

미국 우주 기업 엑시엠 스페이스(Axiom Space)는 무엇을 하는가?

엑시엠 스페이스(Axiom Space)는 2016년 미국에서 설립된 우주 기업입니다. 엑시엠 스페이스(Axiom Space)는 민간인을 대상으로 한 국제우주정거장(ISS) 방문 미션을 운영하고 있습니다. 2022년 4월, 첫 번째 민간 우주비행선 엑스-1(Ax-1)을 성공적으로 수행하였으며, 이후 엑스-2(Ax-2), 엑스-3(Ax-3) 우주비행선을 통해 다양한 국가의 우주비행사를 국제우주정거장(ISS)에 보내고 있습니다. 엑시엠 스페이스(Axiom Space)는 세계 최초의 상업용 우주정거장인 엑시엠 정거장('Axiom Station')을 개발 중입니다. 이 정거장은 국제우주정거장(ISS)에 모듈 형태로 연결된 후, 독립적인 우주정거장으로 분리될 예정입니다. 엑시엠 스페이스(Axiom Space)는 NASA와 협력하여 차세대 우주복인 엑스이엠유(AxEMU)를 개발 중이며, 이는 달 탐사 및 저궤도 임무에 사용될 예정입니다. 엑시엠 정거장(Axiom Station)은 반도체, 광섬유, 생명공학 제품 등 고부가가치 제품의 우주 제조를 위한 플랫폼으로 활용될 예정입니다. 엑시엠 스페이스(Axiom Space)는 최근 수억 달러의 투자를 유치하여 기업 가치를 20억 달러로 평가받았으며, 향후 우주 관광 비용을 수천만 달러에서 수십만 달러 수준으로 낮추는 것을 목표로 하고 있습니다. 현재 우주 관광은 경제적·기술적 장벽으로 인해 제한적인 접근만이 가능하지만, 엑시엠 스페이스(Axiom Space)와 같은 기업들의 노력으로 이러한 장벽은 점차 낮아지고 있습니다. 향후 기술 발전과 상업 인프라의 확충을 통해 더욱 많은 사람이 우주를 경험할 수 있는 시대가 열릴 것으로 기대됩니다.

우주 관광 사업의 주요 장벽 무엇일까?

1. 경제적 장벽입니다.

현재 우주 관광 비용은 수천만 달러에 달합니다. 예를 들어, 엑시엠 스페이스(Axiom Space)의 국제우주정거장(ISS) 방문 미션 비용은 약 5,500만~6,000만 달러로 추정됩니다. 우주 관광 사업은 민간 우주 항, 우주 호텔, 훈련시설 등 상업 인프라가 아직 초기 단계에 있어 대규모 수용이 어렵습니다. 우주 관광 사업은 우주여행 중 발생할 수 있는 사고에 대한 보험 체계와 법적 책임 규정이 미비합니다.

2. 기술적 장벽입니다.

우주 관광 사업은 우주비행선의 발사, 궤도 진입, 귀환 등 모든 과정에서의 안전성이 완벽히 확보되어야 합니다. 우주 관광 사업은 우주 환경에서의 생명 유지 기술, 방사선 차단, 우주복 등 고도화된 기술이 필요합니다. 우주 관광 사업은 로켓 또는 우주비행선의 재사용 기술이 상용화되어야 비용 절감이 가능합니다.

태양광으로부터 생산된 전기에너지를 전파로 바꿔 지구로 전송하면 지구에서는 렉테나를 이용하여 전파를 수신한 후 직류로 변환하는데 렉테나의 원리와 기능은?

태양광으로부터 생산된 전기에너지를 전파로 변환하여 지구로 전송하고, 지상에서는 이를 렉테나(Rectenna)로 수신하여 다시 직류 전기 에너지(DC)로 변환합니다. 이는 우주 기반 태양광 발전(SSPS: Space-based Solar Power System)의 핵심 기술 중 하나입니다.

렉테나(Rectenna)의 정의

렉테나는 전파(또는 마이크로파, 레이저 등) 형태의 에너지를 직류 전기(DC)로 변환하는 장치입니다. 이름처럼 렉테나는 안테나(Antenna)와 정류기(Rectifier)를 결합한 구조입니다.

렉테나의 구조 및 작동 원리

구성 요소	기능 설명
① 안테나 (Antenna)	공중에서 수신한 고주파 전자기파(마이크로파, RF)를 포착하여 교류 전압(AC)으로 변환함.
② 정류기 (Rectifier)	수신한 교류 전압을 직류 전압(DC)으로 변환. 일반적으로 고속 반도체 다이오드 사용.
③ 필터 (Low-pass Filter)	고주파 신호 제거 후, 순수한 직류 전력을 추출함.
④ 부하 (Load)	변환된 직류 에너지를 저장하거나 전력망에 공급하는 장치.

렉테나의 작동 순서

① 안테나가 우주에서 전송된 마이크로파 또는 RF 전파를 수신합니다.

② 정류기가 수신된 고주파 신호를 직류로 변환합니다.

③ 필터를 통해 불필요한 고주파 성분 제거합니다.

④ 최종적으로 직류 전력으로 출력, 배터리나 전력망 등에 사용합니다.

렉테나의 기술적 특징

① 고효율 변환 가능성: 이론적으로는 85% 이상의 전력 변환 효율도 가능합니다.

② 무선 전력 전송(WPT; Wireless Power Transfer)의 핵심 기술: 무선 전력 전송은 전선을 사용하지 않고 전자기 유도나 자기 공명과 같은 방법을 이용하여 전기 에너지를 전달하는 기술입니다.

③ 비접촉식 에너지 수신이 가능해 구조물이 단순합니다.

렉테나의 응용 분야는?

우주 기반 태양광 발전(SSPS), 드론 및 무인기 무선 충전, IoT(Internet of Things; 사물인터넷) 센서의 무선 전력공급, RFID(Radio Rrequency Identification; 무선주파수 인식) 태그(tag; 식별 표지) 전원 공급 등입니다.

[참고 문헌]

https://www.airport-technology.com

https://www.anytopic.io

https://www.arstechnica.com

https://www.eoportal.org

https://www.esa.int

https://www.nasa.gov

https://www.imperial.ac.uk

https://www.doi.org

https://www.doi.org

https://www.spacenews.com

https://www.prnewswire.com

https://www.inmarsat.com

https://www.spectrumwiki.com

https://www.ntia.gov

https://www.barrons.com

https://www.en.wikipedia.org

https://www.researchgate.net

https://www.sbs-satbill.com

https://www.isstracker.pl

https://www.prnewswire.com

https://www.satellitetoday.com

https://www.investor.iridium.com

https://www.barrons.com

https://www.nasdaqtrader.com
https://www.orbcomm.com
https://www.isstracker.pl
https://www.stblaw.com
https://www.reuters.com
https://www.gurufocus.com
https://www.investors.globalstar.com
https://www.x.com
https://www.en.wikipedia.org
https://www.inmarsat.com
https://www.viasat.com
https://www.airport-technology.com
https://www.sigidwiki.com
https://www.usradioguy.com
https://www.telemetry.groupcls.com
https://www.everythingrf.com
https://www.tele.agh.edu.pl
https://www.digitalcommons.usu.edu
https://www.prnewswire.com
https://www.reddit.com
https://www.reuters.com
https://www.spacenews.com
Axiom Space
Market.us Scoop
New York Post

San Schroeder, “In 5 years, the average American will use 22GB of mobile data per month, Report says,” Marshable, June 1, 2016.

Christian Davenport, “Richard Brandson’s Virgin galactic Just Got Another Step Closer to Flying Tourists to Space”, Washington Post, may 29, 2018.

Seagate & IDC “Data Age 2025”보고서.

송은지, “가상현실의 이해”, 한빛 아카데미, 2022.1.

이길행, 김기홍, 박창준, 이헌주, 전우진, 조동식, 권승준, 홍성진, 권은옥, “가상현실 증강현실의 미래”, 2018.1.

M. Shinohara, “A review of rectenna technology for wireless power transfer”, IEICE Transactions on Communications, 2014.

E. Boshkovska et al., “A Survey on Microwave Power Transfer With Beamforming for Wireless Energy Harvesting”, IEEE Communications Surveys & Tutorials, 2015.

T. Nishino et al., “High-efficiency GaAs rectenna for 2.45 GHz wireless power transmission”, Electronics Letters, 2011.

NASA Report, “Space Solar Power Systems (SSPS) Architecture Study”, NASA, 2007.

JAXA Repor, Space Solar Power System (SSPS) Technology Research Status, JAXA, 2015.

Hiroshi Matsumoto, “Microwave Wireless Power Transmission”, John Wiley & Sons, 2019.

X. Lu et al., “RF Energy Harvesting and Wireless Power Transfer: Theory and Circuit Design”, Cambridge University Press, 2018.

William C. Brown, “Rectenna system for microwave power transmission”,

US Patent No. 4,085,371, 1978.

epillog

마침 글

우주는 더 이상 '먼 꿈나라 이야기'가 아니라, 우주는 오랜 시간 인류에게 동경의 대상이 되었습니다. 그러나 이제는 그 동경이 우주기술이 되었고, 우주기술은 우주산업이 되었습니다. 달에 미국의 성조기를 꽂던 시대는 아주 먼 과거가 되었고, 이제는 누가 먼저 우주를 경제로, 생존의 터전으로 전환할 수 있는지가 경쟁의 핵심이 되었습니다. 우주는 이제 우리 모두의 이야기입니다.

이 책을 통해 필자가 전하고 싶었던 건 단 하나입니다.

"우주는 지금, 우리 곁에 와 있다"는 사실입니다. 우주를 향한 인간의 호기심은 인간의 삶을 바꾸는 놀라운 기술들을 만들어 냈습니다. GPS, 위성 방송, 일기 예보, 기후변화 예측 심지어 우리가 매일 사용하는 스마트폰까지-우주기술이 없었다면 불가능한 일들이지요. 그리고 앞으로 우주산업에 더 많은 변화가 일어날 것입니다. 달 기지, 우주여행, 소행성 자원 채굴, 우주 태양광 발전… 이제는 영화 속 이야기가 아니라, 우리가 준비해야 할 내일의 현실입니다.

한국은 지금, 우주산업의 변곡점에 서 있습니다. 또한, 한국은 아리랑위성, 무궁화위성, 천리안 위성, 국방 정찰위성 등을 우주에 쏘아 올리고, 달 착륙을 준비하고, 화성 탐사를 꿈꾸며 세계 우주 강국과 어깨를 나란히 하려는 노력을 멈추지 않고 있습니다. 이 여정에 과학자와 공학자들만 참여하는 것은 절대 아닙니다. 바로 여러분, 우리가 모두 함께해야 할 여정입니다. 하지만 가장 중요한 것은 '여러분의 의지'입니다. 정부와 기업, 연구기관, 그리고 무엇보다 국민의 관심과 공감이 함께할 때, 우리에게 진정한 우주 강국의 길이 열릴 것입니다. 우주를 향한 관심은 아이들의 꿈이 되고, 젊은이들의 도전이 되며, 우리 사회의 새로운 성장동력이 될 것입니다. 우리가 조금만 더 우주에 관심을 두고, 함께 미래를 상상하고 응원한다면, 한국은 분명히 우주를 통해 더 큰 세상을 열 수 있을 것입니다.

이 책을 덮는 지금, 이 순간, 필자는 묻고 싶습니다.

당신은 어떤 우주를 꿈꾸시나요? 그리고 그 꿈을 함께 현실로 만들 준비가 되셨나요? 지금까지 그 여정을 여러분이 저와 함께해 주셔서 감사합니다. 필자는 여러분 모두가 '"우주산업으로 세상을 바꾸는" 주역이 되기를 바라며, 다시 한번 고마움을 여러분께 전해 드립니다.

우주 산업으로 세상을 바꾼다

발행	2025년 9월 17일
저자	은종원
발행인	윤태건
펴낸 곳	도서출판 가람
편집디자인	아트기획
주소	경기도 파주시 성재길 1-40 2층
전화	031) 948-0336~7
팩스	031) 948-0338
등록번호	406-2016-000141
E-mail	garam3322@naver.com
ISBN	979-11-89819-07-1 93560

정가 33,000원